教育部财政部职业院校教师素质提高计划成果系列丛书

U0345339

机电设备的电气控制与维护

主编 许 燕

华东师范大学出版社

教育部 财政部职业院校教师素质提高计划成果系列丛书

项目牵头单位：新疆大学

项目负责人：祁文军

项目专家指导委员会：

主　　　　任：刘来泉

副　主　　任：王宪成　郭春鸣

成　　　　员（按姓氏笔画排列）：

刁哲军	王继平	王乐夫	邓泽民	石伟平	卢双盈
汤生玲	米　靖	刘正安	刘君义	孟庆国	沈　希
李仲阳	李栋学	李梦卿	吴全全	张元利	张建荣
周泽扬	姜大源	郭杰忠	夏金星	徐　流	徐　朔
曹　晔	崔世钢	韩亚兰			

出版说明 >>>

　　《国家中长期教育改革和发展规划纲要(2010—2020年)》颁布实施以来,我国职业教育进入到加快构建现代职业教育体系、全面提高技能型人才培养质量的新阶段。加快发展现代职业教育,实现职业教育改革发展新跨越,对职业学校"双师型"教师队伍建设提出了更高的要求。为此,教育部明确提出,要以推动教师专业化为引领,以加强"双师型"教师队伍建设为重点,以创新制度和机制为动力,以完善培养培训体系为保障,以实施素质提高计划为抓手,统筹规划,突出重点,改革创新,狠抓落实,切实提升职业院校教师队伍整体素质和建设水平,加快建成一支师德高尚、素质优良、技艺精湛、结构合理、专兼结合的高素质专业化的"双师型"教师队伍,为建设具有中国特色、世界水平的现代职业教育体系提供强有力的师资保障。

　　目前,我国共有60余所高校正在开展职教师资培养,但由于教师培养标准的缺失和培养课程资源的匮乏,制约了"双师型"教师培养质量的提高。为完善教师培养标准和课程体系,教育部、财政部在"职业院校教师素质提高计划"框架内专门设置了职教师资培养资源开发项目,中央财政划拨1.5亿元,系统开发用于本科专业职教师资培养标准、培养方案、核心课程和特色教材等系列资源。其中,包括88个专业项目,12个资格考试制度开发等公共项目。该项目由42家开设职业技术师范专业的高等学校牵头,组织近千家科研院所、职业学校、行业企业共同研发,一大批专家学者、优秀校长、一线教师、企业工程技术人员参与其中。

　　经过三年的努力,培养资源开发项目取得了丰硕成果。一是开发了中等职业学校88个专业(类)职教师资本科培养资源项目,内容包括专业教师标准、专业教师培养标准、评价方案,以及一系列专业课程大纲、主干课程教材及数字化资源;二是取得了6项公共基础研究成果,内容包括职教师资培养模式、国际职教师资培养、教育理论课程、质量保障体系、教学资源中心建设和学习平台开发等;三是完成了18个专业大类职教师资资格标准及认证考试标准开发。上述成果,共计800多本正式出版物。总体来说,培养资源开发项目实现了高效益:形成了一大批资源,填补了相关标准和资源的空白;凝聚了一支研发队伍,强化了教师培养的"校—企—校"协同;引领了一批高校的教学改革,带动了"双师型"教师的专业化培养。职教师资培养资源开发项目是支撑专业化培养的一项系统化、基础性工程,是加强职教教师培养培训一体化建设的关键环节,也是对职教师资培养培训基地教师专业化培养实践、教师教育研究能力的系统检阅。

　　自2013年项目立项开题以来,各项目承担单位、项目负责人及全体开发人员做了大量深入细致的工作,结合职教教师培养实践,研发出很多填补空白、体现科学性和前瞻性的成果,有力推进了"双师型"教师专门化培养向更深层次发展。同时,专家指导委员会的各位专家以及项目管理办公室的各位同志,克服了许多困难,按照两部对项目开发工作的总体要求,为实施项目管理、研发、检查等投入了大量时间和心血,也为各个项目提供了专业的咨询和指导,有力地保障了项目实施和成果质量。在此,我们一并表示衷心的感谢。

编写委员会

2016年3月

前　言 >>>

　　本教材是2011—2015年教育部、财政部实施的职业院校教师素质提高计划——中职业教育师资培养资源开发项目的成果之一。教材的内容贯彻"学术性"、"师范性"和"职业性"三性融合的要求,以工作过程系统化的思想来设计教材,打破原有的学科体系,以行动体系来组织教材的编写。本教材在编写的过程中以项目为载体,每个项目结合引入的实际应用案例,先讲述与之对应的相关知识,然后进行相关的实践操作。

　　随着电子技术的迅速发展,可编程序控制器(PLC)、变频器与传统的低压电器控制技术已融为一体,广泛应用于各类机电设备控制中。教材中的学习情境一、二让学生在熟悉低压电器的基本结构、工作原理、技术参数、选择方法和安装要求的基础上,掌握电气控制线路的接线原则和检查方法,具备电气控制线路的识图和独立分析的能力。学习情境三、四主要是讲述PLC控制系统的应用,使学生能根据生产工艺过程和控制要求正确选用PLC和编制控制程序,经调试应用于机电设备控制,并能够使用PLC对一般电气控制系统进行改造;学习情境五以车床、铣床等为主要应用对象,掌握典型机床电气控制线路特点及故障检查和分析方法,逐步培养具备设备的安装、调试、维护等工作技能。

　　本教材具有以下的特色:

　　1. 教材遵循学生的认知规律,打破传统的学科课程体系,坚持以任务为引领,以学生的行为为导向,采取工作过程系统化的形式对机电设备电气控制知识结构进行重新建构。教材突出技能培养和职业习惯的养成,力求做到学做合一,理论与实践一体。

　　2. 教材以就业为导向,坚持"够用、实用、会用"的原则,以操作表格代替繁琐抽象的原理,吸收了新产品、新知识、新工艺与新技能,重点培养学生的技术应用能力,帮助学生学会方法,养成习惯,更好地满足职教师资岗位的需要。

　　3. 在内容安排上,理论力求简明扼要,以完成工作任务所需为主,加强实践内容,教材图文并茂,尽可能使用图片和表格展示各个知识点与任务,增强直观性和可读性,从而提高教材的可读性和可操作性。

　　4. 每个学习情境设置学习目标与任务单元、情景的教学设计和组织、学习情境任务引入部分,对教授过程教学方法做建议,每个学习情境中的任务工作步骤基本相同,从一开始老师引领学生完成任务,到学生逐渐熟悉整个过程,最后能自主完成一个任务,教会学生解决任务的方法;每个情境后都有小节,对本情境的主要内容和载体进行总结,并结合知识点矩阵图,让学生对本情境内容有一个系统了解,这种编写结构可以使学生在学习的过程中不知不觉就完成了三性融合的训练。

　　本教材由新疆大学许燕主编。具体编写分工为:新疆轻工业学院张秀萍编写学习情境一的任务一到三,许燕编写学习情境一的任务四、五及学习情境二,周建平编写学习情境三,章翔峰编写学习情境四,谭媛编写学习情境五,许燕负责全书统稿。

　　同时要感谢新疆金牛能源科技有限责任公司谢欣岳高工,新疆一汽大众的刘宏胜、操睿工程师等提出的宝贵建议,新疆大学机电实验室的各位研究生同学。

本教材由全国职业教育技术装备评审专家韩亚兰教授主审，他提出了许多宝贵意见。在制定编写大纲时，教育部职业技术教育中心研究所姜大源教授、吴全全教授提出了很多关键性、建设性的意见，在此一并表示感谢。

由于编者水平有限，书中难免有错漏之处，恳请读者批评指正。

编　者

2016 年 11 月

目 录 >>>

学习情境一　低压电器的认识与应用

低压电器是电力系统中的基础电器设备,也是机械工业重要基础元件。凡是用电的地方都离不开低压电器,材料工业、机械装备制造以及电子、通信等一系列产业均与低压电器具有双向带动作用。要想正确地使用低压电器,就要了解常见的低压电器有哪几种分类方式。低压电器的原理和结构又是怎样的? 各类低压电器与导线等构成电气控制部分如发生了故障,我们首先要读懂电气原理图。那么什么是电气原理图? 如何绘制及如何读懂电路的控制功能?

图 1.a 所示为某数控机床电气柜的实物图,其中大部分元件是常用的低压电器元件。图1.b 所示为起保停控制电路及换向控制电路,均由电源电路、主电路和控制电路三部分组成。低压电器的种类有很多,电气原理图中图形符号与低压电器元件的实物对应关系如何? 电气原理图中的各种图形符号除了元器件各代表什么含义? 在该学习情境中,你将对各类低压电器的结构原理有深刻的认识,对于如何选用也有深刻的了解。通过本情境的学习,可以熟练掌握电气原理图的绘制原则、识读原则,根据控制要求合理选择低压元器件并合理布局器件位置。

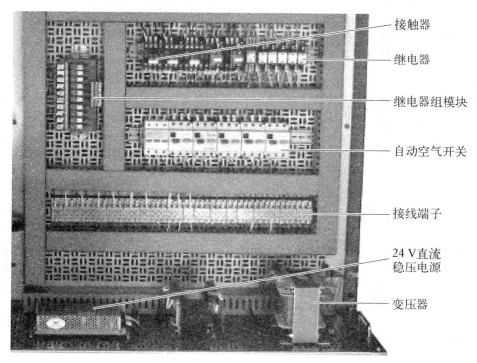

接触器

继电器

继电器组模块

自动空气开关

接线端子

24 V直流稳压电源

变压器

图 1.a　数控机床电气柜

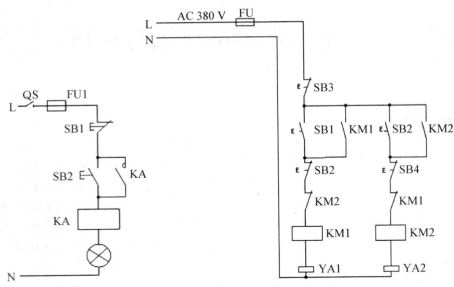

图 1.b 起保停控制电路及换向控制电路

一、本情境学习目标与任务单元

建议学时		开课学期	
学习目标： 　能识别机电设备电气控制中常用低压元器件。 　能读懂实现简单控制的电路图。 　能根据电路图连接实物并进行调试。 　能对控制电路的故障进行排查		能正确选择并使用低压电器。 能掌握电气原理图的识读方法。 能正确安装电气控制线路。 能正确使用电工工具和仪表。 能检修电气设备的常见故障	
学习内容： 　低压电器的技术规格参数。 　低压电器的接线柱的含义。 　连接线路的布局方法。 　常用低压电器元器件的文字符号。 　常用电工仪器仪表的功能和使用方法。 　各类低压电器的使用说明书的正确使用。 　数控机床的各种电动机的型号铭牌参数含义		各控制电路的应用实例。 识读起停控制电路图、接线图。 识读互锁控制电路图、接线图。 识读延时电路图、接线图。 识读具有过载保护的接触器的自锁正转控制电路图、接线图。 识读连续与点动混合正转控制电路图	

企业工作情景描述：

低压电器是现代工业控制中必不可少的基础电子器件，且在机电设备控制系统中低压电器占 80％以上。认识并应用低压电器实现对机电设备的控制是现代工程应用中不可或缺的技能。本学习情境以常规的起停、换向、延时控制等任务为切入点，通过循序渐进、反复训练的方法逐步让学生掌握常规低压电器的实用技术。另外，本着以企业常规工作任务为导向、带着问题学习的基本理念促使学生牢记常规低压电器原理及其常用的电气元件的电气符号、文字符号和外形，为后续在实际工作中运用奠定理论基础，并养成良好学习方法及习惯，将故障、危害防患于未然

续　表

使用工具：试电笔、尖嘴钳、电烙铁、斜口钳、剥线钳、各种规格的一字型和十字形螺丝刀、电工刀、校验灯、手电钻、各种尺寸的内六角扳手等。
仪表：数字万用表、兆欧表、数字转速表、示波器、相序表、常用的测量工具等。
器材：各种规格电线和紧固件、针形和叉形扎头、金属软管、号码管、线套等。
化学用品：松香、纯酒精、润滑油

教学资源：
教材、教学课件、动画视频文件、PPT 演示文档、各类手册、各种电器元器件等。数控原理实验室、机电一体化实验室、电动机控制实训室、数控加工实训室

教学方法：
考察调研、讲授与演示、引导及讨论、角色扮演、传帮带现场学练做、展示与讲评等

考核与评价：
技能考核：1. 技术水平；2. 操作规程；3. 操作过程及结果。
方法能力考核：1. 制订计划；2. 实训报告。
职业素养：根据工作过程情况综合评价团队合作精神；团队成员的平均成绩。
总成绩比例分配：项目功能评价40%，工作单位20%，期末40%

二、本情境的教学设计和组织

情境 1	低 压 电 器
重　点	正确选择并使用低压电器。 掌握电气原理图的识读方法。 正确安装电气控制线路。 正确使用电工工具和仪表。 检修电气设备的常见故障
难　点	识别机电设备电气控制中常用低压元器件。 读懂实现简单控制的电路图。 根据电路图连接实物并进行调试。 对控制电路的故障进行排查

学 习 任 务					
任务一	任务二	任务三	任务四	任务五	综合训练
起停控制电路	互锁控制电路	延时控制电路	过载保护电路	点动与连续混合控制电路	普通车床中常见低压电器识别及应用

三、基于工作工程的教学设计和组织

学习情境	低压电器的认识与应用
学习目标	掌握常用低压电气元件的选择与应用,掌握常用低压电器的基本控制电路的选型、安装、调试与维护。具备控制方案的设计、安装接线、设备调试、检修维护等能力
教学方法	采用以工作过程为导向的八步教学法,融"教、学、做"为一体
教学手段	多媒体辅助教学、分组讨论、现场教学、角色扮演等

	工作过程	工 作 内 容	教 学 组 织
教 学 实 施	资讯	学生获取任务要求,获取与任务相关联的知识:常用低压电器控制元件的使用、基本控制电路、原理图的识读与设计等	教师采用多媒体教学手段,向学生介绍情境的任务和相关联的低压电器元件的功能和原理、电动机典型控制电路及电气控制原理图的识读和设计,并为学生提供获取资讯的一些方法
	决策	根据对低压控制电路要求的分析、设计和选择合理的控制电路,并列出所选低压电器元件的种类、型号、数量等。画出电气控制原理图	学生分组讨论形成初步方案,教师听取学生的决策意见,提出可行性方面的质疑。帮助学生纠正不合理的决策
	计划	根据控制要求,结合控制原理图提出实施计划方案,并与教师讨论。确定实施方案	听取学生的实施计划安排。审核实施计划,并根据其计划安排,制订进度检查计划
	实施	根据已确定的方案,选择低压电器元件,进行元器件的布置、安装、接线,完成电路的安装与连接	组织学生领取相关的低压电器原件、工具、导线、仪表等,指导学生在实训室进行元件的安装、接线和调试电路
	检查	学生通过自查互查,完成控制电路的调试、故障排查。不断优化电路系统,教师再做系统功能和规范检查	组织学生自查互查电路。教师再对学生所接电路进行检查,考查学生元件安装。接线和电路调试的能力,并考查其安全意识和质量意识,做好记录
	评价	完成控制线路的安装、调试后,写出实训报告,并进行项目功能和规范的评价	根据学生完成的实训报告,并结合其所完成任务的技术要求和规范以及在工作过程中的表现进行综合评价

任务一　起停控制电路

一、任务描述

本项任务是对起动、保持、停止控制电路(简称起停电路)的认识与调试。要求电路实现灯泡持续工作,即按下起动按钮,灯泡接通电源被点亮,当启动按钮复位时灯泡仍能持续工作,按下停止按钮时灯泡熄灭,停止工作。

二、学习目标

1. 能识别、使用 LA4－3H 型按钮、STSHK11－32A/2P 闸刀开关、RLI－15 型熔断器、JZ7 中间继电器。
2. 能读懂实现简单控制的电路图。
3. 能根据电路图连接实物并进行调试。
4. 能对控制电路的故障进行排查。

三、工作流程

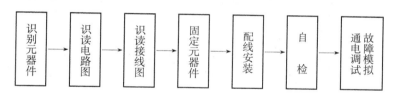

图 1.1　工作流程

四、工作过程

1. 识别元器件

1) 识别按钮

(1)阅读产品使用说明

图 1.2 是 LA 系列部分按钮的外形圈。

① 用途。LA4 系列按钮适用于交流 50 Hz、额定工作电压至 380 V,或直流工作电压至 220 V 的工业控制电路中,在磁力起动器、接触器、继电器及其他电器线路中,主要作远程控制之用。

② 型号及其含义。LA 系列按钮的型号及其含义如下:

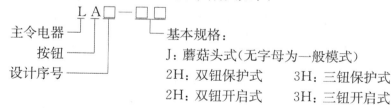

图 1.2　LA 系列部分按钮的外形圈

③ 主要技术参数。LA4 系列按钮的主要技术参数见表 1.1。

表 1.1　LA4 系列按钮的主要技术参数

额定电压(V)	额定电流(A)	额定绝缘电压(V)	约定发热电流(A)	机械寿命
380	2.5	380	5	100 万次以上

④ 结构与符号。如图 1.3 所示,按钮一般由按钮帽、复位弹簧、桥式动触头、静触头和外壳等组成。当按钮未被按下时,其常开触头处于断开状态、常闭触头处于闭合状态;当按钮被按下时,其常开触头闭合、常闭触头断开。按钮符号如图 1.4 所示。

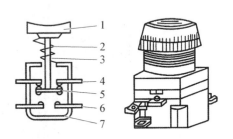

1—按钮帽　2—复位弹簧　3—支柱连杆
4—常闭静触头　5—桥式动触头
6—常开静触头　7—外壳

图 1.3　LA4 系列按钮的结构图

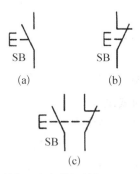

(a) 常开按钮　(b) 常闭按钮　(c) 复合按钮

图 1.4　按钮的符号

（2）识别过程

阅读图 1.5 后,按照表 1.2 识别 LA4 - 3H 型按钮。

2）识别刀开关

（1）结构与工作原理

刀开关又称闸刀开关或隔离开关,它是手控电器中最简单而使用又较广泛的一种低压电器,如图 1.6 所示是最简单的刀开关(手柄操作式单级开关)示意图。刀开关是带有动触头——

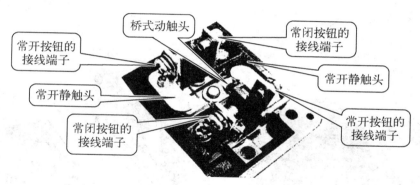

图 1.5　按钮的触头系统

表 1.2　LA4-3H 型按钮的识别过程

序号	识别任务	识别方法	参考值	识别值	要点提示
1	看 3 个按钮的颜色	看按钮帽的颜色	绿、黑、红		绿色、黑色为起动,红色为停止
2	逐一观察 3 个常闭按钮	先找到对角线上的接线端子	动触头闭合在常闭静触头上		
3	逐一观察 3 个常开按钮	先找到另一个对角线上的接线端子	动触头与静触头处于分断状态		
4	按下按钮,观察触头的动作情况	边按边看	常闭触头先断开,常开触头后闭合		动作顺序有先后
5	松开按钮,观察触头的复位情况	边松边看	常开触头先复位,常闭触头后复位		复位顺序有先后
6	检测判别 3 个常闭按钮的好坏	常态时,测量各常闭按钮的阻值	阻值均约为 0 Ω		若测量阻值与参考阻值不同,说明按钮已损坏或接触不良
		按下按钮后,再测量其阻值	阻值均为 ∞		
7	检测判别 3 个常开按钮的好坏	常态时,测量各常开按钮的阻值	阻值均为 ∞		
		按下按钮后,再测量其阻值	阻值均约为 0 Ω		

闸刀,并通过它与底座上的静触头——刀夹座相楔合(或分离),以接通(或分断)电路的一种开关。刀开关通常由绝缘底板、动触刀、静触座、灭弧装置和操作机构组成。刀开关按照极数可以分为单极刀开关、双极刀开关和三极刀开关;按照转换方式可以分为单投式刀开关、双投式刀开关;按操作方式可分为手柄直接操作式和杠杆式刀开关。

刀开关组成如图1.6所示。

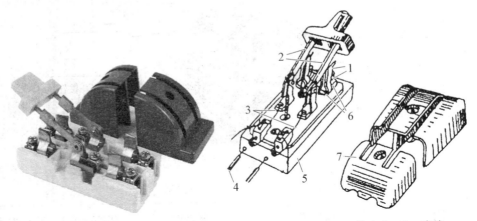

1—进线座　2—触刀　3—熔丝　4—出线座　5—瓷底座　6—静夹座　7—胶盖

图1.6　刀开关的结构和工作原理图

（2）阅读产品使用说明

图1.7所示为各系列刀开关的外形图。

图1.7　各系列刀开关的外形图

① 用途。刀开关适用于交流50 Hz、额定交流电压至380 V、直流电压至440 V；额定电流至1 500 A的成套配电装置中，作为不频繁地手动接通和分断交、直流电路或作隔离开关用。

② 型号及其含义。刀开关的型号及其含义如下：

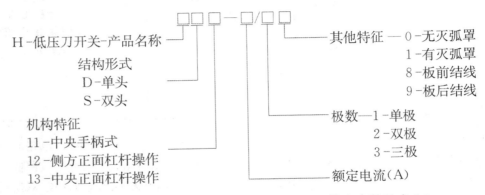

③ 主要技术参数。STSHK11 - 32A/2P闸刀开关的主要技术参数见表1.3。

表 1.3   STSHK11-32A/2P 闸刀开关的主要技术参数

额定工作电流(A)	额定工作电压(V)	额定工作电压(V)	1秒(s)短时耐受电流(kA)
32			≥1.2
63			≥1.2
100	交流 380	500	≥1.2
160			≥2.4
200			≥2.4

④ 结构与符号。刀开关通常由绝缘底板、刀极、刀夹座、接线端子和手柄组成。刀开关的结构图如图 1.8 所示,刀开关的图形、文字及符号如图 1.9 所示。

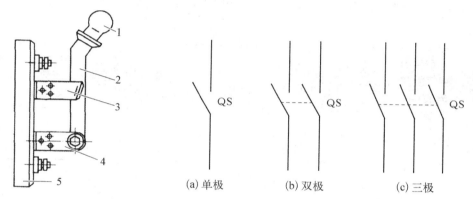

1—静插座   2—操纵手柄
3—触刀   4—支座   5—绝缘底座

图 1.8   刀开关的结构图

图 1.9   刀开关的图形、文字及符号

3) 识别 JZ7 中间继电器

中间继电器(intermediate relay):用于继电保护与自动控制系统中,以增加触点的数量及容量。它用于在控制电路中传递中间信号。中间继电器的结构和原理与交流接触器基本相同,与接触器的主要区别在于:接触器的主触头可以通过大电流,而中间继电器的触头只能通过小电流。所以,它只能用于控制电路中。它一般是没有主触点的,因为过载能力比较小。所以它用的全部都是辅助触头,数量比较多。

(1) 阅读产品使用说明

图 1.10 所示为 JZ7 系列中间继电器的外形图。

图 1.10   JZ7 系列中间继电器

① 用途。JZ7 系列中间继电器主要用于交流 50 Hz(派生后可用于 60 Hz),额定电压至 380 V 或额定电压至 220 V 的控制电路中,用来控制各种电磁线圈,以便信号扩大或将信号同时传给有关控制元件。本产品符合 IE060947 - 5 - 1,GB14048.5 标准。

② 型号及其含义。JZ7 系列中间继电器的型号及其含义如下:

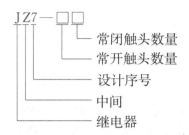

③ 主要技术参数及技术性能。JZ7 系列中间继电器的主要技术参数见表1.4。

表 1.4 JZ7 系列中间继电器的主要技术参数

使用类别	约定自由空气发热电流(A)	额定工作电压(V)	额定工作电流(A)	控制流量(VA)	线圈消耗率(VA)	操作频率(h⁻¹)	电寿命次数(×10⁴)	机械寿命次数(×10⁴)
AC - 15	5	380	0.47	180	起动:75	1 200	50	300
DC - 13		220	0.15	33	吸持:13			

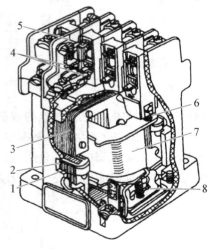

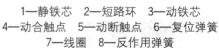

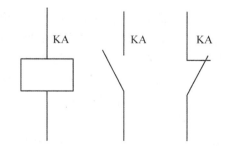

1—静铁芯 2—短路环 3—动铁芯
4—动合触点 5—动断触点 6—复位弹簧
7—线圈 8—反作用弹簧

图 1.11 JZ7 系列中间继电器的结构图　　图 1.12 中间继电器的图形、文字及符号

④ JZ7 结构与符号。线圈装在"U"形导磁体上,导磁体上面有一个活动的衔铁,导磁体两侧装有两排触点弹片。在非动作状态下触点弹片将衔铁向上托起,使衔铁与导磁体之间保持一定间隙。当气隙间的电磁力矩超过反作用力矩时,衔铁被吸向导磁体,同时衔铁压动触点弹片,

使常闭触点断开常开触点闭合,完成继电器工作。当电磁力矩减小到一定值时,由于触点弹片的反作用力矩的作用使触点与衔铁返回到初始位置,准备下次工作。

（2）识别过程

按照表1.5识别JZ7系列中间继电器。

表1.5　JZ7系列中间继电器的识别过程

序号	识别任务	识别方法	参考值	识别值	要点提示
1	读继电器的型号	其位置在前面板上	JZ7－22		
2	观察上、下接线端子分布	铭牌上读取			接线方式参考铭牌
3	读继电器的额定电压	读说明书	220 V,380 V		工作电压种类不止一种

4）识别 RLI－15 型熔断器

熔断器在电力拖动系统中是用作短路保护的器件。使用时,熔断器应串联在所保护的电路中。当电路发生短路故障时,通过熔断器的电流达到或超过某一规定值,以其自身产生的热量使熔体熔断而自动切断电路,起到保护作用。熔断器的种类很多,按结构形式可分为插入式熔断器、螺旋式熔断器、封闭式熔断器、快速熔断器和自复式熔断器等类型。

常用的螺旋式熔断器是RLI系列,其外形与结构如图1.13所示。螺旋式熔断器的熔断管是一个装有熔丝的瓷管,在熔丝周围填充了石英砂,作为熄灭电弧用,熔丝焊在瓷管两端的金属盖上,其中金属盖中间凹处有一个标有颜色的熔断指示器,当熔丝熔断时,指示器便被反作用弹簧弹出自动脱落,显示熔丝已熔断,透过瓷帽上的圆形玻璃窗口可以清楚地看见,此时只需更换同规格的熔断管即可。使用时将熔断管有色点指示器的一端插入瓷帽中,再将瓷帽连同熔断管一起旋入瓷座内,使熔丝通过瓷管上端金属盖与上接线座连通,瓷管下端金属盖与下接线座连通。

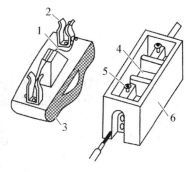

1—熔丝　2—动触点　3—瓷盖
4—空腔　5—静触点　6—瓷座

图1.13　插入式熔断器结构

在装接时,电源线应接在下接线座,负载线应接在上接线座,这样在更换熔断管时(旋出瓷帽),金属螺纹壳的上接线座便不会带电,保证维修者安全。螺旋式熔断器具有分断能力较高、结构紧凑、体积小、安装面积小、更换熔体方便、熔丝熔断后有明显指示等优点,因此广泛应用于机床控制线路、配电屏及振动较大的场所,作为短路保护器件。

（1）阅读产品使用说明

图1.14所示为RL1系列螺旋式熔断器的外形图。

① 用途。RL1系列熔断器适用于交流额定电压至500 V、额定电流至200 A的电路中,在控制箱、配电屏和机床设备的电路中,主要作短路保护之用。

② 型号及其含义。RL1系列螺旋式熔断器的型号及其含义如下：

图 1.14　RL1 系列螺旋式熔断器的外形图

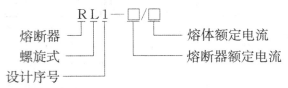

③ 主要技术参数。RL1 系列熔断器的主要技术参数见表 1.6。

表 1.6　RL1 系列熔断器的主要技术参数

熔断器额定电压(V)	熔断器额定电流(A)	熔体额定电流(A)	极限分断能力(kA)
500	15 60	2、4、6、10、15、25、30、35、40、50、60	2 3.5
	100 200	60、80、100、125、150、200	20 50

④ 结构与符号。如图 1.15(a)所示,螺旋式熔断器由瓷帽、熔管、瓷套、上接线端子、下接线端子及瓷座组成。当电路发生短路或通过熔断器的电流达到甚至超过规定电流值时,熔管中的熔体熔断,从而分断电路,起到保护作用。其文字符号与图形符号如图 1.15(b)所示。

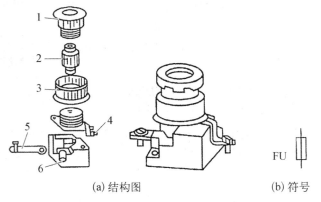

(a) 结构图　　　　　　　　　　(b) 符号

1—瓷帽　2—熔管　3—瓷套　4—上接线端子　5—下接线端子　6—瓷座

图 1.15　螺旋式熔断器的结构与符号

(2) 识别过程

阅读图 1.16 后按照表 1.7 识别 RL1 - 15 型熔断器。

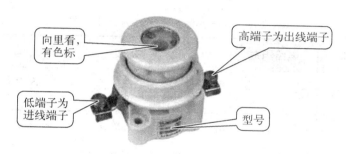

图 1.16 RL1－15 型螺旋式熔断器

表 1.7 RL1－15 型熔断器的识别过程

序号	识别任务	识别方法	参考值	识别值	要点提示
1	读熔断器的型号	其位置在瓷帽上	RL1－15		
2	观察上、下接线端子的高度区别		有低高之分		低为进线端子,高为出线端子
3	检测判别熔断器的好坏	万用表置 R×1 Ω挡调零后,将两表棒分别搭接 FU 的上下接线端子	阻值约为 0 Ω		若阻值为∞,说明熔体已熔断或瓷帽未旋好,造成接触不良
4	看熔管的色标	从瓷帽玻璃向里看	有色标		若色标已掉,说明熔体已熔断
5	读熔管的额定电流	旋下瓷帽,取出熔管	5 A		

2. 识读电路图

机械设备电气控制电路常用电路图、接线图和布置图表示。其中,电路图是根据生产机械运动形式对电气控制系统要求,采用国家统一规定的电气图形符号和文字符号,按照电气设备和电气的工作顺序,详细表示电路、设备或成套装置的基本组成和连接关系。

起停控制电路如图 1.17 所示,它由电源电路、主电路和控制电路三部分组成。

1)识读电路组成

起停控制电路组成的识读过程见表 1.8。

2)熟悉电路动作程序

起停控制电路的动作程序如下:

先合上刀开关 QS。

(1)起动

按下 SB1→KA 线圈得电→KA 主触头闭合→灯泡点亮。

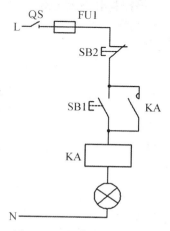

图 1.17 起停控制电路图

表1.8 起停控制电路组成的识读过程

序号	识读任务	电路组成	元件功能	备注
1	读电源电路	QS	刀开关	水平绘制在电路图的上方
2	读主电路	FU1	熔断器作主电路短路保护用	垂直于电源线,绘制在电路图的下方
3		KA主触头	控制灯泡点亮与熄灭	
4		灯泡	点亮与熄灭	
5	读控制电路	SB	起动与停止	垂直于电源线,绘制在电路图的中间
6		KA线圈	控制继电器的吸合与释放	

（2）保持

松开SB1→KA线圈得电→KA主触头闭合→灯泡持续工作。

（3）停止

松开SB2→KA线圈失电、KA主触头断开→灯泡熄灭。

3. 识读接线图

接线图是根据电气设备和电气元件的实际位置、配线方式和安装情况绘制的,主要用作安装接线和电路的检查维修。图1.18所示的接线图中有电气元件的文字符号、端子号、导线号和导线类型、导线横截面积等。图中的每一个元件都是根据实际结构,使用与电路图相同的图形符号画在一起,用点画线框上,其文字符号以及接线端子的编号都与电路图中的标注一致,便于操作者对照、接线和维修。同时接线图中的导线也有单根导线、导线组之分,凡导线走线相同的采用合并的方式,用线束表示,到达接线端子XT或电气元件时再分别画出。下面按表1.9识读起停控制电路接线图。

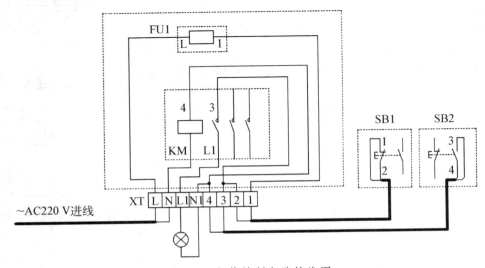

图1.18 起停控制电路接线图

表 1.9　起停控制电路接线图的识读过程

序号	识 读 任 务		识 读 结 果	备　注
1	读元件位置		FU1、KA、XT	控制板上的元件均匀分布
2			灯泡、SB	控制板的外围元件
3	读板上元件的布线	读控制电路走线	FU1→XT→SB1	集束布线,安装时使用 BV-1.0 mm² 单芯线
4		读主电路走线	XT→SB2→KA	集束布线,安装时使用 BV-1.5 mm² 单芯线
5			KA→XT→L	
6			N→N1	
7	读外围元件的布线	读按钮走线	1 号线：XT→SB	集束布线,安装时使用 BVR-0.75 mm² 软导线
8			2 号线：XT→SB	
9			3 号线：XT→SB	
10			4 号线：XT→SB	
11		读灯泡走线	L1、N1：XT→L	
12		读电源插头走线	L、N：电源→XT	

注：安装板上的元件与外围元件的连接必须通过接线端子 XT 进行对接。图 1.19 是 TD-1520 型接线端子的外形图。

图 1.19　TD-1520 型接线端子的外形图

4. 固定元器件

① 螺旋式熔断器。安装螺旋式熔断器时,应遵循低进高出的原则,即电源进线必须接瓷座的上接线端子,负载线必须接螺纹壳的下接线端子。这样在更换熔管时,旋出螺母后的螺纹壳才不会带电,确保操作者的安全。

② 按钮。通常选绿色按钮为起动按钮。固定时按钮盒的穿线孔应朝下,以便于接线。

5. 配线安装

根据图 1.20 所示安装起停控制电路。

1) 安装工艺要求

如图 1.20 所示,配线时应遵循以继电器为中心,由里向外,由低至高,先安装控制电路,再安装主电路的原则,工艺要求如下：

① 必须按图施工,根据接线图布线。

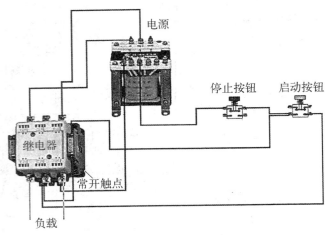

图 1.20　起停控制电路实物连接图

② 布线的通道要尽可能少,同路并行导线按主、控电路分类集中,单层密排,紧贴安装板。如图 1.20 所示,布线要横平竖直,分布均匀,改变走向时应垂直改变。

③ 同一平面的导线应高低一致和前后一致,不能交叉。对于非交叉不可的导线,应在接线端子引出时就水平架空跨越,但必须合理走线。

④ 布线时严禁损伤线芯和导线绝缘。

⑤ 导线与接线端子连接时,不压绝缘层、不反圈及不露铜过长。要在每根剥去绝缘层的导线上套号码管,且同一个接线端子只套一个号码管。

2）安装控制电路

依次安装 0 号线、2 号线、1 号线。首次安装应注意以下几点:

① 绝缘层不要剥得过多、露铜过长（露铜部分不超过 0.5 mm）。

② 导线与 KM、SB 接线端子连接时,不能将导线全部固定在垫圈之下,或出现小股铜线分叉在接线端子之外。

③ 导线紧固前不要忘记套号码管,不能漏编或将线号的文字编写方向编错。

④ 起动按钮是常开按钮,不能接为常闭按钮。

3）安装主电路

要求与控制电路一样。

4）外围设备配线安装连接外围设备与板上元件时,必须通过接线端子 XT 对接

① 安装连接按钮,按照导线号与接线端子 XT 的下端对接。

② 安装电灯泡,连接电源连接线及金属外壳接地线,编好号后按照导线号与接线端子 XT 的下端对接。

6. 自检

1）检查布线

对照接线图检查是否掉线、错线,是否漏编或错编,接线是否牢固等。

2）使用万用表检测

使用万用表检测安装的电路,若与正确阻值不符,应根据电路图检查是否有错线、掉线、错位或短路等。

7. 通电调试、故障模拟

1) 调试电路经自检

确认安装的电路正确和无安全隐患后,在教师监护下,按表1.10通电试车。切记严格遵守安全操作规程,确保人身安全。

表1.10　电路运行情况记载表

步骤	操作内容	观察内容	正确结果	观察结果	备　注
1	先插上电源插头	电源插头	已合闸		顺序不能颠倒
2	按下起动按钮SB	继电器	吸合		单手操作注意安全
		灯泡	点亮		
3	松开起动按钮SB	继电器	释放		
		灯泡	熄灭		

2) 故障模拟

实际工作中经常由于短路等原因造成熔断器烧毁,从而导致控制电路断开,出现灯泡不能工作的现象。下面按表1.11模拟操作,观察故障现象。

表1.11　故障现象观察记载表

步骤	操作内容	造成的故障现象	观察的故障现象	备　注
1	旋松FU的瓷帽			
2	插上电源插头			已送电,注意安全
3	按下起动按钮SB2	KA不吸合,灯泡不能工作		
4	⚠ 拔下电源插头			

3) 分析调试及故障模拟结果

① 按下起动按钮SB2,继电器KA得电吸合,灯泡保持点亮。

② 按下SB2,继电器KA失电释放,灯泡熄灭,从而实现了灯泡的起停控制。

8. 操作要点

① 电源进线应接熔断器的上接线端子,负载线应接熔断器的下接线端子。

② 固定元件时,用力要适中,不可过猛,防止损坏元件。接线固定拧紧时,紧固程度要适中。

③ 软导线必须先拧成一束后,再插进接线端子内固定,严禁出现小股铜线分叉在接线。

④ 通电调试前必须检查是否存有安全隐患。确认安全后,必须在教师监护下按照通电调试要求和步骤进行。

五、质量评价标准

表 1.12　质量评价表

考核要求	参 考 要 求	配分	评 分 标 准	扣分	得分	备注
元器件安装	1. 按照元件布置图布置元件 2. 正确固定元件	10	1. 不按图固定元件扣 10 分 2. 元件安装不牢固每处扣 3 分 3. 元件安装不整齐、不均匀、不合理每处扣 3 分 4. 损坏元件每处扣 5 分			
线路安装	1. 按图施工 2. 合理布线，做到美观 3. 规范走线，做到横平竖直，无交叉 4. 规范接线，无线头松动、反圈、压皮、露铜过长及损伤绝缘层 5. 正确编号	40	1. 不按接线图接线扣 40 分 2. 布线不合理、不美观，每根扣 3 分 3. 走线不横平竖直，每根扣 3 分 4. 线头松动、反圈、压皮、露铜过长，每处扣 3 分 5. 损伤导线绝缘或线芯，每根扣 5 分 6. 错编、漏编号，每处扣 3 分			
通电试车	按照要求和步骤正确调试线路	50	1. 电路配错熔管，每处扣 10 分 2. 电流调整错误扣 5 分 3. 速度整定值调整错误扣 5 分 4. 一次试车不成功扣 10 分 5. 两次试车不成功扣 30 分 6. 三次试车不成功扣 50 分			
安全生产	自觉遵守安全文明生产规程		1. 接地线一处，扣 10 分 2. 安全事故，0 分处理			
开始时间		结束时间		实际时间		

任务二　互锁控制电路

一、任务描述

本项任务是对互锁控制电路的认识与调试。要求电路实现对两个电磁铁换向控制，即按下按钮，实现电磁铁的吸合，按下停止按钮时电磁铁复位。

二、学习目标

1. 能识别机电设备电气控制中常用低压元器件。如：识别、使用空气开关、CJT1-10型交流接触器。

2. 能读懂实现简单控制的电路图。

3. 能根据电路图连接实物并进行调试。

4. 能对控制电路的故障进行排查。

三、工作流程

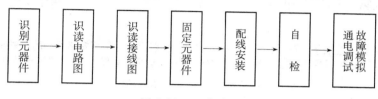

图 1.21 工作流程

四、工作过程

1. 识别元器件

1）空气开关

（1）结构与工作原理

空气开关，又名断路器，是一种只要电路中电流超过额定电流就会自动断开的开关。空气开关是低压配电网络和电力拖动系统中非常重要的一种电器，它集控制和多种保护功能于一身。除能完成接触和分断电路外，尚能对电路或电气设备发生的短路、严重过载及欠电压等进行保护。

脱扣方式有热动、电磁和复式脱扣 3 种。当线路发生一般性过载时，过载电流虽不能使电磁脱扣器动作，但能使热元件产生一定热量，促使双金属片受热向上弯曲，推动杠杆使搭钩与锁扣脱开，将主触头分断，切断电源。当线路发生短路或严重过载电流时，短路电流超过瞬时脱扣整定电流值，电磁脱扣器产生足够大的吸力，将衔铁吸合并撞击杠杆，使搭钩绕转轴座向上转动与锁扣脱开，锁扣在反力弹簧的作用下将三副主触头分断，切断电源。开关的脱扣机构是一套连杆装置。当主触点通过操作机构闭合后，就被锁钩锁在合闸的位置。如果电路中发生故障，则有关的脱扣器将产生作用使脱扣机构中的锁钩脱开，于是主触点在释放弹簧的作用下迅速分断。按照保护作用的不同，脱扣器可以分为过电流脱扣器及失压脱扣器等类型。

空气开关主要组成如图 1.22 所示。

（2）阅读产品使用说明

图 1.23 所示为各类空气开关的外形图。

① 用途。NB7S-100 塑料外壳式空气开关（以下简称空气开关）具有信号控制脱扣功能，适用于交流 50 Hz，额定工作电压至 400 V，额定电流至 100 A 的线路中，对线路进行远距离控制分断或自动信号控制分断，同时对线路起过载和短路保护的作用，也可以作为线路不频繁操作转换之用。

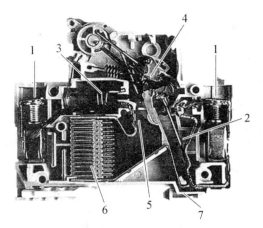

1—组合型接线端子 2—用于过载保护的热双金属片 3—用于短路保护的电磁脱扣器
4—机械锁定和手柄装置 5—触头系统 6—快速灭弧系统 7—外壳和卡轨部件

图 1.22 空气开关的结构图

图 1.23 各系列空气开关

② 型号及其含义。NB7S－100 塑料外壳式空气开关的型号及其含义如下：

③ 主要技术参数。NB7S－100 塑料外壳式空气开关的主要技术参数见表 1.13。

表 1.13 NB7S－100 塑料外壳式空气开关的主要技术参数

额定电压(V)	额定电流(A)	额定分断能力(A)	机械电气寿命(次)
230 V(1P＋N)，400 V(3P＋N)	63、80、100	6 000	机械寿命20 000 次,电气寿命2 000 次

④ 结构与符号。

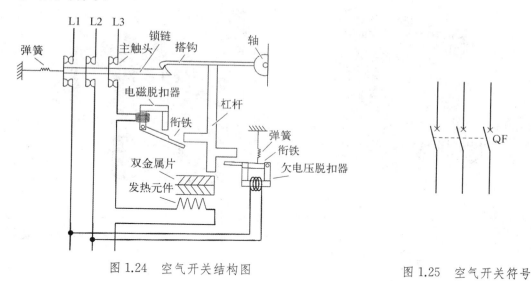

图 1.24　空气开关结构图　　　　　　　　　　　图 1.25　空气开关符号

辅助触头：辅助触头是空气开关主电路分、合机构机械上连动的触头，主要用于空气开关分、合状态的显示，接在空气开关的控制电路中通过空气开关的分合，对其相关电器实施控制或联锁。

欠电压脱扣器：欠电压脱扣器是在它的端电压降至某一规定范围时，使空气开关有延时或无延时断开的一种脱扣器，当电源电压下降（甚至缓慢下降）到额定工作电压的 70% 至 35% 范围内，欠电压脱扣器应运作，欠电压脱扣器在电源电压等于脱扣器额定工作电压的 35% 时，欠电压脱扣器应能防止空气开关闭合；电源电压等于或大于 85% 欠电压脱扣器的额定工作电压时，在热态条件下，应能保证空气开关可靠闭合。因此，当受保护电路中电源电压发生一定的电压降时，能自动断开空气开关切断电源，使该空气开关以下的负载电器或电气设备免受欠电压的损坏。使用时，欠电压脱扣器线圈接在空气开关电源侧，欠电压脱扣器通电后，空气开关才能合闸，否则空气开关合不上闸。

2) 识别接触器

(1) 结构与工作原理

交流接触器是交流电路中用于通断控制的低压电器，种类很多，常用的为电磁式接触器，此种接触器是利用电磁吸力及弹簧反力作用的配合动作，从而使触头闭合和断开的一种电磁式自动切换电器。其作用是用来频繁地、远距离接通或切断主电路和控制电路，在电路中还起到失压、欠压保护的作用，如图 1.26 所示。

我国电磁式交流接触器的生产经历四代演进，传统电磁式交流接触器有平面布置和立体布置两种结构形式，一般为立体布置。

交流接触器主要由以下四部分组成。

① 电磁系统。电磁系统是用来操作触头闭合与分断的，包括线圈、动铁芯和静铁芯，有 U 型、E 型两种。

② 触头系统。触头系统起着分断和闭合电路的作用，包括主触头和辅助触头，主触头用于通断主电路。通常为三对常开触头，辅助触头用于控制电路，起电气联锁作用，一般常开、常闭各两对。立体式触头接触器多为桥式双断点。

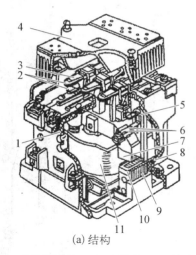

(a) 结构

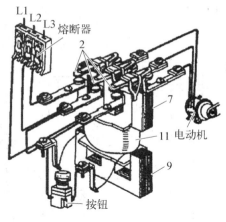

(b) 工作原理图

1—反作用弹簧　2—主触头　3—触头压力弹簧　4—灭弧室　5—常闭触头　6—辅助常开触头
7—动铁芯　8—缓冲弹簧　9—静铁芯　10—短路环　11—线圈

图 1.26　交流接触器的结构和工作原理图

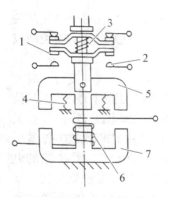

1—动触头　2—静触头
3—触头弹簧　4—反力弹簧
5—动铁芯　6—线圈
7—静铁芯

图 1.27　交流接触器结构
示意图

③ 灭弧装置。灭弧装置起着灭电弧的作用,容量在 10 A 以上的都有灭弧装置。对于小容量的常采用双断口触头灭弧、电动力灭弧、陶土灭弧等,对于大容量的采用纵缝灭弧罩及栅片灭弧。

④ 其他部件。主要包括反作用弹簧、缓冲弹簧、触头压力弹簧、传动机构及外壳。

交流接触器结构如图 1.27 所示,当线圈通电时,静铁芯产生电磁吸力,将动铁芯吸合,由于触头系统是与动铁芯联动的,因此动铁芯带动三条动触片同时运行,触点闭合,从而接通电源,触头弹簧用于产生接触压力,减小接触电阻。当线圈断电时,吸力消失,动铁芯联动部分依靠反力弹簧的反作用力而分离,使主触头断开,切断电源。限于灭弧能力,交流接触器只能分断额定电流,不能分断短路电流,需要与熔断器配合。

(2) 阅读产品使用说明

图 1.28 所示为 CJT1 系列接触器的外形图。

图 1.28　CJT1 系列部分接触器

① 用途。CJT1 系列交流接触器主要用于交流 50 Hz(或60 Hz),额定工作电压至 380 V 的电路中,主要作接通和分断电路之用。

② 型号及其含义。CJ 系列交流接触器的型号及其含义如下：

③ 主要技术参数。CJT1 系列交流接触器的主要技术参数见表 1.14。

表 1.14 CJT1 系列交流接触器的主要技术参数

线圈额定电压(V)	额定电流(A)	吸合电压/额定电压	释放电压/额定电压
36、110、127、220、380	10、20、60、100、150	(85%～110%)	(20%～75%)

④ 结构与符号。如图 1.29 所示,交流接触器由触头系统、电磁系统、灭弧装置及辅助结构等部分组成。当接触器的线圈得电时,其衔铁和铁芯吸合,从而带动其常闭触头断开、常开触头闭合;当接触器的线圈失电时,其衔铁和铁芯释放,从而带动其常开触头复位断开、常闭触头复位闭合。接触器的符号如图 1.30 所示。

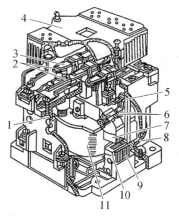
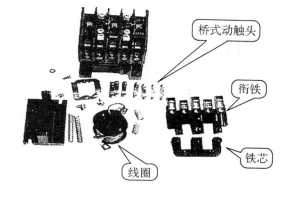

(a) CJT1-20型接触器的结构图   (b) CJT1-10型接触器的结构组成

1—反作用弹簧 2—主触头 3—触点压力弹簧 4—灭弧罩 5—辅助常闭触头
6—辅助常开触头 7—动铁芯 8—缓冲弹簧 9—静铁芯 10—短路环 11—线圈

图 1.29 交流接触器结构示意图

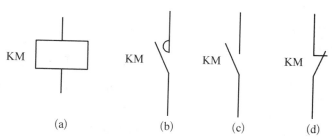

(a) 线圈 (b) 主触头 (c) 辅助常开触头 (d) 辅助常闭触头

图 1.30 接触器的符号

（3）识别过程

阅读图 1.31 后,按照表 1.15 识别 CJT1 - 10 型交流接触器。

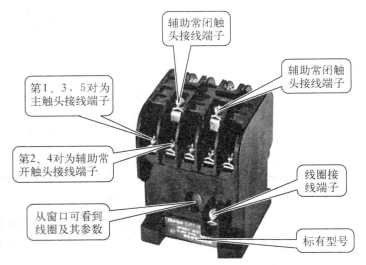

图 1.31　CJT1 - 10 型交流接触器

表 1.15　CJT1 - 10 型交流接触器的识别过程

序号	识别任务	识别方法	参考值	识别值	要点提示
1	读接触器的型号	读的位置在窗口侧的下方	CJT1 - 10		
2	读接触器线圈的额定电压	从接触器的窗口向里看	380 V 50 Hz		同一型号的接触器线圈有不同的电压等级
3	找到线圈的接线端子		A1 - A2		编号在接线端子旁
4	找到 3 对主触头的接线端子	见图 2.11	1/L1 - 2/T2 3/L2 - 4/L2 5/L3 - 6/L3		编号在对应的接触器顶部
5	找到两对辅助常开触头的接线端子		23 - 24 43 - 44		编号在对应的接线端子外侧
6	找到两对辅助常闭触头的接线端子		11 - 12 31 - 32		编号在对应的接触器顶部
7	压下接触器,观察触头的吸合情况	边压边看	常闭触头先断开,常开触头后闭合		吸合时,常开常闭触头的动作顺序有先后
8	释放接触器,观察触头的复位情况	边放边看	常开触头先复位,常闭触头后复位		释放时,常闭常开触头的复位顺序也有先后

续 表

序号	识别任务	识别方法	参考值	识别值	要点提示
9	检测判别 2 对常闭触头的好坏	常态时,测量各常闭按钮的阻值	阻值均约为 0 Ω		若测量阻值与参考阻值不同,说明触头已损坏或接触不良
		压下接触器后,测量其阻值	阻值均为∞		
10	检测判别 5 对常开触头的好坏	常态时,测量各常开按钮的阻值	阻值均为∞		
		压下接触器后,测量其阻值	阻值均约为 0 Ω		
11	检测判别接触器线圈的好坏	万用表置 R×100 Ω 挡调零后,测量线圈的阻值	阻值均约为 1 800 Ω		若测量阻值过大或过小,说明线圈已损坏
12	测量各触头接线端子之间的阻值	万用表置 R×10 kΩ 挡调零后测量	均为∞		说明所有触头都是独立的

注:(1)接线端子标志 L 表示主电路的进线端子,标志 T 表示主电路的出线端子。

(2)标志的个位数是功能数,1、2 表示常闭触头电路;3、4 表示常开触头电路。

(3)标志的十位数是序列数。

(4)不同类型或不同电压等级的线圈,其阻值不相等。

2. 知识拓展

智能交流接触器。

1)工作特点与结构

传统的交流接触器在生产运行中存在着不少缺点,例如能耗大、故障率高、运行有噪声和振动等。为了适应电网智能化的需要和工业自动化控制系统发展,交流接触器必须走深化改进的道路,那就是智能化,图 1.32 为智能电磁式交流接触器外观。

图 1.32 智能电磁式交流接触器

由于微电子技术的发展和引入,交流接触器开始向智能化方向迈进。采用单片机为控制核心的智能控制器(监控器),集数据采集、控制、通信、故障保护、自诊断等功能于一体,实现了交流接触器运行状态的在线监测、控制和与中央控制计算机双向通信,研制成功并生产了智能化交流接触器。在增强功能的同时,降低了能耗,减少了触头振动,提高了交流接触器的机械寿命与电气寿命,其他功能与技术性能指标也有明显提高,交流接触器发展上了新的台阶。

智能型交流接触器的主要特点是:小型化、安全化、保护可靠;模块化,采用多功能组合化模块结构;减小电弧对触头的损坏和吸合时的振动,延长电寿命和机械寿命;减小功率损耗,节约电能;通信化、网络化,适应电力系统智能化的需要。

智能电磁式交流接触器由传统电磁接触器、智能控制器、报警单元、显示单元、通信接口单元等组成。智能接触器除了执行分合电路和各种保护功能之外,还具有与数据总线和其他设备通信的功能,其本身还具有对运行工况自动识别、控制和执行能力。这些功能均由智能控制器来实现,它的核心是微处理器或单片机。

智能交流接触器一般都具有下列显著特点中的一个或几个:① 实现了三相电路的零电流分断控制、无弧或少弧分断,接触器电寿命大大提高;② 通过单片机程序控制,对应不同电源电压,接触器可以选择相应的最佳合闸相角,具有选相合闸功能;③ 通过单片机程序使接触器在直流高电压大电流情况启动,直流低电压小电流吸持,实现节能无声运行;④ 具有与主控计算机进行双向通信的通信功能;⑤ 电气寿命、操作频率大大提高,工作的可靠性得到进一步改善,这些特点都由智能单元为主来实现。由于线圈电压控制和减小电弧损耗方案很多,因此智能控制器的结构并不统一,设计人员可根据具体控制对象的要求进行设计。

下面介绍一种智能控制硬件结构,包括电气量检测采集、微机控制、输出接口、人机互动接口、电源等,如图 1.33 所示,适合于调节强激磁防止触头弹跳方案。

图 1.33 中 CT 为电流互感器,交流电流经全波整流,再经信号调理进入微机系统。PT1 为电压互感器,输出经整流滤波,形成较平直的电压作为强激磁之用。当要合闸时,微机按照如图 1.13 所示的导通线圈电路时刻,发出控制指令,使控制电路导通,对线圈进行强激磁,减小弹跳,同时导通与主触头并联的晶闸管,先连通主电路,再连通主触头,实现无弧合闸。PT2 亦为电压互感器,输出经整流滤波;形成较平直的低电压作为线圈保持吸合之用。当合闸完毕时,微机发出控制指令,使控制电路导通,关掉强激磁电路,导通保持吸合电路,使触头保持吸合状态,减小功率消耗。当要分闸管,即先分断接触器主触头再分断晶闸管回路,实现无弧分断。

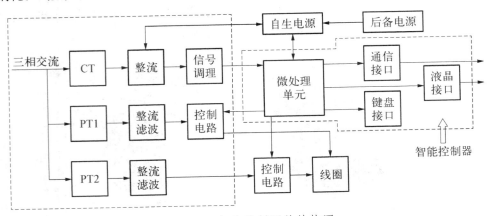

图 1.33 智能控制硬件结构图

此种方案吸合过程的动态吸力特性可以和接触器的反力特性很好地配合,能明显减少触头振动,提高接触器的机械寿命和电寿命。在运行过程中采用智能控制器还可以减少接触器所消耗的功率,大幅度节能。

2）抗干扰措施

和智能断路器一样,智能接触器也需要采用抗干扰措施,主要原因是智能控制器是电子装备,易于受到外界干扰,使接触器不能按照原先设计的工作程序正常工作,就可能造成接触器的误动作,打乱系统的正常工作。

外界干扰是多方面的,主要是电磁干扰。智能控制器常处于强磁场环境中,因而受到干扰。这些干扰,如电源不正常状态(过电压、欠电压、浪涌等带来的噪声)、线路布局不当传播干扰信号等,使单片机系统误动作。针对干扰源有效的抗干扰措施如下。

① 光电隔离。主要是对付电源的干扰。

② 接地技术。外壳接地,公共的电位参考点接地,使干扰信号不进入电子设备。

③ 屏蔽技术。屏蔽层接地以解决电网干扰,对付电磁波辐射干扰。

④ 软件。

a. 使用监视定时器,每隔一定时间清除计数器,而计数器按时钟脉冲做加法记数。

b. 设置陷阱引导程序片断,一旦程序落进这片区域时,就将其引导到特定的处理程序上而恢复正常。

c. 数字滤波。单片机计算吸合电压,开释电压时采用数字滤波的方法,可以消除由于电子电磁干扰造成采样信号不正确导致误动作。

3）主要技术参数和常见故障

智能交流接触器的主要技术参数有额定绝缘电压、额定工作电流、线圈电压及频率、电气寿命、机械寿命及通电持续率,它们的定义和要求与传统接触器不同,不再重复。

常见故障如下:

① 线圈断电后接触器不动作或动作不正常,触头打不开。原因有触头熔焊、反作用弹簧损坏、铁芯剩磁增大、线圈未断电。

② 线圈通电后接触器不动作或动作不正常,触头不闭合。原因有线圈未得电、触头卡住、动铁芯卡住、反作用弹簧太强。

③ 电磁机构出现问题。一是不动作,原因有线圈电压过低或铁芯卡住;二是吸合有噪声,原因有铁芯没对准、铁芯端面污腻太多、分磁环损坏。

④ 线圈故障。断线或短路、外加电压过低不动作。

4）智能电磁式交流接触器产品介绍

这里介绍基于 C8051F040 单片机的智能交流接触器。

Cygnal 公司的 51 系列单片机 C8051F040 是集成在一块芯片上的混合信号系统级单片机,在一个芯片内集成了构成一个单片机数据采集或控制的智能节点所需的几乎所有模拟和数字外设以及其他功能部件,代表了目前 8 位单片机控制系统的发展方向。芯片上有 1 个 12 位多通道 ADC、2 个 12 位 DAC、2 个电压比较器、1 个电压基准、1 个 32 KB 的 FLASH 存储器,以及与 MCS - 51 指令集完全兼容的高速 CIP - 51 内核,峰值速度可达 25 Mips,并且还有硬件实现的 UART 串行接口和完全支持 CAN2.OA 和 CAN2.OB 的 CAN 控制器。

众所周知,智能交流接触器将传统的交流接触器与智能仪器相结合,实现线圈电压经过处理分析后再与标准数据进行对比,即可做出运行状态的判断。系统原理框图如图 1.34 所示。

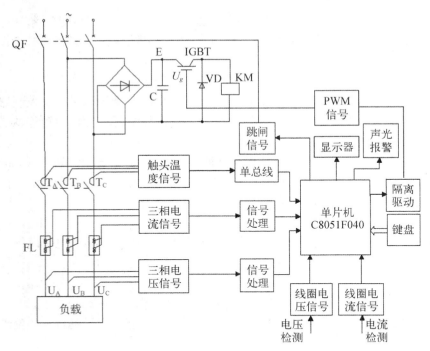

图 1.34　智能交流接触器原理框图

图 1.34 中,QF 为低压断路器,用于分断交流电源;KM 为普通交流接触器,FL 为分流器。工频电正常时,相电压为 220 V,线电压为 380 V。通过对负载各相电压的监测判断,即可知道系统是否处于过压、欠压及缺相运行(如某相电压为零),并做相应处理,可立即封锁 PWM 信号,使系统停止运行并给出故障信息。当系统处于欠压状态,可以给出故障报警及显示实际电压,并不立即停止系统运行,当欠电压超过允许的范围或欠压时间超过允许的范围时再停止系统运行。通过对负载电流的监测判断,就可以知道系统是否处于过载运行,如果过载,给出报警,当过载时间超过允许的时间,即可停止系统,并给出过载故障信息;通过对触头温度及负载端电压监测即可以知道触头接触是否良好,接触电阻是否过大。若检测到负载端电压低于正常值并且触头温度过高,就给出触头接触故障报警,以使工作人员在生产终止时能够进行及时检修。若系统已经发出线圈断开信号(即封锁 PWM 信号),而依然能够检测到负载电流,说明主触头熔焊或者机械故障,应立即发出跳闸信号,切断前级低压断路器防止产品报废,同时给出故障报警。

接触器线圈采用直流供电。交流电经过整流后,通过降压斩波电路加到线圈上,改变 IGBT 驱动信号 U_g 的脉冲宽度,即可改变线圈上的直流电压。线圈电压控制电路及其波形如图 1.35 所示。

测试成果如下:

在实验室对一台 CJ 12 - 250 型交流接触器进行改造试验,采用试验模拟的手段测试,相电压正常值设定为 220 V,当实际电压为 200 V 时(DT9205 型数字万用表测),系统切断接触器,并给出欠压故障指示,显示电压 199 V,利用水温模拟触头温度,设定值为 60 ℃,当水温达到 60.50 ℃(水银温度计测)时,系统给出声光报警,显示温度为 60.0 ℃,故障显示为"触头接触不良";利用小电流模拟分流器电流值,额定值设为 100 A,当电流达到 0.11 A 时,系统给出过载报

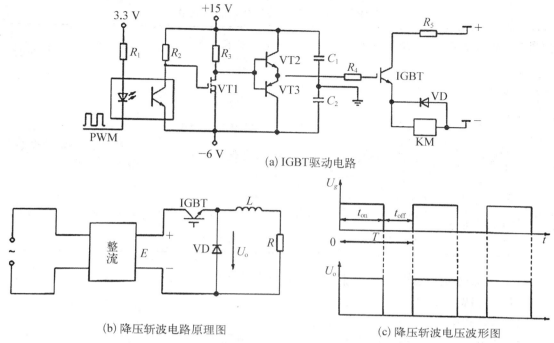

(a) IGBT驱动电路

(b) 降压斩波电路原理图

(c) 降压斩波电压波形图

图 1.35 线圈电压控制电路及其波形

警,显示负载电流为 105 A,当继续运行时间达到 10 分钟时,系统封锁 PWM 信号,接触器断开,系统停止工作。经过多次测试,试验结果均与预期一致。智能电器与计算机应用,再加上对各任务优先级进行合理分配以进行有效的调度,完全可以满足实时性的要求。在 RealView MDK 开发环境下基于 LPC2478 硬件平台成功移植了 $\mu C/OS-II$ 嵌入式操作系统,移植后的操作系统在多任务环境下运行良好,为以后各种应用奠定了基础。在移植成功 $\mu C/OS-II$ 嵌入式操作系统的基础上,成功移植了 C/GUI 图形接口,并在此基础上进行了网络型电能质量监测系统人机交互功能的开发,最终完成了预期任务,目前装置已投入了实际应用。应用情况表明,装置的人机交互功能界面友好,操作简单方便,工作可靠,性能稳定,得到了用户好评。

3. 识读电路图

机械设备电气控制电路常用电路图、接线图和布置图表示。其中,电路图是根据生产机械运动形式对电气控制系统要求,采用国家统一规定的电气图形符号和文字符号,按照电气设备和电气的工作顺序,详细表示电路、设备或成套装置的基本组成和连接关系。

互锁控制电路如图 1.36 所示,它由电源电路、主电路和控制电路三部分组成。

1) 识读电路组成。换向控制电路组成的识读过程见表 1.16。

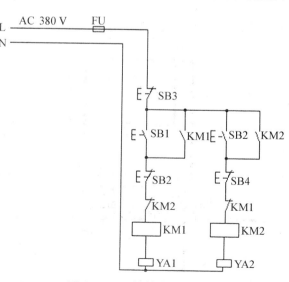

图 1.36 互锁控制电路图

表 1.16　互锁控制电路组成的识读过程

序号	识读任务	电路组成	元件功能	备注
1	读电源电路	QS	电源开关	水平绘制在电路图的上方
2				
3	读主电路	FU	熔断器作主电路短路保护用	垂直于电源线,绘制在电路图的右侧
4		KM 主触头	控制电磁铁的吸合及复位	
5		YA1,YA2	电磁铁	
6	读控制电路	SB	起动与停止	垂直于电源线,绘制在电路图的右侧
7		KM 线圈	控制 KM 的吸合与释放	

2) 熟悉电路动作程序。换向控制电路的动作程序如下:

先合上电源开关 QS。

(1) YA1 得电。

按下 SB1→KM2 线圈得电→KM2 主触头闭合→电磁铁 YA1 吸合。

(2) YA2 得电。

按下 SB2→KM1 线圈得电→KM1 主触头闭合→电磁铁 YA2 吸合。

(3) 复位。

按下 SB3→KM1、KM2 线圈失电→电磁铁复位。

4. 识读接线图

接线图是根据电气设备和电气元件的实际位置、配线方式和安装情况绘制的,主要用作安装接线和电路的检查维修。图 1.37 所示的接线图中有电气元件的文字符号、端子号、导线号和

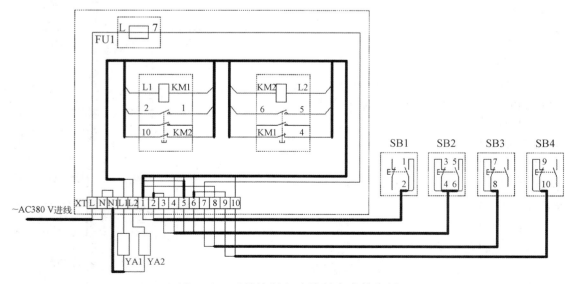

图 1.37　互锁控制电路控制参考接线图

导线类型、导线横截面积等。图中的每一个元件都是根据实际结构,使用与电路图相同的图形符号画在一起,用点画线框上,其文字符号以及接线端子的编号都与电路图中的标注一致,便于操作者对照、接线和维修。同时接线图中的导线也有单根导线、导线组之分,凡导线走线相同的采用合并的方式,用线束表示,到达接线端子 XT 或电气元件时再分别画出。下面按表 1.17 识读互锁控制电路接线图。

表 1.17 互锁控制电路接线图的识读过程

序号	识读任务		识读结果	备 注
1	读元件位置		FU、KM1、KM1、XT	控制板上的元件均匀分布
2			电磁铁 YA1、YA2	控制板的外围元件
3	读板上元件的布线	读控制电路走线	XT→FU1→XT→SB3	集束布线,也有分支安装时使用 BV - 1.0 mm² 单芯线
4		读主电路走线	XT→SB1→SB2→KM1	集束布线安装时使 BV - 1.5 mm² 单芯线
5			XT→SB2→SB4→KM2	
6			N→N1	
7	读外围元件的布线	读按钮走线	1、2 号线:XT→SB1	集束布线,安装时使用 BVR - 0.75 mm² 软导线
8			3、4 号线:XT→SB2	
			5、6 号线:XT→SB2	
			7、8 号线:XT→SB3	
			9、10 号线:XT→SB4	
9		读电磁铁走线	XT→YA1/YA2	
10		读电源插头走线	电源→XT	

5. 固定元器件

CJT1 - 10 型交流接触器如图 1.38 所示,为了便于维修者看到接触器线圈的额定电压值,CJT1 - 10 型交流接触器的小窗口应朝上。

6. 配线安装

配线安装如图 1.38 所示。

工艺要求及配线方法参考任务一。

7. 自检

1) 检查布线

对照接线图检查是否掉线、错线,是否漏编或错编,接线是否牢固等。

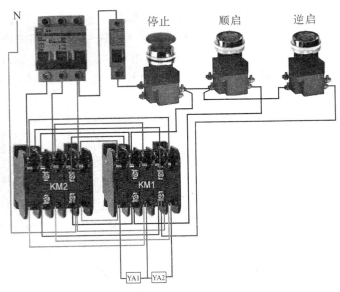

图 1.38　互锁控制电路的实物接线图

2) 使用万用表检测

使用万用表检测安装的电路。若与正确阻值不符,应根据电路图检查是否有错线、掉线、错位或短路等。

表 1.18　故障现象观察记载表

步骤	操 作 内 容	造成的故障现象	观察的故障现象	备　注
1	拆除 KT 线圈的 0 号线	电磁铁正常工作,但不能交替换向,且 KT 线圈不得电		
2	先插上电源插头,再合上空气开关			已送电,注意安全
3	按下起动按钮 SB1			起动
4	按下停止按钮 SB2			

8. 通电调试、故障模拟

FU 熔丝熔断故障模拟。

变压器烧毁、控制电路短路等原因,会导致 FU 熔丝熔断,造成电路不工作。请按表 1.18 模拟操作,观察故障现象。

9. 操作要点

① 电源进线应接熔断器的上接线端子,负载线应接熔断器的下接线端子。

② 固定元件时,用力要适中,不可过猛,防止损坏元件。接线固定拧紧时,紧固程度要适中。

③ 软导线必须先拧成一束后,再插进接线端子内固定,严禁出现小股铜线分叉再接线。

④ 通电调试前必须检查是否存有安全隐患。确认安全后,必须在教师监护下按照通电调试要求和步骤进行。

五、质量评价标准

表1.19　质量评价表

考核要求	参 考 要 求	配分	评 分 标 准	扣分	得分	备注
元器件安装	1. 按照元件布置图布置元件 2. 正确固定元件	10	1. 不按图固定元件扣10分 2. 元件安装不牢固每处扣3分 3. 元件安装不整齐、不均匀、不合理每处扣3分 4. 损坏元件每处扣5分			
线路安装	1. 按图施工 2. 合理布线,做到美观 3. 规范走线,做到横平竖直,无交叉 4. 规范接线,无线头松动、反圈、压皮、露铜过长及损伤绝缘层 5. 正确编号	40	1. 不按接线图接线扣40分 2. 布线不合理、不美观,每根扣3分 3. 走线不横平竖直,每根扣3分 4. 线头松动、反圈、压皮、露铜过长,每处扣3分 5. 损伤导线绝缘或线芯,每根扣5分 6. 错编、漏编号,每处扣3分			
通电试车	按照要求和步骤正确调试线路	50	1. 电路配错熔管,每处扣10分 2. 电流调整错误扣5分 3. 速度整定值调整错误扣5分 4. 一次试车不成功扣10分 5. 两次试车不成功扣30分 6. 三次试车不成功扣50分			
安全生产	自觉遵守安全文明生产规程		1. 接地线一处,扣10分 2. 安全事故,0分处理			
开始时间		结束时间		实际时间		

任务三　延时控制电路

一、任务描述

本项任务是对断电延时控制电路的认识与调试。要求电路实现灯泡断电延时的控制,即按下起动按钮,灯泡接通电源被点亮,按下停止按钮时,灯泡继续工作,达到设定时间值后,灯泡熄灭停止工作。

二、学习目标

1. 能识别、使用 JSZ3F 系列时间继电器。
2. 能读懂实现简单控制的电路图。
3. 能根据电路图连接实物并进行调试。
4. 能对控制电路的故障进行排查。

三、工作流程

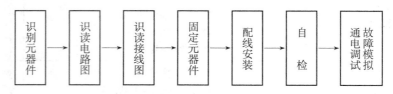

图 1.39　工作流程

图 1.40　JSZ3 系列时间继电器

四、工作过程

1. 识别元器件

时间继电器是一种在线圈通电或断电后，自动延时输出信号时间继电器的种类很多，主要有电磁式、空气阻尼式、晶体管式等。

识别 JSZ3 系列时间继电器

（1）阅读产品使用说明

图 1.40 所示为 JSZ3 系列时间继电器。

① 用途。JSZ3 系列时间继电器具有体积小、重量轻、结构紧凑、延时范围广、延时精度高、可靠性好、寿命长等特点，适用于机床自动控制、成套设备自动控制等要求高精度、高可靠性的自动控制系统作延时控制元件。

② 型号及其含义。JSZ3 系列时间继电器的型号及其含义如下：

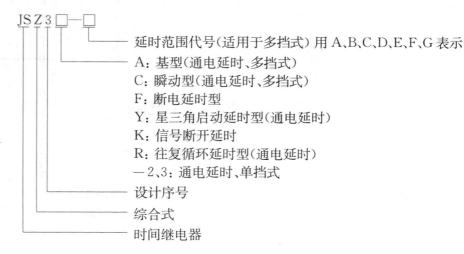

延时范围代号（适用于多挡式）用 A、B、C、D、E、F、G 表示

A：基型（通电延时、多挡式）
C：瞬动型（通电延时、多挡式）
F：断电延时型
Y：星三角启动延时型（通电延时）
K：信号断开延时
R：往复循环延时型（通电延时）
—2、3：通电延时、单挡式
设计序号
综合式
时间继电器

③ 主要技术参数。JSZ3 系列时间继电器的主要技术参数见表 1.20。

表 1.20　JSZ3 系列时间继电器的主要技术参数

额定控制电压(V)	约定发热电流(A)	功耗(W)	重复误差	机械寿命
12~380 12~220	5	3	≤5%	10^6

④ JSZ3 结构与符号。JSZ3 系列时间继电器主要由电压变换器、整流稳压器、振荡/分频/计数器、电子开关、电位器及执行继电器等组成的"元器件组合"部件和外壳、上插等部件组成。JSZ3 系列时间继电器工作原理如图 1.41 所示，当线圈通电时，衔铁及托板被铁芯吸引而瞬时下移，使瞬时动作触点接通或断开。但是活塞杆和杠杆不能同时跟着衔铁一起下落，因为活塞杆的上端连着气室中的橡皮膜，当活塞杆在释放弹簧的作用下开始向下运动时，橡皮膜随之向下凹，上面空气室的空气变得稀薄而使活塞杆受到阻尼作用而缓慢下降。经过一定时间，活塞杆下降到一定位置，便通过杠杆推动延时触点动作，使动断触点断开，动合触点闭合。从线圈通电到延时触点完成动作，这段时间就是继电器的延时时间。延时时间的长短可以用螺钉调节空气室进气孔的大小来改变。吸引线圈断电后，继电器依靠恢复弹簧的作用而复原。空气经出气孔被迅速排出。JSZ3 系列时间继电器的符号如图 1.42 所示。

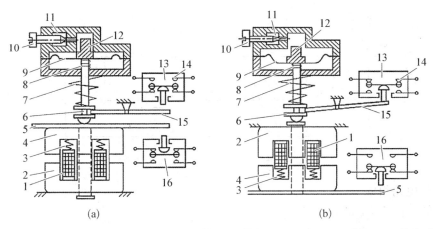

1—线圈　2—铁芯　3、7—弹簧　4—衔铁　5—推杆　6—顶杆　8—弹簧　9—橡皮膜
10—螺钉　11—进气孔　12—活塞　13、16—微动开关　14—延时触点　15—杠杆

图 1.41　JSZ3 系列时间继电器工作原理图

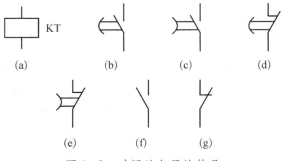

图 1.42　时间继电器的符号

（2）识别过程

按照表 1.21 识别 JSZ3 系列时间继电器。

表 1.21　JSZ3 系列时间继电器的识别过程

序号	识别任务	识别方法	参考值	识别值	要点提示
1	读继电器的型号	其位置在前面板上	JSZ3		
2	观察上、下接线端子分布	铭牌上读取			接线方式参考铭牌
3	读继电器的额定电压	读说明书	120 V,220 V,380 V		工作电压种类不止一种

2. 识读电路图

机械设备电气控制电路常用电路图、接线图和布置图表示。其中,电路图是根据生产机械运动形式对电气控制系统要求,采用国家统一规定的电气图形符号和文字符号,按照电气设备和电气的工作顺序,详细表示电路、设备或成套装置的基本组成和连接关系。

延时电路如图 1.43 所示,它由电源电路、主电路和控制电路三部分组成。

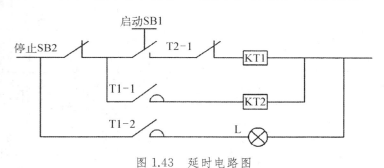

图 1.43　延时电路图

1）识读电路组成

延时控制电路组成的识读过程见表 1.22。

表 1.22　延时电路组成的识读过程

序号	识读任务		识读结果	备　注
1	读元件位置		T1、T2、XT	控制板上的元件均匀分布
2			电灯泡 L	控制板的外围元件
3	读板上元件的布线	读控制电路走线	XT→SB2	集束布线,也有分支；安装时使用 BV - 1.0 mm² 单芯线
4		读主电路走线	XT→SB2→SB1→T1	集束布线安装时使 BV - 1.5 mm² 单芯线
5			XT→SB2→SB1→T2	
6			N→N1	

续　表

序号	识读任务		识读结果	备　注
7	读外围元件	读按钮走线	1、2号线：XT→SB1	集束布线,安装时使用 BVR-0.75 mm² 软导线
			3、4号线：XT→SB2	
8		读电灯泡走线	XT→L	
9		读电源插头走线	电源→XT	

2）熟悉电路动作程序

换向控制电路的动作程序如下：

先合上电源开关 QS。

（1）灯泡点亮。

时间继电器→T1 得电→T1-1、T1-2 闭合→T2 得电→灯泡点亮。

（2）灯泡熄灭。

达到 T2 设定的时间→T2-1 断开→T1 失电→T1-1、T1-2 断开→灯泡熄灭。

3. 识读接线图

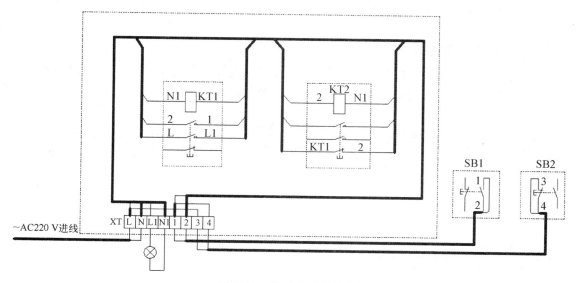

图 1.44　延时电路接线图

4. 固定元器件

时间继电器的内部原理图如图 1.45 所示,先预置所需的延时时间,然后接通电源,此时显示屏从零开始计时,当达至所预置的时间时,延时触头实行转换,数显保持此时的数字,实行定时控制。

5. 配线安装

配线安装注意事项及安装方法参见任务一。控制电路安装图如图 1.46 所示。

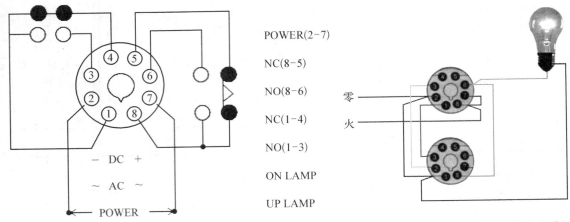

POWER(2-7)

NC(8-5)

NO(8-6)

NC(1-4)

NO(1-3)

ON LAMP

UP LAMP

图 1.45　时间继电器接线图　　　　图 1.46　具有延时关闭的控制电路安装图

6. 自检

1) 检查布线

对照接线图检查是否掉线、错线,是否漏编或错编,接线是否牢固等。

2) 使用万用表检测

使用万用表检测安装的电路。若与正确阻值不符,应根据电路图检查是否有错线、掉线、错位或短路等。

7. 通电调试、故障模拟

时间继电器线圈开路故障模拟。时间继电器线圈、内部元件损坏等原因,导致内部延时电路不工作,从而造成电灯泡不能延时熄灭。下面按表1.23模拟操作,观察故障现象。

表 1.23　故障现象观察记载表

步骤	操 作 内 容	造成的故障现象	观察的故障现象	备 注
1	拆除 KT 线圈的 0 号线	灯泡正常点亮,但不能延时熄灭		
2	先插上电源插头			已送电,注意安全
3	按下起动按钮 SB1			起动
4	按下停止按钮 SB2			

8. 操作要点

①电源进线应接熔断器的上接线端子,负载线应接熔断器的下接线端子。

②固定元件时,用力要适中,不可过猛,防止损坏元件。接线固定拧紧时,紧固程度要适中。

③软导线必须先拧成一束后,再插进接线端子内固定,严禁出现小股铜线分叉的接线。

④通电调试前必须检查是否存有安全隐患。确认安全后,必须在教师监护下按照通电调试要求和步骤进行。

五、质量评价标准

表 1.24　质量评价表

考核要求	参 考 要 求	配分	评 分 标 准	扣分	得分	备注
元器件安装	1. 按照元件布置图布置元件 2. 正确固定元件	10	1. 不按图固定元件扣 10 分 2. 元件安装不牢固每处扣 3 分 3. 元件安装不整齐、不均匀、不合理每处扣 3 分 4. 损坏元件每处扣 5 分			
线路安装	1. 按图施工 2. 合理布线,做到美观 3. 规范走线,做到横平竖直,无交叉 4. 规范接线,无线头松动、反圈、压皮、露铜过长及损坏绝缘层 5. 正确编号	40	1. 不按接线图接线扣 40 分 2. 布线不合理、不美观,每根扣 3 分 3. 走线不横平竖直,每根扣 3 分 4. 线头松动、反圈、压皮、露铜过长,每处扣 3 分 5. 损伤导线绝缘或线芯,每根扣 5 分 6. 错编、漏编号,每处扣 3 分			
通电试车	按照要求和步骤正确调试线路	50	1. 电路配错熔管,每处扣 10 分 2. 电流调整错误扣 5 分 3. 速度整定值调整错误扣 5 分 4. 一次试车不成功扣 10 分 5. 两次试车不成功扣 30 分 6. 三次试车不成功扣 50 分			
安全生产	自觉遵守安全文明生产规程		1. 接地线一处,扣 10 分 2. 安全事故,0 分处理			
开始时间		结束时间	实际时间			

任务四　过载保护电路

一、任务描述

本项目的任务是安装与调试具有过载保护的接触器自锁正转控制电路。要求电路具有电动机连续运转控制功能,即按下起动按钮后,电动机连续运转;按下停止按钮后,电动机停转。

二、学习目标

1. 会识别、使用 JR36 - 20 型热继电路。

2. 会识读具有过载保护的接触器自锁正转控制电路图和接线图,并能弹出自锁的作用及电路的动作程序。

3. 能根据电路图正确安装与调试具有过载保护的接触器自锁正转控制电路。

三、工作流程

图 1.47　工作流程

四、工作过程

1. 识别元器件

识别 JR36 - 20 型热继电器

热继电器是一种保护用继电器。电动机在运行中,随着负载的变化,常遇到过载情况。而电动机本身有一定的过载能力,若过载不大,电动机绕组不超过允许的温升,这种过载是允许的。但是过载时间过长,绕组温升超过了允许值,将会加剧绕组绝缘的老化,降低电动机的使用寿命,严重时会使电动机绕组烧毁。为了充分发挥电动机的过载能力,保证电动机的正常启动及运转,在电动机发生较长时间过载时能自动切断电路,防止电动机过热而烧毁,为此采用了这种能随过载程度而改变动作时间的热保护设备,即热继电器。

（1）阅读产品使用说明

图 1.48 是 JR36 系列部分热继电器的外形图。

① 用途。JR - 36 型热继电器主要用于交流 50/60 Hz 额定电压至 690 V,电流从 0.25～32 A 的三相交流电动机的过载保护和断相保护。

图 1.48　JR36 系列部分热继电器

② 型号及其含义。JR 系列热继电器的型号及其含义如下:

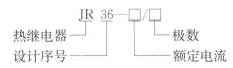

③ 主要技术参数。TR36 - 20型热继电器的主要技术参数见表1.25。

④ 结构与符号。如图1.49所示,热继电器主要由驱动元件(旧称发热元件)、触头系统、动作机构、电流整定装置、复位机构和温度补偿元件等组成。当流过驱动元件的电流超过其整定电流时(整定电流是指热继电器连续工作而不动作的最大电流),驱动元件所产生的热量足以使双金属片弯曲,从而推动导板向右移动,再通过杠杆推动触头系统动作,使常闭触头断开、常开触头闭合。

表1.25　JR36 - 20型热继电器的主要技术参数

类　别	额定电压(V)	电流(A)	整定电流范围(A)	
主电路	690	20	0.25～0.30～0.35	3.2～4.0～5.0
			0.32～0.40～0.50	4.5～6.0～7.2
			0.45～0.60～0.72	6.8～9.0～11
			0.68～0.90～1.10	10～13～16
			1.0～1.3～1.6	14～18～22
			1.5～2.0～2.4	20～26～32
			2.2～2.8～3.5	28～36～45
辅助触头	380	0.47	约定驱动电流(A)	
			10	

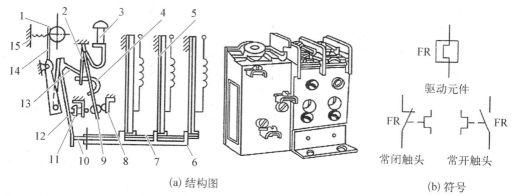

(a) 结构图　　　　　　　　　　　　　　　　　(b) 符号

1—电流调节凸轮　2—片簧　3—手动复位按钮　4—弓簧　5—主双金属片　6—外导板　7—内导板
8—触头　9—动触头　10—杠杆　11—复位调节螺钉　12—补偿双金属片　13—推杆　14—连杆　15—压簧

图1.49　TR36 - 20型热继电器的结构与符号

(2)识别过程

阅读图1.50后,按表1.26识别JR36 - 20型热继电器。

2. 知识拓展

固态继电器 SSR(Solid State Relay),是由微电子电路、分立电子器件、电力电子功率器件组成的无触点开关。用隔离器件实现了控制端与负载端的隔离。固态继电器的输入端用微小的控制信号,达到直接驱动大电流负载。

复位按钮

驱动元件
进线端子

整定电流
调整装置

驱动元件
出线端子

95、96为常闭
触头接线端子

97、98为常开
触头接线端子

图 1.50　JR36－20 型热继电器

表 1.26　JR36－20 型热继电器的识别过程

序号	识别任务	识别方法	参考值	识别值	要点提示
1	读热继电器的铭牌	铭牌贴在热继电器的侧面	标有型号、技术参数等		使用时,规格选择必须正确
2	找到整定电流调节旋钮		旋钮上标有整定电流值		
3	找到复位按钮		REST/STOP		
4	找到测试键	位于热继电器前侧的下方	TEST		
5	找到驱动元件的接线端子		1/L1－2/T1 3/L2－4/T2 5/L3－6/T3		编号与交流接触器一样
6	找到常闭触头的接线端子		95－96		编号编在对应的接线端子旁
7	找到常开触头的接线端子		97－98		
8	检测判别常闭触头的好坏	常态时,测量常闭触头的阻值	阻值约为 0 Ω		若测量阻值与参考阻值不同,说明触头已损坏或接触不良
8		动作测试键后,再测量其阻值	阻值为 ∞		
9	检测判别常开触头的好坏	常态时,测量常开触头的阻值	阻值为 ∞		
9		动作测试键后,再测量其阻值	阻值约为 0 Ω		

1）用途

专用的固态继电器可以具有短路保护、过载保护和过热保护功能，与组合逻辑固化封装就可以实现用户需要的智能模块，直接用于控制系统中。

固态继电器已广泛应用于计算机外围接口设备、恒温系统、调温、电炉加温控制、电机控制、数控机械、遥控系统、工业自动化装置；信号灯、调光、闪烁器、照明舞台灯光控制系统；仪器仪表、医疗器械、复印机、自动洗衣机；自动消防，保安系统，以及作为电网功率因素补偿的电力电容的切换开关等，另外在化工、煤矿等需防爆、防潮、防腐蚀场合中都有大量使用。

2）分类

① 按切换负载性质分：直流和交流。

② 按工作性质分：直流输入-交流输出型、直流输入-直流输出型、交流输入-交流输出型、交流输入-直流输出型。

③ 按输入与输出的隔离分：光电隔离（其中包括光电耦合和光控晶闸管等）和干簧继电器隔离。

④ 按过零功能及控制方式分：电压过零、电流过零、非过零型交流 SSR。

⑤ 按封装结构分：塑封型、金属壳全密封型、环氧树脂灌封型和无定型封装型。

3）特点

固态继电器是具有隔离功能的无触点电子开关，在开关过程中无机械接触部件，因此固态继电器除具有与电磁继电器一样的功能外，还具有逻辑电路兼容，耐振、耐机械冲击，安装位置无限制，具有良好的防潮防霉防腐蚀性能，在防爆和防止臭氧污染方面的性能也极佳，输入功率小，灵敏度高，控制功率小，电磁兼容性好，噪声低和工作频率高等特点。图 1.51 所示为固态继电器。

图 1.51　固态继电器

（1）优点

① 高寿命，高可靠，SSR 为没有运动的机械零部件，没有运动的零部件，能在高冲击、振动的环境下工作。

② 灵敏度高，控制功率小，电磁兼容性好。固态继电器的输入电压范围较宽，驱动功率低。可与大多数逻辑集成电路兼容，不需加缓冲器或驱动器。

③ 快速转换。固态继电器因为采用固体器件，所以切换速度可从几毫秒降至几微秒。

④ 电磁干扰小。大多数交流输出固态继电器在零电压处导通，零电流处关断，减少了开关瞬态效应。

（2）缺点

① 导通后的管压降大。

② 半导体器件关断后仍有数微安至数毫安的漏电流,因此不能实现理想的电隔离。

③ 功耗和发热量也大,大功率固态继电器的体积远远大于同容量的电磁继电器,成本也较高。

④ 电子元器件的温度特性和电子线路的抗干扰能力较差,耐辐射能力也较差,如不采取有效措施,工作可靠性低。

⑤ 固态继电器对过载有较大的敏感性,必须用快速熔断器或 RC 阻尼电路对其进行过流保护。

4) 工作原理

固态继电器是用半导体器件代替传统电接点作为切换装置的具有继电器特性的无触点开关器件,单相 SSR 为四端有源器件,其中两个输入控制端,两个输出端,输入输出间为光隔离,输入端加上直流或脉冲信号到一定电流值后,输出端就能从断态转变成通态。

交流固态继电器按开关方式分有电压过零导通型(简称过零型)和随机导通型(简称随机型);按输出开关元件分有双向可控硅输出型(普通型)和单向可控硅反并联型(增强型);按安装方式分有印刷线路板上用的针插式(自然冷却,不必带散热器)和固定在金属底板上的装置式(靠散热器冷却),另外输入端又有宽范围输入(DC3 - 32 V)的恒流源型和串电阻限流型等。SSR 固态继电器以触发形式,可分为零压型(Z)和调相型(P)两种。在输入端施加合适的控制信号 IN 时,P 型 SSR 立即导通。当 IN 撤销后,负载电流低于双向可控硅维持电流时(交流换向),SSR 关断。Z 型 SSR 内部包括过零检测电路,在施加输入信号 IN 时,只有当负载电源电压达到过零区时,SSR 才能导通,并有可能造成电源半个周期的最大延时。Z 型 SSR 关断条件同 P 型,但由于负载工作电流近似正弦波,高次谐波干扰小,所以应用广泛。北京灵通电子公司的 SSR 由于采用输出器件不同,有普通型(S,采用双向可控硅元件)和增强型(HS,采用单向可控硅元件)之分。当加有感性负载时,在输入信号截止 t1 之前,双向可控硅导通,电流滞后电源电压 90 V(纯感时)。t1 时刻,输入控制信号撤销,双向可控硅在小于维持电流时关断(t2),可控硅将承受电压上升率 dv/dt 很高的反向电压。这个电压将通过双向可控硅内部的结电容,正反馈到栅极。如果超过双向可控硅换向 dv/dt 指标(典型值 10 V/s),将引起换向恢复时间长甚至失败。单向可控硅(增强型 SSR)由于处在单极性工作状态,此时只受静态电压上升率所限制(典型值 200 V/s),因此,增强型固态继电器 HS 系列比普通型 SSR 的换向 dv/dt 指标提高了 5~20 倍。由于采用两只大功率单向可控硅反并联,改变了电流分配和导热条件,提高了 SSR 输出功率。增强型 SSR 在大功率应用场合,无论是感性负载还是阻性负载,耐电压、耐电流冲击及产品的可靠性,均超过普通固态继电器。如何使用户的驱动电路与 SSR 的输入特性相匹配。

一般来讲,SSR 的输入控制电压为 3.2~32 V。控制电流为 5~30 mA。通常 1~25 A 的 SSR 输入回路不是恒流源电路,输入控制电压为 4~16 V。控制电流为 5~20 mA。较大额定电流的 SSR 输入电路均接有恒流源电路。输入控制电压在 3.2~32 V 均可。在三相电路里,如果用户将三个 SSR 的输入端串联的话,那么需要提供大于 12 V 的控制电压;如果将三个 SSR 的输入端并联使用的话,那么驱动电流要保证 50 mA。单个 SSR 使用,驱动电流不要设计在 4~5 mA 的临界状态下,至少要大于 6 mA,如图 1.52 所示。

5) 应用实例

(1) 调压应用

SSR,TSR 调压型模块,可采用外配模拟量信号来触发模块就可实现线性可调输出电压。例如,PLC 或控温仪输出模拟量信号:1~5 V,4~20 mA 的触发系统。国产单相三相可控硅触

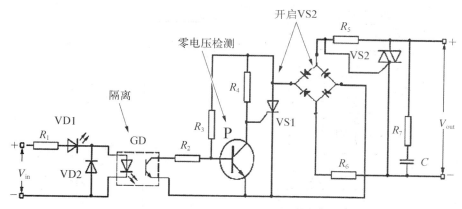

图 1.52   具有电压过零功能的固体继电器工作原理图

发板,配合可控硅,也可以外配模拟量信号来调节触发板,触发板再触发模块就可实现线性可调输出电压,控制可控硅导通角,以达到调压之目的。

（2）交流调功

交流调功是一种 Z 型 SSR 普遍采用的方法,它也能实现 PID 调节。即在固定周期内,通过控制交流正弦电流半波个数,达到调功目的。模拟电路常采用电压比较器,将一个固定周期的锯齿电压和来自前级误差电压作比较,输出方波实现调节。在计算机上采用计时算法,产生占空比可调的方波脉冲击来实现。例如日本的 SHIMADEW 和 OMRON 公司的 SR22、FD20、E5系列智能化控温产品,配合 Z 型 SSR,实现自适应"自动翻转"控制,即通过计算机产生扰动,算出最佳 PID 控制参数。

（3）三相电流

HS 系列 SSR 产品,可直接用于三相电机的控制。最简单的方法,是采用 2 只 SSR 作电机通断控制,4 只 SSR 作电机换相控制,第三相不控制。作为电机换向时应注意,由于电机的运动惯性,必须在电机停稳后才能换向,以避免产生类似电机堵转情况,引起的较大冲击电压和电流。在控制电路设计上,要注意任何时刻都不应产生换相 SSR 同时导通的可能性。上下电时序,应采用先加后断控制电路电源,后加先断电机电源的时序。换向 SSR 之间,不能简单地采用反相器连接方式,以避免在导通的 SSR 未关断,另一相 SSR 导通引起的相间短路事故。此外,电机控制中的保险、缺相和温度继电器,也是保证系统正常工作的保护装置。

3. 识读电路图

图 1.53 是具有过载保护的接触器自锁正转控制电路图,与点动正转控制电路相比较,在主电路中串联了热继电器的驱动元件;在控制电路中串联了停止按钮 SB2 和热继电器常闭触头FR;而在起动按钮 SB1 的两端则并联了接触器的辅助常开触头,识读过程按表 1.27 所示。

先合上电源开关 QS。

1）起动

按下 SB1 → 启动电路接通 → KM 吸合 ┬→ 主触头闭合 → 电动机 M 得电,连续运转

└→ 辅助常开触头闭合,通过自锁电路对线圈供电┐

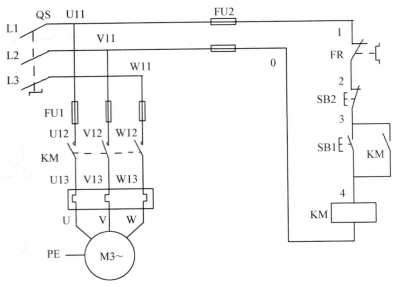

图 1.53 具有过载保护的接触器自锁正转控制电路图

2) 停止

按下 SB2→自锁电路断开→KM 释放→KM 常开触头断开→电动机 M 失电停转。

在松开起动按钮 SB1 的瞬间,KM 辅助常开触头还处于闭合状态,所以 KM 线圈仍然通电,接触器保持吸合的状态,这种辅助常开触头起到的作用称为自锁。这种起自锁作用的辅助常开触头称为自锁触头。

表 1.27 具有过载保护的接触器自锁正转控制电路组成的识读过程

序号	识读任务	电路组成	元 件 功 能	备 注
1	读电源电路	QS	电源开关	水平绘制在电路图的上方
2		FU2	熔断器作控制电路短路保护用	
3	读主电路	FU1	熔断器作主电路短路保护用	
4		KM 主触头	控制电动机的运转与停止	
5		FR 驱动元件	驱动元件配合常闭触头作电动机过载保护用	垂直于电源线,绘制在电路图的左侧
6		M	电动机	
7	读控制电路	FR 常闭触头	过载保护	垂直于电源线,绘制在电路图的右侧
8		SB2	停止按钮	
9		SB1	启动按钮	
10		KM 辅助常开触头	接触器自锁触头	
11		KM 线圈	控制 KM 的吸合和释放	

4. 识读接线图

图 1.54 是具有过载保护的接触器自锁正转控制电路接线图,下面按表 1.28 识读它。

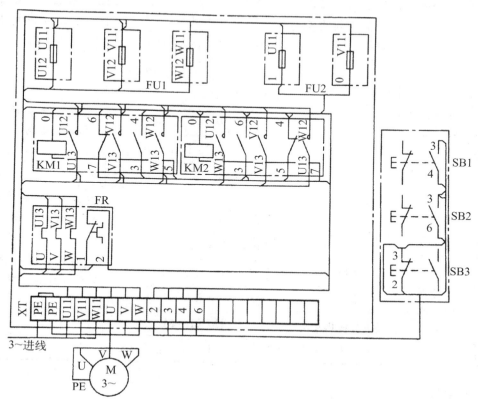

图 1.54 具有过载保护的接触器自锁正转控制电路图

5. 安装元器件

1) 检查元器件和配齐所用元件,检查元件的规格是否符合要求,检测元件的质量是否合格。

2) 按图 1.54 固定元件。如图所示,安装热继电器时,一般将整定电流装置的位置安装在右边,并要注意热继电器与其他电气元件的间距,以保证在进行热继电器的整定电流调整和复位时的安全与方便。

表 1.28 具有过载保护的接触器自锁正转控制电路接线图的识读过程

序号	识读任务		识读结果	备注
1	读元件位置		FU1、FU2、KM、FR、XT	控制板上的元件
2			电动机 M、SB1、SB2	控制板的外围元件
3	读板上元件的布线	读控制电路走线	0 号线:FU2→KM	安装时使用 BV - 1.0 mm² 导线
4			1 号线:FU2→FR	
5			2 号线:FR→xT	

续 表

序号	识读任务		识读结果	备注
6	读控制电路走线		3号线：KM→XT	安装时使用 BV-1.0 mm² 导线
7			4号线：KM→KM→XT	
8	读板上元件的布线	读主电路走线	U11、V11：XT→FU1→FU2	安装时使用 BV-1.5 mm² 导线
9			W11：XT→FU1	
10			U12、V12、W12：FU1→KM	
11			U13、V13、W13：KM→FR	
12			U、V、W：FR＊XT	
13			PE：XT→XT	安装时使用 BV-1.5 mm² 双色线
14	读外围元件的布线	读按钮走线	2号线：XT→SB2	安装时使用 BVR-0.75 mm² 软导线
15			3号线：XT→SB2→SB1	
16			4号线：XT→SB1	
17		读电动机走线	U、V、W、PE：XT→M	
18		读电源线走线	U11、V11、W11、PE：电源→XT	

6. 配线安装

1) 板前配线安装

板前配线安装参考图 1.55,遵循板前配线原则及工艺要求,按图 1.54 和表 1.28 进行板前配线。

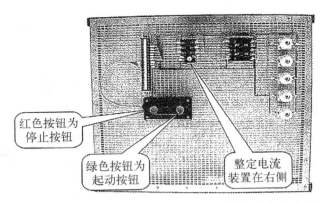

红色按钮为停止按钮

绿色按钮为起动按钮

整定电流装置在右侧

图 1.55 具有过载保护的接触器自锁正转控制电路安装板

(1) 安装控制电路

依次安装 3 号线、0 号线、1 号线、4 号线和 2 号线。容易出错的地方有:

① 接触器的辅助常开触头接线错位或将线接至常闭触头上。在接线时,首先要选对辅助常开触头(接触器的第 2 对或第 4 对常开触头),再根据"面对面"的原则进行接线。如图 1.56 所

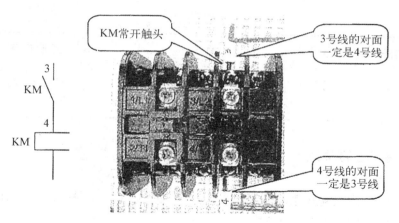

图 1.56 面对面接线

示,KM 辅助常开触头 3 号线的对面是接 4 号线。

②热继电器的辅助常闭触头接线错位。应将 1 号线、2 号线分别与热继电器的 95 号和 96 号接线端子相连。

③起动按钮与停止按钮选择错位。将绿色按钮选用为起动按钮 SB1,将红色按钮选用为停止按钮 SB2,不可对调。同时应注意 SB1 为常开按钮,SB2 为常闭按钮。

（2）安装主电路

依次安装 U11,V11,W11,U12,V12,W12,U13,V13,W13,U,V,W,PE 热继电器的接线应可靠,不可露铜过长。

2）外围设备配线安装

①安装连接按钮,依次连接按钮的 2、3 和 4 号线,再按照导线号与接线端子 XT 的下端对接。

②安装电动机,连接电源连接线及金属外壳的接地线,按照导线号与接线端子 XT 的下端对接。

③连接三相电源插头线。

7. 自检

1）检查布线

对照接线图检查是否掉线、错线,是否漏编或错编,接线是否牢固等。

2）使用万用表检测

按表 1.29 使用万用表检测安装的电路。若与正确阻值不符,应根据电路图检查是否有错线、掉线、错位或短路等。

表 1.29 万用表检测电路的过程

序号	检测任务	操作方法		正确阻值	测量阻值
1	检测主电路	测量 XT 的 U11 与 V11、U11 与 W11、V11 与 W11 之间的阻值	常态时,不动作任何元件	均为 ∞	
2			压下 KM	均为 M 两相定子绕组的阻值之和	

续　表

序号	检测任务	操 作 方 法		正确阻值	测量阻值
3	检测控制电路	测量 XT 的 U11 与 V11 之间的阻值	按下 SB1	KM 线圈的阻值	
4			压下 KM		

8. 通电调试、故障模拟

1）调试电路

经自检,确认安装的电路正确和无安全隐患后,在教师监护下,按表 1.30 通电试车。切记严格遵守安全操作规程,确保人身安全。

表 1.30　电路运行情况记载表

步骤	操 作 内 容	观察内容	正确结果	观察结果	备　　注
1	旋转 FR 整定电流调整装置,将整定电流设定为 10 A(向右旋为调大,向左旋为调小)	整定电流值	10 A		实际使用时,整定值为电动机额定电流 0.95～1.05 倍
2	先插上电源插头.再合上空气开关	电源插头空气开关	已合闸		顺序不能颠倒
3	按下起动按钮 SB1	接触器	吸合		单手操作注意安全
4		电动机	运转		
5	松开起动按钮 SB1	接触器	吸合		
6		电动机	连续运转		
7	按下停止按钮 SB2	接触器	释放		
8		电动机	停转		
9	按下起动按钮 SB1	接触器	吸合		
10		电动机	运转		
11	拉下空气开关	接触器	释放		外界断电时,电路停止工作;电源恢复正常后,电路不能自行起动
12		电动机	停转		
13	合上空气开关	接触器	不动作		
14		电动机	不转		
15	⚠ 拉下空气开关后,拔下电源插头	空气开关电源插头	已分断		

2）故障模拟

（1）过载保护模拟

对于连续运行的电动机，经常由于过载、缺相等原因使热继电器动作，电动机失电停转，从而达到过载及缺相保护的目的。下面按表 1.31 模拟操作，观察故障现象。

表 1.31   故障现象观察记载表（一）

步骤	操 作 内 容	造成的故障现象	观察的故障现象	备 注
1	插上电源插头,再合上空气开关	电动机运转过程中,失电停转		已送电注意安全
2	按下起动按钮 SB1			起动
3	动作 FR 测试键			模拟过载
4	⚠拉下空气开关后,拔下电源插头			

（2）点动故障模拟

实际工作中，触头磨损等原因造成自锁触头接触不良，从而导致自锁电路断开，造成电动机只能点动运转，不能连续运行的现象。下面按表 1.32 模拟操作，观察故障现象。

表 1.32   故障现象观察记载表（二）

步骤	操 作 内 容	造成的故障现象	观察的故障现象	备 注
1	拆下自锁触头上的 4 号线	接触器点动吸合,电动机点动运转		
2	先插上电源插头,再合上断路器			已送电,注意安全
3	按下起动按钮 SB1			起动
4	松开起动按钮 SB1			
5	⚠拉下空气开关后,拔下电源插头			

（3）分析调试及故障模拟结果

① 按下起动按钮 SB1，KM 线圈得电吸合，电动机运转；松开按钮 SB1 后，KM 线圈继续得电吸合，电动机连续运行；按下停止按钮 SB2，KM 线圈失电释放，电动机停转，实现了电动机连续运转控制。

② 当断开自锁电路后，KM 只能点动吸合，不能保持；电动机只能点动运转，不能连续运行。由此可见，当自锁线路（3 号线→自锁触头→4 号线）的某处断开，电路只有点动控制功能。

③ 具有过载保护的接触器自锁正转控制电路具有过载保护功能。

④ 具有过载保护的接触器自锁正转控制电路具有失电压保护功能。电路在电源断电后停止工作，接触器释放复位，当电源恢复供电时，控制电路都处于断开状态，电动机不会自行起动，保证了人身和设备安全。

同理，接触器的释放电压为 $(20\% \sim 75\%)U_s$，当电网电压低于吸合电压时，接触器释放，电动机停止运转,电动机不会因长期欠电压运行而烧毁,保证了电动机的安全。这就是接触器自锁控制线路的欠电压保护功能。

9. 操作要点

① 热继电器的驱动元件应串联在主电路中,其常闭触头应串联在控制电路中。

② 热继电器的整定电流应按电动机额定电流的 0.95~1.05 倍调整。

③ 自锁触头应并联在起动按钮的两端。

④ 一般选红色按钮为停止按钮,绿色按钮为起动按钮。

⑤ 电动机的外壳必须可靠接地。

⑥ 通电调试前必须检查是否存有安全隐患。确认安全后,在教师监护下按照通电调试要求和步骤进行。

五、质量评价标准

表 1.33　质量评价表

考核要求	参 考 要 求	配分	评 分 标 准	扣分	得分	备注
元器件安装	1. 按照元件布置图布置元件 2. 正确固定元件	10	1. 不按图固定元件扣10分 2. 元件安装不牢固每处扣3分 3. 元件安装不整齐、不均匀、不合理每处扣3分 4. 损坏元件每处扣5分			
线路安装	1. 按图施工 2. 合理布线,做到美观 3. 规范走线,做到横平竖直,无交叉 4. 规范接线,无线头松动、反圈、压皮、露铜过长及损伤绝缘层 5. 正确编号	40	1. 不按接线图接线扣40分 2. 布线不合理、不美观,每根扣3分 3. 走线不横平竖直,每根扣3分 4. 线头松动、反圈、压皮、露铜过长,每处扣3分 5. 损伤导线绝缘或线芯,每根扣5分 6. 错编、漏编号,每处扣3分			
通电试车	按照要求和步骤正确调试线路	50	1. 电路配错熔管,每处扣10分 2. 电流调整错误扣5分 3. 速度整定值调整错误扣5分 4. 一次试车不成功扣10分 5. 两次试车不成功扣30分 6. 三次试车不成功扣50分			
安全生产	自觉遵守安全文明生产规程		1. 接地线一处,扣10分 2. 安全事故,0分处理			
开始时间		结束时间		实际时间		

任务五　点动与连续混合控制电路

一、任务描述

点动与连续混合控制电路如图 1.58 所示,SB1 为连续运转起动按钮,SB2 为点动运转起动按钮。当 SB2 动作时,其常闭触头断开,自锁电路被切断,自锁功能失效,此时电路只有点动控制功能。当 SB1 动作时,自锁电路发生作用,电路具有连续控制功能。此电路常用于正常工作时,电动机连续运转;试车或刀具与工件位置调整时,电动机点动运转的机床设备。

二、学习目标

1. 根据前四个任务中学习到的低压电器知识,能够独立使用热继电器、熔断器、接触器、按钮开关等。
2. 能够独立识图,并根据原理图完成实物图的连接。
3. 完成连续与点动混合正转控制的实例。

三、工作流程

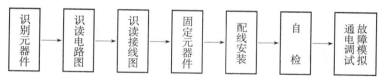

图 1.57　工作流程

四、工作过程

1. 识别元器件

选用的按钮、开关、接触器、继电器、熔断器等常用低压电器的型号参数参考前面任务。

2. 识读电路图

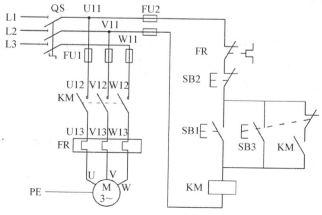

图 1.58　连续与点动混合正转控制电路图

3. 安装元器件

1）检查元器件

检查元器件的规格是否符合要求,检测元器件的质量是否合格。

2）固定元器件

参照前面任务的方法和固定元器件的方法,进行安装热继电器、熔断器、接触器、按钮开关和电机。注意:安装热继电器时,一般将整定电流装置的位置安装在右边,并要注意热继电器与其他电气元件的间距,以保证在进行热继电器的整定电流调整和复位时的安全与方便。

4. 配线安装

1）板前配线安装

参考前面的任务,遵循前配线原则及工艺要求进行配线。

（1）安装控制电路

依次安装 3 号线、0 号线、1 号线、4 号线和 2 号线。容易出错的地方有:

① 接触器的辅助常开触头接线错位或将线接至常闭触头上。在接线时,首先要选对辅助常开触头(接触器的第 2 对或第 4 对常开触头),再根据"面对面"的原则进行接线。如图 1.58 所示 KM 辅助常开触头 3 号线的对面是接 4 号线。

② 热继电器的辅助常闭触头接线错位。应将 1 号线、2 号线分别与热继电器的 95 号和 96 号接线端子相连。

③ 起动按钮与停止按钮选择错误。必须将绿色按钮选用为起动按钮 SB1,将红色按钮选用为停止按钮 SB2,不可对调。同时应注意 SB1 为常开按钮,SB2 为常闭按钮。

（2）安装主电路

依次安装各线路,热继电器的接线应可靠,不可露铜过长。

2）外围设备配线安装

（1）安装连接按钮

依次连接按钮的 2,3 和 4 号线,再按照导线号与接线端子 XT 的下端对接。

（2）安装电动机

连接电源连接线及金属外壳的接地线,按照导线号与接线端子 XT 的下端对接。

（3）连接三相电源插头线

5. 操作要点

① 热继电器的驱动元件应串联在主电路中,其常闭触头应串联在控制电路中。

② 热继电器的整定电流应按电动机额定电流的 0.95～1.05 倍调整。

③ 自锁触头应并联在起动按钮的两端。

④ 一般选红色按钮为停止按钮,绿色按钮为起动按钮。

⑤ 电动机的外壳必须可靠接地。

⑥ 通电调试前必须检查是否存有安全隐患。确认安全后,在教师监护下按照通电调试要求和步骤进行。

五、质量评价标准

表1.34 质量评价表

考核要求	参 考 要 求	配分	评 分 标 准	扣分	得分	备注
元器件安装	1. 按照元件布置图布置元件 2. 正确固定元件	10	1. 不按图固定元件扣10分 2. 元件安装不牢固每处扣3分 3. 元件安装不整齐、不均匀、不合理每处扣3分 4. 损坏元件每处扣5分			
线路安装	1. 按图施工 2. 合理布线,做到美观 3. 规范走线,做到横平竖直,无交叉 4. 规范接线,无线头松动、反圈、压皮、露铜过长及损伤绝缘层 5. 正确编号	40	1. 不按接线图接线扣40分 2. 布线不合理、不美观,每根扣3分 3. 走线不横平竖直,每根扣3分 4. 线头松动、反圈、压皮、露铜过长,每处扣3分 5. 损伤导线绝缘或线芯,每根扣5分 6. 错编、漏编,每处扣3分			
通电试车	按照要求和步骤正确调试线路	50	1. 电路配错熔管,每处扣10分 2. 电流调整错误扣5分 3. 速度整定值调整错误扣5分 4. 一次试车不成功扣10分 5. 两次试车不成功扣30分 6. 三次试车不成功扣50分			
安全生产	自觉遵守安全文明生产规程		1. 接地线一处,扣10分 2. 安全事故,0分处理			
开始时间		结束时间		实际时间		

综合训练：普通车床中常见低压电器识别及应用

一、训练目的

1. 能识别数控机床电气柜中常见的低压元器件。

2. 能通过元件上的文字或者图形标识识别出交流接触器和继电器的线圈和触点类别。

3. 能通过元件上的文字或者图形标识识别出自动空气开关、熔断器及主令开关等低压电气元器件的触点类别。

4. 能将数控机床电气柜中的电气设备和元件与电气原理图中的一一对应。

5. 能知道电气原理图中每个设备或电气元件的功能。

6. 能通过符号位置索引的方法,在图纸中进行元器件的搜索。

二、训练仪器和设备

1. 数控车床 C6140,如图 1.59 所示。

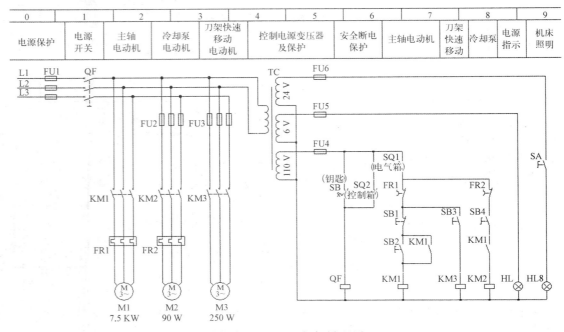

0	1	2	3	4	5	6	7	8	9
电源保护	电源开关	主轴电动机	冷却泵电动机	刀架快速移动电动机	控制电源变压器及保护	安全断电保护	主轴电动机	刀架快速移动	冷却泵 电源指示 机床照明

图 1.59 C6140 电气原理图

2. 交流接触器、继电器、自动空气开关、熔断器及主令开关等低压电器,至少各一个。

3. 万用表一块。

三、训练步骤

1. 训练识别常见低压电器

① 在数控机床的电气柜中,辨识出各类常见低压电器元件,包括交流接触器、中间继电器、自动空气开关、熔断器、主令开关及变压器等。

② 通过交流接触器和继电器上的文字或者图形标识,指出交流接触器和继电器上线圈及触点类别。

③ 通过文字或图形标识,识别出自动空气开关、熔断器及主令开关的触点类型。

④ 通过万用表的欧姆挡,测量并验证上述低压电器的线圈及触点类型(如常开触点的数量、常闭触点的数量、主触点及辅助触点等)。

2. 训练学习数控机床 C6140 电气原理图步骤

① 将数控机床电气柜中的各电气设备和元件与电气原理图中的一一对应。

② 将数控机床操作面板上的各按钮/开关与电气原理图中的一一对应。

③ 指出电气原理图中每个设备或电气元件的功能。

④ 通过符号位置索引的方法,在图纸中进行元器件的搜索,找出:

a. 交流接触器 KM1、KM2、KM3、KM4、KM5 线圈所在的位置;搜索各自的触点。

b. 中间继电器 KA1、KA2、KA3、KA4、KA5、KA6 线圈所在的位置;搜索各自的触点。

⑤ 按照图纸指示提出:

a. 线号为 0L1、0L2 及 0L3 的电源线之间电压的性质及大小。

b. 线号 0L1、0L2 及 0L3 之中的任意一个与 0N 之间电压的性质及大小。

c. 变压器 TC1 和 TC2 的容量、原边及副边电压的大小。

⑥ 机床通电,用万用表的欧姆挡测量并验证上述⑤中提到的电压值。

⑦ 叙述刀架转位电机正转及反转的条件。

本学习情境小结

学习情境内容

学习情境一		工作任务	教学载体
低压电器的认识与应用	任务一	对起动、保持、停止控制电路的认识与调试	
	任务二	对互锁控制电路的认识与调试	
	任务三	对断电延时控制电路的认识与调试	
	任务四	安装与调试具有过载保护的接触器自锁正转控制电路	
	任务五	连续与点动混合正转控制电路的认识与调试	学生自主学习
	综合训练	数控机床中常见低压电器识别及电气原理图学习	综合训练

　　工作在交流 1 200 V 及以下、直流 1 500 V 及以下电路的电器为低压电器。低压电器是组成控制线路的基本元件,是学习控制线路的基础。本学习情境学习了常用控制电路中的常用低压电器:开关、熔断器、接触器、继电器、主令电器等。通过本学习情境的学习,重点掌握电器的结构、原理、图形符号、型号意义、选用及维护等。

　　刀开关和转换开关多用作电源开关,也可用作对小容量电动机的控制。熔断器在低压电路中用作过载保护和短路保护。在电动机的线路中,由于电动机的启动电流较大,所以只宜作短路保护而不能作为过载保护。

自动空气开关可用于电路的不频繁的分与合,具有过载、短路或欠压的保护功能。在电器控制中用塑料外壳式的低压断路器。

接触器可以远距离、频繁地接通与分断大电流的电路。按其主触点所控制电路的性质分为交流接触器和直流接触器两种。交流接触器铁芯有短路环。触点灭弧的方法有双断口灭弧和栅片灭弧等。直流接触器的触点灭弧方法有磁吹灭弧等。

继电器有控制继电器和保护继电器两种。用于控制的继电器有:中间继电器、时间继电器器和速度继电器。用于保护的继电器有:热继电器、欠电流继电器、过电压继电器等。在控制线路中所采用的继电器大多是电磁型的继电器。

主令电器主要用来接通和分断控制电路以达到发布命令的目的。在本章中主要介绍按钮、行程开关、万能开关和主令开关等。

学习时要理论联系实际,学以致用。学习时要对照图、文和实物综合分析,还要进行大量的实验来观察其结构,了解其动作特性,以便熟练应用。

考虑所在学校的教学设备条件、学生的学习能力、教师的专业和教学经验,针对本学习情境五个任务,积极推行"行动导向"教学,其目的在于促进学习者职业能力的发展,核心在于把行动过程与学习过程相统一,通过布置任务→提出工程实例项目→讲解相关知识→分析解决方案→设计控制系统→模拟工业环境上机调试→讨论总结经验等环节,以项目教学法、案例教学法、实验法、角色扮演法、头脑风暴、任务设计法等教学方法,课堂注重师生交流,方式灵活多变,充分发挥学生的主体作用,活跃课堂气氛,引导学生循问题而思考,提高对知识的领悟力,加强对关键内容的理解,促进学生自主思考提出问题,解答问题,激发学生潜能,集"教、学、做"与"反思、改进"为一体教学。

知识点矩阵图

学习情境 / 任务	知识点	按钮	刀开关	中间继电器	熔断器	灯泡	空气开关	接触器	电磁铁	时间继电器	热继电器	电动机
任务一	起停控制电路	☆	☆	☆	☆	☆						
任务二	互锁控制电路	☆	☆				☆	☆	☆			
任务三	延时电路	☆					☆			☆		
任务四	过载保护电路	☆			☆			☆			☆	☆
任务五	连续与点动混合	☆	☆		☆			☆			☆	☆

参考文献

[1] 张青春,于桂宾.机床电气控制系统维护[M].北京:电子工业出版社,2012.

[2] 姜大源.论高等职业教育课程的系统化设计:关于工作过程系统化课程开发解读[J].中国高教

研究,2009(4)：66－70.

[3] 姜大源.职业教育学研究新论[M].北京：教育科学出版社,2007.

[4] 姜大源.工作过程系统化：中国特色的现代职业教育课程开发[J].顺德职业技术学院学报,2014(3)：1－12.

[5] 殷培峰.电气控制与机床电路检修技术[M].北京：化学工业出版社,2011.

[6] 周建清.机床电气控制(项目式教学)[M].北京：机械工业出版社,2008.

[7] 李英姿.低压电器[M].北京：机械工业出版社,2009.

[8] 张桂金.电气控制电路故障分析与处理[M].西安：西安电子科技大学出版社,2009.

[9] 周建清,吴文龙.机床电气控制[M].北京：机械工业出版社,2012.

习　　题

1. 如何从接触器的结构上区分是交流接触器还是直流接触器？

2. 线圈电压为 220 V 的交流接触器,误接入 220 V 直流电源上；或线圈电压为 220 V 直流接触器,误接入 220 V 交流电源上,会产生什么后果？为什么？

3. 交流接触器铁芯上的短路环起什么作用？若此短路环断裂或脱落,工作中会出现什么现象？为什么？

4. 带有交流电磁铁的电器如果衔铁吸合不好(或出现卡阻)会产生什么问题？为什么？

5. 在控制线路中,熔断器和热继电器能否相互代替？为什么？

6. 电动机的起动电流很大,起动时热继电器应不应该动作？为什么？

7. 如何选择熔断器？

8. 某机床的电动机为 JO2－42－4 型,额定功率 5.5 kW,额定电压 380 V,额定电流为 12.5 A,起动电流为额定电流的 7 倍,现用按钮进行起停控制,需有短路保护和过载保护,试选用接触器、按钮、熔断器、热继电器和电源开关的型号。

9. 什么是自锁？如何实现接触器自锁？请判断图 1 所示的控制电路能否实现自锁控制,若不能,请加以改正。

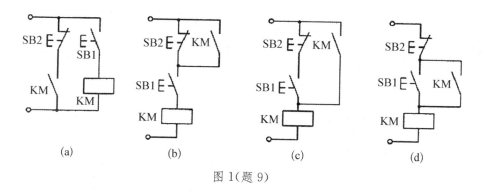

图 1(题 9)

10. 使用热继电器进行过载保护时,应如何连接？试分析图 2 所示的电路是否具有过载保护功能。

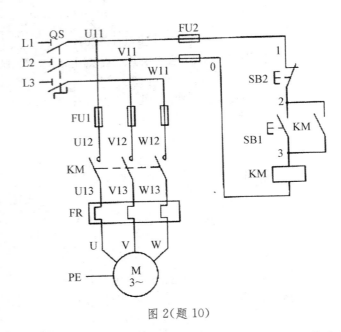

图 2（题 10）

11. 如何检测具有过载保护的接触器自锁正转控制电路的好坏？若自锁触头接触不良,电路会出现何种故障？

学习情境二　电动机基本控制环节

　　机电设备(如数控机床)之所以能够完成一系列指令要求加工出高精度的零件,作为执行元件的伺服电动机功不可没。在机电设备工作过程中,无论采用的是步进、直流还是交流伺服电动机,最终都是通过对主轴运动和进给运动的控制完成被加工工件的加工表面成型运动。那么电动机的种类有哪些? 电动机的启停、正反转、调速等控制是如何实现的?

　　图 2.a 所示为直流电动机的结构,图 2.b 所示为并励直流电动机的启动控制电路。本情境讲解低压控制电路的基本环节,包括三相交流异步电动机的点动控制、三相交流异步电动机的连续保持控制、三相交流异步电动机的制动控制、三相交流异步电动机的正反转控制、三相交流异步电动机的时间控制、步进电机的位置速度控制和三相交流异步电动机的变频调速控制。通

图 2.a　直流电动机的结构示意图

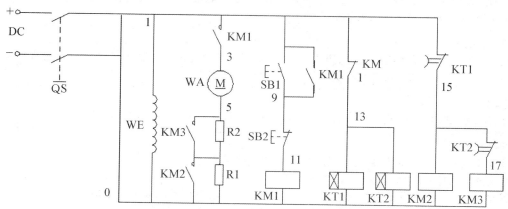

图 2.b　接触器-继电器并励直流电动机电枢绕组串电阻启动控制电路原理图

过本情境的学习,掌握电动机的结构原理及相关控制电路。

一、本情境学习目标与任务单元组成

建议学时		开课学期	
学习目标: 识别三相交流异步电动机与步进电机。 能读懂实现三相交流异步电动机的控制电路图。 能根据电路图连接实物并进行调试。 能对控制电路的故障进行排查		能正确选择并使用低压电器。 掌握时间控制器的工作原理。 识别圆形旋转与直线型步进电机,并根据经济型数控铣床的工作台移动要求设计驱动电路。 能够根据接线图正确安装与调试步进电机的使用	
学习内容: 三相交流异步电动机与步进电机的技术规格参数。 接触器自锁、互锁控制电路原理。 设计具有过载、欠压、短路等保护环节的保护电路。 识读时间继电器工作原理。 利用变频器实现三相异步电机的多段速度控制。 掌握经济型数控车床上的步进电机的应用		各控制电路的应用实例。 识读三相交流异步电动机点动、连续保持、制动和正反转控制电路图和接线图。 识读三相交流异步电动机的 Y-△ 降压启动。 步进电机的位置速度控制	

企业工作情境描述:
电动机的基本控制是现代工业控制过程中必须掌握的基础技术,无论多么复杂的机电控制系统,电动机作为动力源都是必不可缺的重要环节,控制好电动机就能轻松驾驭并实现现代的工业工艺流程。本情境中用低压电器实现对电动机的起停、换向、调速等功能,通过循序渐进、反复训练的方法让学生掌握实际工作中低压电器控制动力源的技术。另外,本着以企业常规工作任务为导向、带着问题学习的基本理念促使学生掌握并熟记电动机运行原理及电动机控制中常用的电气元件的电气符号、文字符号和外形,为后续在实际工作中运用奠定理论基础

使用工具:试电笔、尖嘴钳、电烙铁、斜口钳、剥线钳、各种规格的一字型和十字型螺丝刀、电工刀、校验灯、手电钻、各种尺寸的内六角扳手等。
仪表:数字万用表、兆欧表、数字转速表、示波器、相序表、常用的测量工具等。
器材:各种规格电线和紧固件、针形和叉形扎头、金属软管、号码管、线套等。
化学用品:松香、纯酒精、润滑油

教学资源:
教材、教学课件、动画视频文件、PPT演示文档、各类手册、各种电器元器件等。数控原理实验室、机电一体化实验室、电动机控制实训室、数控加工实训室

教学方法:
考察调研、讲授与演示、引导及讨论、角色扮演、传帮带现场学练做、展示与讲评等

考核与评价:
技能考核:1. 技术水平;2. 操作规程;3. 操作过程及结果。
方法能力考核:1. 制订计划;2. 实训报告。
职业素养:根据工作过程情况综合评价团队合作精神;根据团队成员的平均成绩。
总成绩比例分配:项目功能评价40%,工作单位20%,期末40%

二、本情境的教学设计和组织

情境 2	低压控制电路的基本环节
重　点	正确选择并使用三相交流异步电动机与步进电机。 掌握三相交流异步电动机电气原理图的识读方法。 正确安装三相交流异步电动机控制接线图。 检修电气设备的常见故障。 掌握变频调速与步进电机驱动电路
难　点	识别电动机的种类及结构并能准确选型。 设计电路中具有自锁、互锁、过载、欠压、短路等功能的电路原理。 根据电路图连接实物并进行调试。 对控制电路的故障进行排查。 变频器的调速原理及步进电机驱动环节

学 习 任 务						
任务一	任务二	任务三	任务四	任务五	任务六	综合训练
三相交流异步电动机的点动控制	三相交流异步电动机的连续保持控制	三相交流异步电动机的制动控制	三相交流异步电动机的正反转控制	三相异步电机的降压启动控制	三相交流异步电动机的变频调速控制	皮带运输机控制电路设计

三、基于工作过程的教学设计和组织

学习情境	低压控制电路的基本环节		学时	
学习目标	识别三相交流异步电动机。 会识读三相交流异步电动机点动控制、连续保持控制、制动控制、正反转控制、降压启动控制、变频调速控制、步进电机的位置和速度控制电路图和接线图,并能说出电路的动作程序。 能根据接线图正确安装与调试控制电路			
教学方法	采用以工作过程为导向的六步教学法,融"教、学、做"为一体			
教学手段	多媒体辅助教学,分组讨论,现场教学、角色扮演等			
教学实施	工作过程	工 作 内 容	教 学 组 织	
	资讯	学生获取任务要求,获取与任务相关联的知识、常用电气控制元件的使用、电动机的基本控制电路、电气原理图的识读与设计等	教师采用多媒体教学手段,向学生介绍情境的任务和相关联的低压电气元件的功能和原理、电动机典型控制电路及电气控制原理图的识读和设计,并为学生提供获取资讯的一些方法	

续 表

	工作过程	工 作 内 容	教 学 组 织
教学实施	决策	根据对电动机控制要求的分析，设计和选择合理的控制电路，画出电气控制原理图	学生分组讨论形成初步方案，教师听取学生的决策意见，提出可行性方面的质疑，帮助学生纠正不合理的决策
	计划	根据电动机的控制要求，结合电气控制原理图。提出实施计划方案，并与教师讨论。确定实施方案	听取学生的实施计划安排。审核实施计划，并根据其计划安排，制订进度检查计划
	实施	根据已确定的方案。选择电气元件，并进行元件的布置、安装、接线，完成电路的安装与连接	组织学生领取相关的电气元件、工具、导线、仪表等，指导学生在实训室进行电气元件的安装、接线和调试电路
	检查	学生通过自查互查，完成电气控制系统的调试、故障排查。不断优化电路系统，教师再做系统功能和规范检查	组织学生自查互查电路。教师再对学生所接电路进行检查，考查学生元件安装、接线和电路调试的能力，并考查其安全意识和质量意识，做好记录
	评价	完成电动机控制线路的安装、调试后，写出实训报告，并进行项目功能和规范的评价	根据学生完成的实训报告，并结合其所完成任务的技术要求和规范，以及在工作过程中的表现进行综合评价

任务一　三相异步电动机的点动控制

一、任务描述

本工作任务是安装与调试点动控制电路。要求电路具有电动机点动运转控制功能，即按下起动按钮，电动机运转；松开起动按钮，电动机停转。

一、学习目标

1. 识别三相交流异步电动机。
2. 会识读点动控制电路图和接线图，并能说出电路的动作程序。
3. 能根据接线图正确安装与调试点动正转控制电路。

三、任务流程

具体的工作过程如图 2.1 所示。

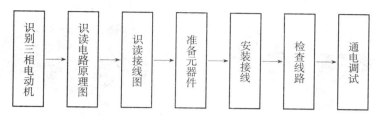

图 2.1 任务流程图

四、工作过程

在对学习情境一的知识和技能的掌握的基础上,下面主要完成三相交流异步电动机的点动控制过程。

1. 识别三相异步电动机

电机按照不同的分类方法有很多种,按照电动机工作电源的不同可分为直流电动机和交流电动机。

直流电动机按结构及工作原理可分为无刷直流电动机和有刷直流电动机。有刷直流电动机可分为电磁直流电动机和永磁直流电动机。电磁直流电动机又分为串励直流电动机、并励直流电动机、他励直流电动机和复励直流电动机。永磁直流电动机又分为稀土永磁直流电动机、铁氧体永磁直流电动机和铝镍钴永磁直流电动机。

图 2.2 串励直流电动机   图 2.3 电磁直流电动机

交流电动机还分为单相电动机和三相电动机。

按结构及工作原理可分为异步电动机和同步电动机。同步电动机还可分为永磁同步电动机、磁阻同步电动机和磁滞同步电动机。异步电动机可分为感应电动机和交流换向器电动机。感应电动机又分为三相异步电动机、单相异步电动机和罩极异步电动机。交流换向器电动机又分为单相串励电动机、交直流两用电动机和推斥电动机。

三相异步电动机是由三相交流电源供电,把交流电能转换为机械能输出的设备。它具有结构简单,价格低廉,使用、维护方便,效率高等优点。在机械工业上可用于拖动中、小型轧钢设

图 2.4 异步电动机   图 2.5 永磁同步电动机

图 2.6　单相串励电动机

图 2.7　磁阻同步电动机

备,金属切削机械,起重运输机械等,是目前使用最广泛的电动机。

1)三相异步电动机的基本结构

　　三相异步电动机虽然种类繁多,但其基本结构均由定子和转子两部分组成,静止部分称为定子,旋转部分称为转子,如图 2.8 所示。

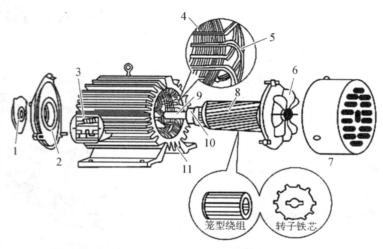

1—轴承盖　2—端盖　3—接线盒　4—定子铁芯　5—定子绕组
6—风扇　7—罩壳　8—转子　9—转轴　10—轴承　11—机座

图 2.8　三相笼型异步电动机的组成

　　(1)定子

　　定子的最外面是机座,机座内装定子铁芯,定子铁芯槽内安放三相定子绕组。为了降低定子铁芯里的损耗,铁芯一般用厚度为 0.5 mm 的硅钢片冲制、叠压而成,并紧紧地固定在机座的内部。在定子铁芯的内圆上冲有均匀分布的槽,用以放置定子绕组。

　　定子绕组是电动机的电路部分,其作用是通入三相对称交流电,产生旋转磁场。定子绕组嵌放在定子铁芯槽中的线圈按一定规律连接而成。小型三相异步电动机定子绕组通常用高强度漆包线绕制而成;大中型异步电动机则用漆包扁铜线或玻璃丝包扁铜线绕制而成。三相异步电动机的定子绕组为三相对称绕组,一般有 6 个出线端,置于机座外部的接线盒内,根据需要接成星形或三角形(△)联结,如图 2.9 所示。机座的作用是固定定子铁芯,并通过两侧的端盖和轴承来支撑电动机转子。中小型电动机的机座通常采用铸铁制成,而大型电动机的机座则由钢板焊接而成。

　　(2)转子

　　转子的基本组成部分是转轴,还有压在转轴上的转子铁芯和放在铁芯槽内的转子绕组。转

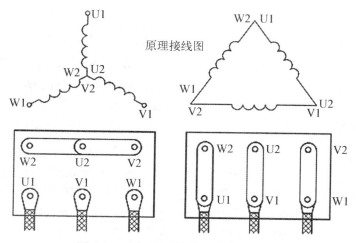

图 2.9　三相笼型异步电动机出线端

子铁芯也是电动机磁路的一部分,用 0.5 mm 厚的硅钢片叠压而成。转子铁芯与定子铁芯之间有一个很小的气隙。在转子铁芯的外圆上冲有均匀的槽,用来放置转子绕组。

转子绕组的作用是产生电流,并在旋转磁场的作用下产生电磁力矩而使转子转动。根据结构的不同,转子绕组分为笼型和绕线型两大类。笼型转子结构可分为铸铝转子和铜条转子两大类,其中,使用最多的是铸铝转子,它是将熔化的铝用离心铸铝法或压力铸铝法制造而成,而铜条转子则是在每个槽内都有一根裸铜条,在伸出铁芯两端的槽口处,两个端环把所有的铜条都短路起来,其结构形式如图 2.10 所示。

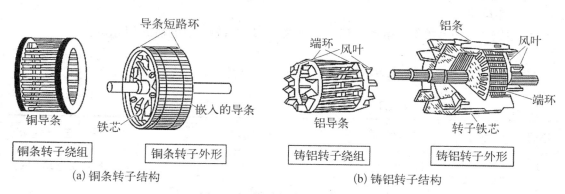

(a) 铜条转子结构　　　　　　　　　　　(b) 铸铝转子结构

图 2.10　笼型异步电动机转子

2) 三相异步电动机的启动方式

三相交流异步电动机分为鼠笼式异步电动机和绕线式异步电动机,两者的构造不同,启动方法也不同,启动控制线路差别很大。本章主要讨论鼠笼式异步电动机的启动方式。因受交流异步电动机起动电流的影响,笼型交流异步电动机有全压直接起动和降压起动两种不同的起动方法。通常功率小于 10 kW 或经过起动校验,起动电流对电网的冲击在允许范围内的交流异步电动机可以采用全压直接起动。全压启动是一种简单、可靠、经济的启动方法,但三相笼型异步电动机的全压启动电流是其额定电流的 4～7 倍,电流过大会造成电网电压显著下降,直接影响在同一电网工作的电动机,甚至会导致它们停转或无法启动,所以当三相笼型异步电动机的参数满足公式(2.1)时,可以采用全压启动,否则必须采用降压启动。

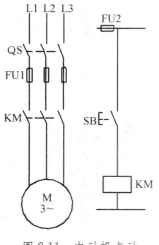

图 2.11　电动机点动
启停控制电路

$$\frac{I_{st}}{I_N} \leqslant \frac{3}{4} + \frac{s}{4 \times P}$$

公式(2.1)

式中，I_{st}——全压启动电流，单位为 A；

I_N——电动机的额定电流，单位为 A；

s——变压器容量，单位为 kVA；

P——电动机额定功率，单位为 kW。

2. 识读电路原理图

电路图是根据生产机械运动形式对电气控制系统要求，采用国家统一规定的电气图形符号和文字符号，按照电气设备和电气的工作顺序，详细表示电路、设备或成套装置的基本组成和连接关系。图 2.11 为点动控制电路图，它由电源电路、主电路和控制电路组成。图中主电路在电源开关 QS 的出线端按相序依次编号为 U11、V11、W11，然后按从上至下、从左到右的顺序递增；控制电路的编号按"等电位"原则从上至下、从左到右的顺序依次从 1 开始递增编号。

图 2.11 所示为点动手动启动控制电路，按下按钮时电动机起动工作，松开按钮时电动机停止工作。点动控制多用于机床刀架、横梁、立柱等快速移动和机床对刀等场合。这种控制方式的特点是电气线路简单，但操作不方便、不安全，无过载、零压等保护措施，不能进行自动控制。

1) 电路组成

电动机点动启停控制电路由主电路和控制电路两部分组成。

（1）主电路

主电路由电源开关 QS、熔断器 FU1、接触器 KM 的主触点及电动机 M 组成。

（2）控制电路

控制电路由熔断器 FU2、点动按钮 SB、接触器 KM 的线圈组成。

表 2.1　电动机点动控制电路组成的识读过程

序号	识读任务	电路组成	元件功能	备 注
1	读电源电路	QS	电源开关	水平绘制在电路图的上方
2		FU2	熔断器作控制电路短路保护用	
3	读主电路	FU1	熔断器作主电路短路保护用	垂直于电源线，绘制在电路图的左侧
4		KM 主触头	控制电动机的运转与停止	
5		M	电动机	
6	读控制电路	SB	运转与停止	垂直于电源线，绘制在电路图的右侧
7		KM 线圈	控制 KM 的吸合与释放	

2) 操作步骤

（1）合上电源开关 QS，按下点动按钮 SB，接触器 KM 的线圈得电，其动合主触点闭合，电动机 M 通电起动旋转。

（2）松开点动按钮 SB,点动按钮 SB 即在反力弹簧的作用下复位断开,接触器 KM 的线圈失电,点动控制电路的动合主触点断开,电动机 M 断电停止转动。

3. 识读接线图

接线图是根据电气设备和电气元件的实际位置、配线方式和安装情况绘制的,主要用作安装接线和电路的检查维修。图 2.12 所示的接线图中有电气元件的文字符号、端子号、导线号和导线类型、导线横截面积等。图中的每一个元件都是根据实际结构,使用与电路图相同的图形符号画在一起,用点画线框上,其文字符号以及接线端子的编号都与电路图中的标注一致,便于操作者对照、接线和维修。同时接线图中的导线也有单根导线、导线组之分,凡导线走线相同的采用合并的方式,用线束表示,到达接线端子 XT 或电气元件时再分别画出。下面按表 2.2 识读点动正转控制电路接线图。

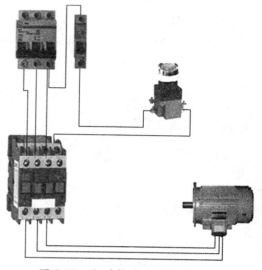

图 2.12 电动机点动电路接线图

表 2.2 点动控制电路接线图的识读过程

序号	识 读 任 务		识 读 结 果	备 注
1	读元件位置		QS	空气开关
			FU	熔断器
			SB	按钮
			KM	接触器
			M	电动机
2	读实物图中电路部分的布线	读控制电路走线	连接开关和熔断器	单线连接
3			连接熔断器和按钮	单线连接
4			连接按钮和接触器辅助触点	单线连接
5		读主电路走线	连接开关和接触器主触点	三线连接
6			连接接触器主触点和电动机	三线连接

4. 接线检查

按照以上接线图将线路接好,检查布线。对照接线图检查是否掉线、错线,是否漏编或错编,接线是否牢固等。

应根据电路图检查是否有错线、掉线、错位、短路等。

5. 通电调试

调试电路经自检,确认安装的电路正确和无安全隐患后,在教师监护下按表 2.3 通电试车。切记严格遵守安全操作规程,确保人身安全。

表 2.3　电路运行情况记录表

步骤	操作内容	观察内容	正确结果	观察结果	备　注
1	先插上电源插头	电源插头断路器	已合闸		顺序不能颠倒
2	按下启动按钮 SB	接触器	吸合		单手操作注意安全
		电动机	运转		
3	松开启动按钮 SB	接触器	释放		
		电动机	停转		
4	拉下断路器后,拔下电源插头	断路器电源插头	已分断		

五、质量评价标准

考核要求	参 考 要 求	配分	评 分 标 准	扣分	得分	备注
元器件安装	1. 按照元件布置图布置元件 2. 正确固定元件	10	1. 不按图固定元件扣 10 分 2. 元件安装不牢固每处扣 3 分 3. 元件安装不整齐、不均匀、不合理每处扣 3 分 4. 损坏元件每处扣 5 分			
线路安装	1. 按图施工 2. 合理布线,做到美观 3. 规范走线,做到横平竖直,无交叉 4. 规范接线,无线头松动、反圈、压皮、露铜过长及损伤绝缘层 5. 正确编号	40	1. 不按接线图接线扣 40 分 2. 布线不合理、不美观,每根扣 3 分 3. 走线不横平竖直,每根扣 3 分 4. 线头松动、反圈、压皮、露铜过长,每处扣 3 分 5. 损伤导线绝缘或线芯,每根扣 5 分 6. 错编、漏编号,每处扣 3 分			
通电调试	按照要求和步骤正确调试线路	40	1. 主控电路配错熔管,每处扣 10 分 2. 整定电流调整错误扣 5 分 3. 速度整定值调整错误扣 5 分 4. 一次试车不成功扣 10 分 5. 两次试车不成功扣 30 分 6. 三次试车不成功扣 50 分			

续　表

考核要求	参 考 要 求	配分	评 分 标 准	扣分	得分	备注
安全生产	自觉遵守安全文明生产规程	10	1. 漏线接地线一处,扣 10 分 2. 发生安全事故,0 分处理			
开始时间		结束时间		实际时间		

任务二　三相异步电动机的连续保持控制

一、任务描述

本任务是安装与调试电动机的连续保持控制电路。要求电路具有电动机连续运转控制功能,即按下起动按钮,电动机运转,松开起动按钮,电动机仍然运转。按下停止按钮后电动机停止运转。

二、学习目标

1. 会读识接触器自锁控制电路原理图和接线图,并能说出自锁的作用。
2. 设计具有过载、欠压、短路等保护环节的保护电路。
3. 能根据接线图正确安装与调试电动机的连续保持控制电路。

三、任务流程

具体的工作过程如图 2.13 所示。

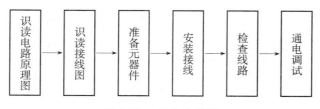

图 2.13　任务流程图

四、工作过程

通过对学习任务一的学习和技能的掌握,对三相交流异步电动机的点动控制有了初步了解。下面主要完成三相交流异步电动机的连续保持控制过程,并考虑过载、欠压、短路等基本保护环节。由任务一得知,点动正转控制电路具有电动机点动运转控制功能,即按下起动按钮,电动机得电运转;松开起动按钮,电动机失电停转,所以在要求电动机连续运转的场合,采用点动正转控制电路进行控制显然是不恰当的。而对于连续运行的电动机,经常会出现负载过重、缺相运行或欠电压运行等现象,这就造成其定子绕组的电流过大而烧毁,任务二将解决电动机连续运行和过载保护的问题。

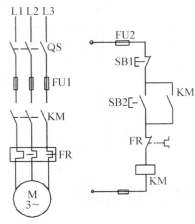

图 2.14　电动机连续保持控制电路

1. 识读电路原理图

图 2.14 是具有过载保护的接触器自锁正转控制电路图,与点动正转控制电路相比较,在主电路中串联了热继电器的驱动元件;在控制电路中串联了停止按钮 SB1 和热继电器常闭触头 FR,使电动机可以停止运转;而在起动按钮 SB2 的两端则并联了接触器的辅助常开触头,形成"自锁"控制,该触点称为自锁触点。

连续保护控制电路分为主电路和控制电路两部分,主电路部分与点动控制启停主电路相同,电动机定子电流由接触器 KM 主触点的通、断来控制。控制电路的工作原理为:用起动和停止按钮分别控制交流接触器线圈电流的通、断,通过电磁机构,带动触点的通、断,达到控制电动机起动、停止的目的。

1) 电路组成

(1) 主电路

主电路由电源开关 QS、熔断器 FU1、接触器 KM 的主触点、热继电器 FR 的静触点及电动机 M 组成。

(2) 控制电路

控制电路由熔断器 FU2、起动按钮 SB2、停止按钮 SB1、接触器 KM 的线圈及辅助触点、热继电器 FR 的动触点组成。

表 2.4　具有过载保护的接触器自锁正转控制电路组成的识读过程

序号	识读任务	电路组成	元 件 功 能	备 注
1	读电源电路	QS	电源开关	水平绘制在电路图的上方
2		FU2	熔断器作控制电路短路保护用	
3	读主电路	FU1	熔断器作主电路短路保护用	垂直于电源线,绘制在电路图的左侧
4		KM 主触头	控制电动机的运转与停止	
5		FR 驱动元件	驱动元件配合常闭触头作电动机过载保护用	
6		M	电动机	
7	读控制电路	FR 常闭触头	过载保护	垂直于电源线,绘制在电路图的右侧
8		SB2	停止按钮	
9		SB1	启动按钮	
10		KM 辅助常开触头	接触器自锁触头	
11		KM 线圈	控制 KM 的吸合与释放	

2）操作步骤

① 合上电源开关 QS,按下起动按钮 SB2,交流接触器 KM 的线圈得电,其动合主触点闭合,电动机 M 通电起动旋转。同时与起动按钮 SB2 并联的触点 KM 闭合自锁。

② 松开起动按钮 SB2 后,SB2 复位断开,接触器 KM 的线圈通过其自锁触点继续保持得电,从而保证电动机 M 能连续长时间的运转。

③ 当电动机需要停车时,可以按下停止按钮 SB1,使得接触器 KM 线圈失电,其动合主触点和自锁触点也都复位断开,电动机 M 断电停止运转。

2. 识读接线图

图 2.15 是具有过载保护的接触器自锁连续保持控制电路接线图,下面按表 2.5 识读它。

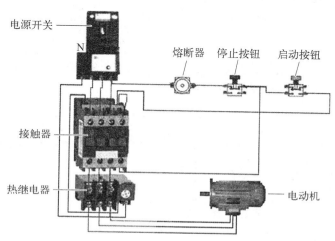

图 2.15 电动机连续保持电路接线图

表 2.5 具有过载保护的电动机连续保持控制电路接线图的识读过程

序号	识读任务		识读结果	备 注
1	读元件位置		QS	空气开关
			FU	熔断器
			SB1	停止按钮(常闭)
			SB2	启动按钮(常开)
			KM	接触器
			FR	热继电器
			M	电动机
2	读实物图中电路部分的布线	读控制电路走线	连接开关和熔断器	单线连接
3			连接熔断器和按钮	单线连接
4			连接开关和热继电器常闭触点	单线连接
5			连接按钮和接触器辅助触点	单线连接

续　表

序号	识读任务		识读结果	备注
6	读实物图中电路部分的布线	读主电路走线	连接开关和接触器主触点	三线连接
7			连接接触器主触点和热继电器	三线连接
8			连接接触器主触点和电动机	三线连接

3. 接线检查

按照以上接线图将线路接好，检查布线。对照接线图检查是否掉线、错线，是否漏编或错编，接线是否牢固等。

应根据电路图检查是否有错线、掉线、错位、短路等。

4. 通电调试

调试电路经自检，确认安装的电路正确和无安全隐患后，在教师监护下按表2.6通电试车。切记严格遵守安全操作规程，确保人身安全。

表2.6　电路运行情况记录表

步骤	操作内容	观察内容	正确结果	观察结果	备注
1	先插上电源插头，合上电源QS	电源插头断路器	已合闸		顺序不能颠倒
2	按下启动按钮SB2	接触器线圈	通电		单手操作注意安全
		接触器动合主触点	吸合		
		接触器自锁触点	闭合		
		电动机	运转		
3	松开启动按钮SB2	接触器线圈	通电		
		电动机	运转		
4	按下停止按钮SB1	接触器线圈	失电		做了吗
		接触器动合主触点	复位断开		
		接触器自锁触点			
		电动机	停转		

五、质量评价标准

考核要求	参考要求	配分	评分标准	扣分	得分	备注
元器件安装	1. 按照元件布置图布置元件 2. 正确固定元件	10	1. 不按图固定元件扣10分 2. 元件安装不牢固每处扣3分 3. 元件安装不整齐、不均匀、不合理每处扣3分 4. 损坏元件每处扣5分			

续　表

考核要求	参 考 要 求	配分	评 分 标 准	扣分	得分	备注
线路安装	1. 按图施工 2. 合理布线,做到美观 3. 规范走线,做到横平竖直,无交叉 4. 规范接线,无线头松动、反圈、压皮、露铜过长及损伤绝缘层 5. 正确编号	40	1. 不按接线图接线扣40分 2. 布线不合理、不美观,每根扣3分 3. 走线不横平竖直,每根扣3分 4. 线头松动、反圈、压皮、露铜过长,每处扣3分 5. 损伤导线绝缘或线芯,每根扣5分 6. 错编、漏编号,每处扣3分			
通电调试	按照要求和步骤正确调试线路	40	1. 主控电路配错熔管,每处扣10分 2. 整定电流调整错误扣5分 3. 速度整定值调整错误扣5分 4. 一次试车不成功扣10分 5. 两次试车不成功扣30分 6. 三次试车不成功扣50分			
安全生产	自觉遵守安全文明生产规程	10	1. 漏线接地线一处,扣10分 2. 发生安全事故,0分处理			
开始时间		结束时间		实际时间		

任务三　三相异步电动机的正反转控制

一、任务描述

本任务是安装与调试接触器互锁的正、反转控制电路。即要求电路具有电动机正、反转控制功能,按下正转起动按钮,电动机正转,在正转的时候按反转启动按钮不发生任何变化;按下停止按钮,电动机停止转动;按下反转起动按钮,电动机反转,在反转的时候按正转启动按钮不发生任何变化。

二、学习目标

1. 识读正反转控制电路图和接线图,并能说出电路的动作程序。
2. 能根据接线图正确安装与调试接触器互锁的正、反转控制电路。
3. 根据接触器互锁的正、反转控制电路设计更多的正反转控制电路。

三、任务流程

具体的工作过程如图 2.16 所示。

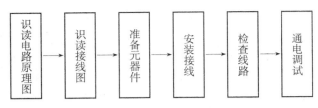

图 2.16　任务流程图

四、工作过程

在机械加工中,许多生产机械的运动部件都有正、反向运动的要求,如机床的主轴要求能改变方向旋转,工作台要求能往返运动等,这些要求都可以通过电动机的正、反转来实现。从电动机的原理可知,若将接到电动机的三相电源进线中的任意两相对调,就可以改变电动机的旋转方向。电动机正、反转控制电路正是利用这一原理而设计的。常见的正、反转控制电路有倒顺开关正、反转控制电路,接触器互锁正、反转控制电路,接触器、按钮双重互锁的正、反转电路。本任务主要介绍接触器互锁正、反转控制电路。

1. 识读电路原理图

图 2.17 所示为接触器互锁的正、反转控制电路。控制电路中用接触器 KM1 和 KM2 分别控制电动机的正转和反转。正转接触器 KM1 和反转接触器 KM2 接通的电源相序相反,所以当两个接触器分别工作时,可实现电动机正转和反转。正转接触器 KM1 和反转接触器 KM2 的主触点不可同时接通,否则将形成电源短路,引起事故。为此,分别在正转和反转的控制回路中接入了对方接触器的动断辅助触点,从而保证一个回路工作时另一个回路不能工作。这种互相制约的控制关系称为"互锁"。

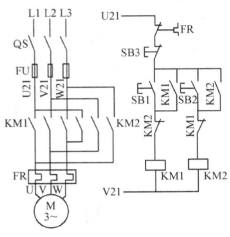

图 2.17　接触器互锁的正、反转控制电路

1) 电路组成

(1) 主电路

主电路由电源开关 QS、熔断器 FU、接触器 KM1 和 KM2 的主触点、热继电器 FR 的静触点及电动机 M 组成。

(2) 控制电路

控制电路由停止按钮 SB3、正转起动按钮 SB1、反转起动按钮 SB2、接触器 KM1 和 KM2 的线圈及辅助触点、热继电器 FR 的动触点组成。

表 2.7　电动机正、反转控制电路组成的识读过程

序号	识读任务	电路组成	元件功能	备注
1	读电源电路	QS	电源开关	水平绘制在电路图的上方
2		FU2	熔断器作控制电路短路保护用	

续　表

序号	识读任务	电路组成	元 件 功 能	备　注
3	读主电路	FU1	熔断器作主电路短路保护用	垂直于电源线,绘制在电路图的左侧
4		KM 主触点		
5		FR	过载保护	
6		M 电动机	电动机	
7	读控制电路	FU2	熔断器作控制电路短路保护用	垂直于电源线,绘制在电路图的右侧
8		SB2	启动按钮	
9		SB1	停止按钮	
10		接触器 KM	接触器自锁触头	
11		FR	过载保护	
12		KM 线圈	控制 KM 的吸合与释放	

2) 操作步骤

① 合上开关 QS。

② 按下按钮 SB1,接触器 KM1 线圈得电,其主触点闭合,自锁动合触点闭合,联锁动断触点断开(切断反转控制电路),电动机 M 正转。

③ 按下按钮 SB3,接触器 KM1 线圈失电,其主触点断开,自锁动合触点断开,联锁动断触点闭合(为接通反转控制电路做好准备),电动机 M 停转。

④ 按下按钮 SB2,接触器 KM2 线圈得电,其主触点闭合,自锁触点闭合,联锁触点断开(切断正转控制电路,使接触器 KM3 线圈不能得电),电动机 M 反转。

2. 识读接线图

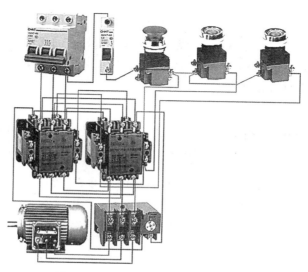

图 2.18　电动机正反转电路接线图

表2.8　具有过载保护的电动机正反转控制电路接线图的识读过程

序号	识 读 任 务		识 读 结 果	备 注
1	读元件位置		QS	空气开关
			FU	熔断器
			SB3	停止按钮(常闭)
			KM1	正转接触器
			KM2	反转接触器
			SB1	正转按钮(常开)
			SB2	正转按钮(常开)
			FR	热继电器
			M	电动机
2	读实物图中电路部分的布线	读控制电路走线	连接开关和熔断器	单线连接
3			连接熔断器和停止按钮	单线连接
4			两个启动按钮并联后和停止按钮串联	单线连接
5		读主电路走线	连接启动按钮和接触器辅助触点	单线连接
6			连接开关和正转接触器主触点	三线连接
7			连接开关和反转转接触器主触点	三线连接
8			连接接触器主触点和热继电器	三线连接
9			连接热继电器主触点和电动机	三线连接

3. 接线检查

按照以上接线图将线路接好,检查布线。对照接线图检查是否掉线、错线,是否漏编或错编,接线是否牢固等。

应根据电路图检查是否有错线、掉线、错位、短路等。

4. 通电调试

调试电路经自检,确认安装的电路正确和无安全隐患后,在教师监护下按表2.9通电试车。切记严格遵守安全操作规程,确保人身安全。

表2.9　电路运行情况记录表

步骤	操作内容	观 察 内 容	正确结果	观察结果	备 注
1	先插上电源插头	电源插头断路器	已合闸		顺序不能颠倒

续　表

步骤	操作内容	观察内容	正确结果	观察结果	备　注
2	按下按钮 SB1	接触器 KM1 线圈	通电		单手操作注意安全。动合辅助触电闭合实现自锁,动断辅助触电断开实现互锁
		接触器 KM1 动合主触点	吸合		
		接触器 KM1 动合辅助触点	闭合		
		电动机	运转		
		动断辅助触点	断开		
3	按下按钮 SB3	接触器线圈	失电		KM1 动合辅助触点断开撤销自锁,KM1 动断辅助触点闭合撤销联锁
		电动机	停转		
		KM1 主触点	断开		
		KM1 动合辅助触点	断开		
		KM1 动断辅助触点	闭合		
4	按下按钮 SB2	KM2 接触器线圈	通电		接触器 KM2 动合辅助触点闭合实现自锁,动断辅助触点断开,实现联锁
		接触器 KM2 动合主触点	闭合		
		接触器 KM2 动合辅助触点	闭合		
		电动机	反转		
		接触器 KM2 动断辅助触点	断开		

五、质量评价标准

考核要求	参考要求	配分	评分标准	扣分	得分	备注
元器件安装	1. 按照元件布置图布置元件 2. 正确固定元件	10	1. 不按图固定元件扣10分 2. 元件安装不牢固每处扣3分 3. 元件安装不整齐、不均匀、不合理每处扣3分 4. 损坏元件每处扣5分			
线路安装	1. 按图施工 2. 合理布线,做到美观 3. 规范走线,做到横平竖直,无交叉 4. 规范接线,无线头松动、反圈、压皮、露铜过长及损伤绝缘层 5. 正确编号	40	1. 不按接线图接线扣40分 2. 布线不合理、不美观,每根扣3分 3. 走线不横平竖直,每根扣3分 4. 线头松动、反圈、压皮、露铜过长,每处扣3分 5. 损伤导线绝缘或线芯,每根扣5分 6. 错编、漏编号,每处扣3分			

续　表

考核要求	参　考　要　求	配分	评　分　标　准	扣分	得分	备注
通电调试	按照要求和步骤正确调试线路	40	1. 主控电路配错熔管,每处扣10分 2. 整定电流调整错误扣5分 3. 速度整定值调整错扣5分 4. 一次试车不成功扣10分 5. 两次试车不成功扣30分 6. 三次试车不成功扣50分			
安全生产	自觉遵守安全文明生产规程	10	1. 漏线接地线一处,扣10分 2. 发生安全事故,0分处理			
开始时间		结束时间		实际时间		

任务四　三相异步电动机的降压启动控制

一、任务描述

熟练掌握和学习三相笼型异步电动机的星形-三角形减压起动,起动时定子三相绕组连接成星形,经过一段时间,转速上升到接近正常转速时换接成三角形,像这一类的时间控制可以利用时间继电器来实现。为了实现由星形到三角形的延时转换,采用时间继电器KT延时断开的动断触点的原理。

二、学习目标

1. 掌握时间控制器的工作原理。
2. 会识读时间继电器工作原理。
3. 掌握三相笼型异步电机的降压启动。

三、任务流程

具体的工作过程如图2.19所示。

图2.19　任务流程图

四、工作过程

时间控制或称时限控制,是按照所需的时间间隔来接通、断开或换接被控制的电路,以协调和控制生产机械的各种动作。例如三相笼型异步电动机的星形-三角形减压起动,起动时定子三相绕组连接成星形,经过一段时间,转速上升到接近正常转速时换接成三角形,像这一类的时间控制可以利用时间继电器来实现。

1. 识别时间继电器

时间继电器(time relay)的种类很多,结构原理也不一样,常用的交流时间继电器有空气式、电动式和电子式等多种。这里只介绍自动控制电路中应用较多的空气式时间继电器,如图 2.20 所示。

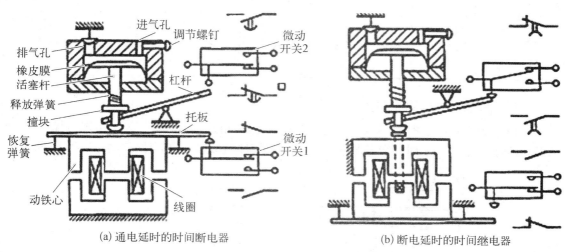

(a) 通电延时的时间断电器　　　　　　　　(b) 断电延时的时间继电器

图 2.20　时间继电器

图 2.20(a)是通电延时的空气式时间继电器的结构原理图。它是利用空气阻尼的原理来实现延时的。主要由电磁铁、触点、气室和传动机构等组成。当线圈通电后,将动铁芯和固定在动铁芯上的托板吸下,使微动开关 1 中的各触点瞬时动作。与此同时,活塞杆及固定在活塞杆上的撞块失去托板的支持,在释放弹簧的作用下,也要向下移动,但由于与活塞杆相连的橡皮膜跟着向下移动时,受到空气的阻尼作用,所以活塞杆和撞块只能缓慢地下移。经过一定时间后,撞块才触及杠杆,使微动开关 2 中的动合触点闭合,动断触点断开。从线圈通电开始到微动开关 2 中触点完成动作为止的这段时间就是继电器的延时时间。延时时间的长短可通过延时调节螺钉调节气室进气孔的大小来改变。延时范围有 0.4~60 s 和 0.4~180 s 两种。

线圈断电后,依靠恢复弹簧的作用复原,气室中的空气经排气孔(单向阀门)迅速排出,微动开关 2 和 1 中的各对触点都瞬时复位。图 2.20(a)所示的时间继电器是通电延时的,它有两副延时触点:一副是延时断开的动断触点;一副是延时闭合的动合触点。此外,还有两副瞬时动作的触点:一副动合触点和一副动断触点。时间继电器也可以做成断电延时的,如图 2.20(b)所示,只要把铁芯倒装即可。它也有两副延时触点:一副是延时闭合的动断触点,一副是延时断开的动合触点。此外还有两副瞬时动作的触点:一副动合触点和一副动断触点。

近年来,有一种组件式交流接触器,在需要使用时间继电器时,只需将空气阻尼组件插入交流接触器的座槽中,接触器的电磁机构兼作时间继电器的电磁机构。从而可以减小体积、降低成本、节省电能。除此之外,目前体积小、耗电少、性能好的电子式时间继电器已得到了广泛的应用。它是利用半导体器件来控制电容的充放电时间以实现延时功能的。

时间继电器的图形符号和文字符号见表2.10。

表 2.10   时间继电器的图形符号和文字符号

	时 间 继 电 器						行程开关	
线圈	瞬时动作动合触点	瞬时动作动断触点	延时闭合动合触点	延时闭合动断触点	延时断开动合触点	延时断开动断触点	动合触点	动断触点

2. 识读延时转换电路原理图

三相笼型异步电动机星形-三角形起动的控制电路如图2.21所示。为了实现由星形到三角形的延时转换,采用了时间继电器 KT 延时断开的动断触点。控制电路的动作过程如下:

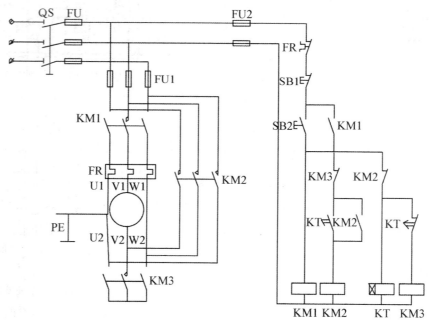

图 2.21   星形-三角形起动控制电路

图2.21为常用的 Y-△ 转换起动控制电路,电路分为主电路和控制电路两部分。主电路中接触器 KM1 和 KM3 的主触点闭合,定子绕组星形联结(起动);KM3、KM2 主触点闭合,定子绕组三角形联结(运行)。控制电路按照时间控制原则实现自动切换。工作过程为:按下起动按钮 SB2,接触器 KM1 线圈通电自锁,接触器 KM3 线圈通电,主电路电动机 M 作 Y 接起动,同时时间继电器 KT 线圈通电延时。延时时间到,接触器 KM3 线圈断电,接触器 KM2 线圈通电自锁,主电路电动机 M 作 △ 接全压运行。同时时间继电器 KT 线圈断电复位。控制回路中 KM2、KM3 动断触点的另一个重要作用是实现互锁,以防止 KM2、KM3 主

触点同时闭合造成电动机主电路短路,保证电路的可靠工作。电路还具有短路、过载和零压、欠压等保护功能。

1) 电路组成

（1）主电路

主电路由电源开关 QS、KM1、KM2 和 KM3 接触器主触点、热继电器 FR 主触点组成。

（2）控制电路

控制电路由熔断器,热继电器 FR,以及 KT 时间继电器,起动按钮 SB2,停止按钮 SB1,接触器 KM1、KM2 和 KM3 的线圈及 KM1 动断触点和 KM2、KM3 动合辅助触点、热继电器 FR 的动触点组成。

表 2.11　电动机降压启动电路组成的识读过程

序号	识读任务	电路组成	元件功能	备 注
1	读电源电路	QS	电源开关	水平绘制在电路图的上方
2	读主电路	KM$_y$主触点	控制电动机的运转与停止	垂直于电源线,绘制在电路图的左侧
3		FR	过载保护	
4	读控制电路	SB$_{st}$	启动按钮	垂直于电源线,绘制在电路图的右侧
5		KT	时间继电器	
6		接触器 KM	接触器自锁触头	
7		FR	过载保护	
8		KM 线圈	控制 KM 的吸合和释放	

2) 操作步骤

① 合上开关 QS。

② 按下按钮 SB2,接触器 KM3 线圈通电,KM3 主触点闭合,使电动机接成 Y 形。KM3 的动断辅助触点断开,切断了 KM2 的线圈电路,实现互锁。

③ KM3 的动合辅助触点闭合,使接触器 KM1 和时间继电器 KT 的线圈通电,KM1 的主触点闭合,使电动机在星形联结下起动。同时,KM1 的动合辅助触点闭合,把起动按钮 SB2 短接,实现自锁。

④ 经过一定延时后,时间继电器 KT 延时断开的动断触点断开,使接触器 KM3 线圈断电,KM3 各触点恢复常态并使接触器 KM2 的线圈通电,KM2 的主触点闭合,电动机便改接成三角形正常运行。同时,接触器 KM2 的动断辅助触点断开,切断了 KM3 和 KT 的线圈电路,实现互锁。

3. 识读接线图

图 2.22 是三相笼型异步电动机星形-三角形起动的控制电路接线图,下面按表 2.12 识读它。

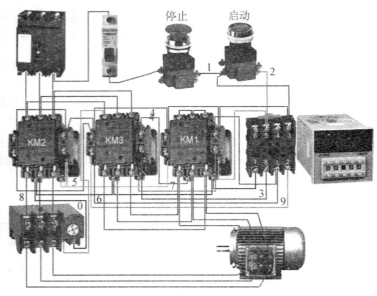

图 2.22 三相笼型异步电动机星形-三角形起动电路

表 2.12 接线图的识读过程

序号	识读任务		识读结果	备注
1	读元件位置		QS	空气开关
			FU	熔断器
			SB1	停止按钮(常闭)
			KM1	正传接触器
			KM2	反传接触器
			SB2	启动按钮(常开)
			FR	热继电器
			KS	速度继电器
			M	电动机
2	读实物图中电路部分的布线	读控制电路走线	连接开关和熔断器	单线连接
3			连接熔断器和按钮	单线连接
4			连接开关和热继电器常闭触点	单线连接
5			连接按钮和接触器辅助触点	单线连接
6		读主电路走线	连接开关和接触器主触点	三线连接
7			连接接触器主触点和热继电器	三线连接
8			连接接触器主触点和速度继电器	三线连接
9			连接速度继电器主触点和电动机	三线连接

4. 接线检查

按照以上接线图将线路接好,检查布线。对照接线图检查是否掉线、错线,是否漏编或错编,接线是否牢固等。

应根据电路图检查是否有错线、掉线、错位、短路等。

5. 通电调试

表 2.13　电路运行情况记录表

步骤	操作内容	观察内容	正确结果	观察结果	备　注
1	先插上电源插头	电源插头 断路器	已合闸		顺序不能颠倒
2	按下按钮 SB_{st}	接触器 KY_Y 线圈	通电		单手操作注意安全。动合辅助触电闭合实现自锁,动断辅助触电断开实现互锁
		接触器 KM_Y 主触点	吸合		
		电动机	运转		
		KM_Y 动断辅助触点	断开		
3	KM_Y 动合辅助触点闭合	接触器 KM 线圈	通电		KM1 动合辅助触点闭合,时间继电器通电,使电动机在星形联结下启动,最终实现自锁
		时间继电器 KT	通电		
		KM 主触点	闭合		
		KM 动合辅助触点	闭合		
		SB_{st} 启动按钮	短接		
4	经过一定延时后	时间继电器 KT	延时断开		$KM_\triangle$ 主触点闭合,电动机改接成三角形正常运行。切断 KM_Y 和 KT 的线圈电路,实现互锁
		接触器 KM_Y 触点	恢复		
		$KM_\triangle$ 线圈	通电		
		$KM_\triangle$ 主触点	闭合		
		$KM_\triangle$ 动断辅助触点	断开		

五、质量评价标准

考核要求	参考要求	配分	评分标准	扣分	得分	备注
元器件安装	1. 按照元件布置图布置元件 2. 正确固定元件	10	1. 不按图固定元件扣 10 分 2. 元件安装不牢固每处扣 3 分 3. 元件安装不整齐、不均匀、不合理每处扣 3 分 4. 损坏元件每处扣 5 分			

考核要求	参 考 要 求	配分	评 分 标 准	扣分	得分	备注
线路安装	1. 按图施工 2. 合理布线,做到美观 3. 规范走线,做到横平竖直,无交叉 4. 规范接线,无线头松动、反圈、压皮、露铜过长及损伤绝缘层 5. 正确编号	40	1. 不按接线图接线扣40分 2. 布线不合理、不美观,每根扣3分 3. 走线不横平竖直,每根扣3分 4. 线头松动、反圈、压皮、露铜过长,每处扣3分 5. 损伤导线绝缘或线芯,每根扣5分 6. 错编、漏编号,每处扣3分			
通电调试	按照要求和步骤正确调试线路	40	1. 主控电路配错熔管,每处扣10分 2. 整定电流调整错误扣5分 3. 速度整定值调整错误扣5分 4. 一次试车不成功扣10分 5. 两次试车不成功扣30分 6. 三次试车不成功扣50分			
安全生产	自觉遵守安全文明生产规程	10	1. 漏线接地线一处,扣10分 2. 发生安全事故,0分处理			
开始时间		结束时间		实际时间		

任务五　三相异步电动机的变频调速控制

一、任务描述

本工作任务是安装与调试三相异步电机的变频调速控制电路。要求电路具有电动机多段速度控制功能,即按一下升速按钮 SB3,变频器自动升速到一个常用速(如 30 Hz);若要继续升速,应按住按钮 SB3 升速,松开按钮停止升速;在常用速以上,按一下降速按钮 SB4,变频器自动降速到一个常用速(如 30 Hz);若要继续降速,应按住按钮 SB4 降速,松开按钮停止降速。

二、学习目标

1. 识别变频器(以施耐德 Altivar31 变频器为例)。
2. 会识读变频调速的控制电路图及接线图,并能够实现三相异步电机的多段速度控制。
3. 能够根据接线图正确安装与调试三相异步电机的变频调速。

三、任务流程

具体的工作过程如图 2.23 所示。

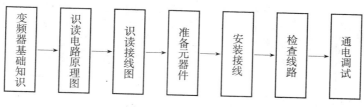

图 2.23　任务流程图

四、工作过程

1. 变频器基础知识

1）变频器构成

变频器主要是由主电路、控制电路组成。其用户接口如图 2.24 所示。

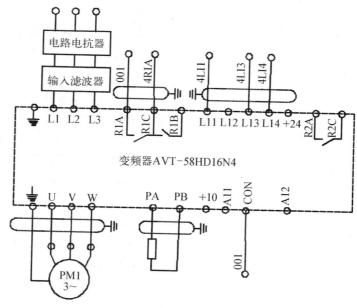

图 2.24　用户接口示意图

主电路是给电动机提供调压、调频电源的电力变换部分。变频器的主电路大体上可分为两类：电压型是将电压源的直流变换为交流的变频器，直流回路的滤波是电容；电流型是将电流源的直流变换为交流的变频器，其直流回路滤波是电感。主电路由三部分构成：将工频电源变换为直流功率的"整流器"；吸收在变流器和逆变器产生的电压脉动的"平波回路"以及将直流功率变换为交流功率的"逆变器"。

控制电路是给电动机供电（电压、频率可调）的主电路提供控制信号的回路。它由频率、电压的"运算电路"、主电路的"电压、电流检测电路"、电动机的"速度检测电路"、将运算电路的控制信号进行放大的"驱动电路"以及逆变器和电动机的"保护电路"组成。

机电设备的电气控制与维护

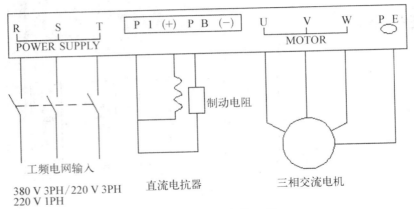

图 2.25　主回路接口图

表 2.14　控制回路接口

接口类型	主　要　特　点	主　要　功　能
开关量输入	无源输入,一般由变频器内部24 V供电	启/停变频器,接收编码器信号、多段速、外部故障等信号或指令
开关量输出	集电极开路输出、继电器输出	变频器故障、就绪、调速等,参与外部控制
模拟量输入	0～10 V/4～20 mA	频率给定/PID给定、反馈,接收来自外部的给定或控制
模拟量输出	0～10 V/4～20 mA	运行频率、运行电流的输出,用于外界显示仪表和外部设备控制
脉冲输出	PWM波输出	功能同模拟量输出(只有个别变频器提供)
通讯口	RS485/RS232	组网控制

以上端子均可自由编程。

2) 变频器的常用参数及其设置

常用参数是经常使用的一些参数,主要内容如下(以施耐德 Altivar31 变频器为例):

(1) 上限频率(高速)Set - HSP 与下限频率(低速)SEt - LSP

上限频率是最大给定所对应的频率,下限频率是最小给定所对应的频率。上下限频率的设定是为了限制电动机的转速,从而满足设备运行控制的要求。

(2) 加速时间(加速斜坡时间)SEt - ACC 与减速时间(减速斜坡时间)SEt - dEC

加速时间是变频器从 0 Hz 加速到额定频率(通常为 50 Hz)所需的时间,加速斜坡类型由 FUn - rPC - rPt 设置。减速时间是变频器从额定频率减速到 0 Hz 所需的时间。设定加、减速时间必须与负载的加、减速相匹配。电机功率越大,需要的加、减速时间也越长。一般 11 kW 以下的电机,加、减速时间可设置在 10 s 以内。对于大容量的电机,若设置加速时间太短,可能会使变频器过流跳闸;设置减速时间太短,可能会使变频器过压跳闸。对于多电机同步运行的情况,若设置加速时间太短,可能会使变频器过流跳闸,设置加速时间太长,会使开车时同步性能变坏;设置减速时间太短,可能会使变频器过压跳闸,设置减速时间太长,由于各电机功率不同,负载差异较大,可能会使各电机不能同时停转,造成下次开车困难。因此,多电机同步运行时,需要精确设置加、减速时间,这也是设备调试的主要项目之一。

（3）保存配置 drC（或 I－O、CtL、FUn）－SCS

对于经常使用的设置或经现场调试可行的设置,可以保存起来,在需要的时候可以恢复。但保存配置只能保存一次,再次保存时,原来保存的设置就被新保存的设置所替代。

SCS 参数一被保存,就自动变为 nO。

（4）返回出厂设置/恢复配置 drC（或 1－O、CtL、FUn）－FCS

变频器在调试期间,可能出现由于操作不当等原因,偶尔发生功能、数据紊乱等现象,遇到这种情况可以恢复配置（FCS 参数设置为 rECI）或者返回出厂设置（FCS 参数设置为 InI）,然后重新设置参数。

FCS 参数一被保存,就自动变为 nO。

（5）电机缺相检测 FU－OPL

电机缺相检测是变频器的基本功能,也是实际使用时必需的。但在济南星科的实验台中,由于配备的电机功率太小且空载,电机电流几乎等于零,变频器检测不到电机电流,认为没有接电机。所以,在实验室必须把 OPL 参数设置为 nO（电机缺相不检测）,否则变频器无法运行。但实际使用时一定把 OPL 参数设置为 yES（电机缺相检测）。

通用变频器的功能很多,菜单及参数也很多,Altivar31 变频器的一级菜单有 8 个,分别是设置菜单 SEt－、电机控制菜单 drC－、I－O 菜单 I－O－、控制菜单 CtL－、应用功能菜单 FUn－、故障菜单 FLt－、通信菜单 COM－、显示菜单 SUP－。不同类型的变频器,菜单和参数代码不同,但大致功能相同。

2. 三相异步电机的调速方法

由三相异步电机的转速公式 $n=(1-s)n_1=(1-s)\dfrac{60f_1}{p}$ 可知,三相异步电机的调速方法有变极调速、变频调速和能耗转差调速。

变极调速是一种通过改变定子绕组极对数来实现转子转速调节的调速方式。在一定电源频率下,由于同步转速 $n_1=\dfrac{60f_1}{p}$ 与极对数成反比,因此,改变定子绕组极对数便可以改变转子转速。改变定子的极对数,通常用改变定子绕组联结法的方法。转子为笼型,则转子的极对数自动随定子的极对数对应。也可以在电动机上安装两组独立的绕组,各个绕组联结法不同构成不同的极对数。改变极对数 p 都是成倍的变化,转速也是成倍的变化,故为有级调速。变极调速优点是调速方法简单,机械特性较硬,缺点是调速平滑性差,转速成倍变化,不能完成无极调速。

由异步电动机转速表达式 $n=(1-s)n_1=(1-s)\dfrac{60f_1}{p}$ 可知,当转差率变化不大时,n 基本正比于 f_1,改变频率即可调节电动机转速。变频调速具有优异的性能,调速范围较大,平滑性较高,变频时按不同规律变化可实现恒转矩或恒功率调速,以适应不同负载的要求,低速时特性的静差率较高,是异步电动机调速最有发展前途的一种方法。三相异步电机变频调速的控制原理图如图 2－26 所示。变频调速是用变频器向交流电动机供电而构成的调速系统。变频器是把固定频率、固定电压的交流电变换成可调频率、可调电压交流电的电源变换装置。为了使电动机在电源频率降低时主磁通基本不变,防止空载电流急剧增加,变频器在调节供给电动机的电源频率时,必须同时调节供电电压,这样才能获得较好的调速性能。

3.识读变频调速控制电路原理图

用低压电器控制组成的变频器控制电路如图 2.26 所示。

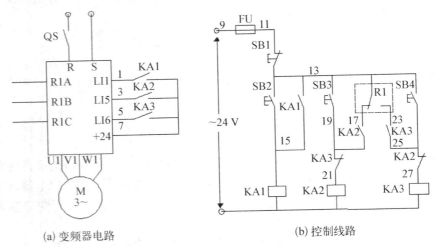

(a) 变频器电路 (b) 控制线路

图 2.26　变频器控制电路

1) 电路组成。

2) 操作步骤。

最低速用变频器 SEt - LSP 设置,常用速设置为频率阈值,让变频器的内部继电器动作。变频器的参数设置如下:

① drC - FCS=InI——恢复出厂设置;

② FLt - OPL=nO——电机缺相不检测;

③ I - O - tCC=2C——设置控制方式;

④ CtL - LAC=L2 或 L3 功能访问等级;

⑤ CtL - Fr2=UPdt——设置给定方式;

⑥ CtL - rFC=Fr2——选择给定通道;

⑦ FUn - UPd - USP=LI5——设置升速端子;

⑧ FUn - UPd - dSP=LI6——设置降速端子;

⑨ SEt - LSP=10——设置最低速为 10 Hz;

⑩ SEt - FtA=30——设置频率阈值为 30 Hz;

⑪ I - O - r1=FtA——设置内部继电器功能。

其他没有要求,使用变频器的默认设置或根据工艺要求设置。

打开电源开关 QS,给变频器通电,完成参数设置。

线路的工作过程为:

① 按下起动按钮 SB2,中间继电器 KA1 线圈通电,常开触点 KA1(13,15)闭合自锁;常开触点 KA1(1,7)闭合,变频器正转运行,并自动以默认的升速时间升到最低速 10 Hz,电动机正转。

② 按下升速按钮 SB3,中间继电器 KA2 线圈通电,常开触点 KA2(17,19)闭合自锁;常开触点 KA2(3,7)闭合,变频器升速;当频率达到阈值 30 Hz 时,变频器内部继电器 R1 动

作,常闭触点 R1(13,17)断开,中间继电器 KA2 线圈失电,KA2 的各触点复位,变频器停止升速。此后由于 R1(13,17)断开,自锁触点 KA2(17,19)失去作用,按下升速按钮 SB3 为点动升速。

③ 在常用速以上,变频器内部继电器 R1 的常开触点 R1(13,23)闭合,按下降速按钮 SB4,中间继电器 KA3 线圈通电,常开触点 KA3(23,25)闭合自锁;常开触点 KA3(5,7)闭合,变频器开始降速,当降到频率阈值 30 Hz 以下时,变频器内部继电器 R1 动作,触点 R1(13,23)断开,中间继电器 KA3 线圈失电,KA3 的各触点复位,变频器停止降速。此后由于 R1(13,23)已断开,自锁触点 KA3(23,25)失去作用,按下降速按钮 SB4 为点动降速。

④ 按下停车按钮 SB1,变频器停止运行。

4. 识读变频调速实物接线图

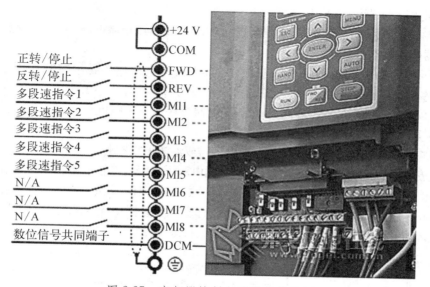

图 2.27　变频器控制电路实物接线图

5. 接线检查

接线时应注意以下几点,以防接错:

① 输入电源必须接到 R、S、T 上,输出电源必须接到端子 U、V、W 上,若错接,会损坏变频器。

② 为了防止触电、火灾等灾害和降低噪声,必须连接接地端子。

③ 端子和导线的连接应牢靠,要使用接触性好的压接端子。

④ 配完线后,要再次检查接线是否正确,有无漏接现象,端子和导线间是否短路或接地。

⑤ 通电后,需要改接线时,即使已经关断电源,也应等充电指示灯熄灭后,用万用表确认直流电压降到安全电压(DC25 V 以下)后再操作。若还残留有电压就进行操作,会产生火花,这时先放完电后再进行操作。

1) 主回路接线

R、S、T:接交流三相电流。

U、V、W:接三相异步电动机。

表 2.15　主电路端子和连接端子的功能

端子符号	端子名称	说　明
R、S、T	主电路电源端子	连接三相电源
U、V、W	变频器输出端子	连接三相电动机
P1、P(+)	直流电抗器连接用端子	改善功率因数的电抗器
P(+)、DB	外部制动电阻器连接用端子	连接外部制动电阻(选用件)
P(+)、N(−)	制动单元连接端子	连接外部制动单元
PE	变频器接地用端子	变频器机壳的接地端子

进行主电路连接时应注意以下几点：

① 主电路电源端子 R、S、T，经接触器和空气开关与电源连接，不用考虑相序。

② 变频器的保护功能动作时，继电器的常闭触点控制接触器电路，会使接触器断开，从而切断变频器的主电路电源。

③ 不应以主电路的通断来进行变频器的运行、停止操作。需用控制面板上的运行键(RUN)和停止键(STOP)或用控制电路端子 FWD(REV)来操作。

④ 变频器输出端子(U、V、W)最好经热继电器再接至三相电机上，当旋转方向与设定不一致时，要调换 U、V、W 三相中的任意二相。

⑤ 变频器的输出端子不要连接到电力电容器或浪涌吸收器上。

⑥ 从安全及降低噪声的需要出发，及防止漏电和干扰侵入或辐射出去，必须接地。根据电气设备技术标准规定，接地电阻应小于或等于国家标准规定值，且用较粗的短线接到变频器的专用接地端子 PE 上。当变频器和其他设备，或有多台变频器一起接地时，每台设备应分别和地相接，而不允许将一台设备的接地端和另一台的接地端相接后再接地，如图 2.28 所示。

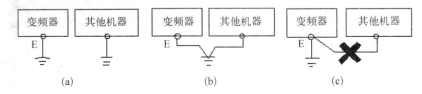

(a) 专用地线(好)　(b) 共用地线(正确)　(c) 共通地线(不正确)

图 2.28　变频器接地方式示意图

2) 控制回路的接线

① 正转起动信号：STL。

② 反转起动信号：STR。

③ 起动自保持选择信号：STOP。

④ 输入信号中具有功能设定的有：RL、RM、RH、RT、AU、JOG、CS。

按照以上接线图将线路接好，检查布线。对照接线图检查是否掉线、错线，是否漏编或错编，接线是否牢固等。应根据电路图检查是否有错线、掉线、错位、短路等。

6. 通电调试

调试电路经自检，确认安装的电路正确和无安全隐患后，在教师监护下按表 2.16 通电试车。切记严格遵守安全操作规程，确保人身安全。

表 2.16　电路运行情况记录

步骤	操作内容	观察内容	正确结果	观察结果
1	先插上电源插头	电源插头 断路器	已合闸	
2	按下启动按钮 SB2	继电器 KA1	线圈通电	
		常开触点 KA1(13, 15)	闭合自锁	
		常开触点 KA1(1, 7)	闭合	
		变频器	已默认时间升到 10 Hz	
		电动机	正转	
3	按下升速按钮 SB3	继电器 KA2	线圈通电	
		常开触点 KA2(17, 19)	闭合自锁	
		常开触点 KA2(3, 7)	闭合	
		变频器	升速	
		电动机	升速转	
4	按下降速按钮 SB4	继电器 KA3	线圈通电	
		常开触点 KA3(23, 25)	闭合自锁	
		常开触点 KA3(5, 7)	闭合	
		变频器	开始降速	
5	按下停车按钮 SB1	变频器	停止运行	

五、质量评价标准

考核要求	参考要求	配分	评分标准	扣分	得分	备注
元器件安装	1. 按照元件布置图布置元件 2. 正确固定元件	10	1. 不按图固定元件扣 10 分 2. 元件安装不牢固每处扣 3 分 3. 元件安装不整齐、不均匀、不合理每处扣 3 分 4. 损坏元件每处扣 5 分			
线路安装	1. 按图施工 2. 合理布线,做到美观 3. 规范走线,做到横平竖直,无交叉 4. 规范接线,无线头松动、反圈、压皮、露铜过长及损伤绝缘层 5. 正确编号	40	1. 不按接线图接线扣 40 分 2. 布线不合理、不美观,每根扣 3 分 3. 走线不横平竖直,每根扣 3 分 4. 线头松动、反圈、压皮、露铜过长,每处扣 3 分 5. 损伤导线绝缘或线芯,每根扣 5 分 6. 错编、漏编号,每处扣 3 分			

续 表

考核要求	参 考 要 求	配分	评 分 标 准	扣分	得分	备注
通电调试	按照要求和步骤正确调试线路	40	1. 主控电路配错熔管，每处扣 10 分 2. 整定电流调整错误扣 5 分 3. 速度整定值调整错误扣 5 分 4. 一次试车不成功扣 10 分 5. 两次试车不成功扣 30 分 6. 三次试车不成功扣 50 分			
安全生产	自觉遵守安全文明生产规程	10	1. 漏线接地线一处，扣 10 分 2. 发生安全事故，0 分处理			
开始时间		结束时间		实际时间		

任务六　三相异步电动机的制动控制

一、任务描述

本工作任务是安装与调试电动机的制动控制电路。要求电路具有快速制动的功能，即按下起动按钮，电动机运转；按下停止按钮，电动机快速停止转动。

二、学习目标

1. 掌握制动原理。
2. 能根据接线图正确安装与调试电动机的反接制动控制电路。

三、任务流程

具体的工作过程如图 2.29 所示。

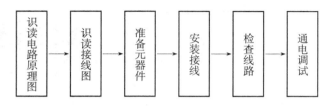

图 2.29　任务流程图

四、工作过程

许多机床，如万能铣床、卧式镗床、组合机床，都要求迅速停车和准确定位，而运行中的电动机在切断电源后，由于惯性作用，需要一定的时间才能停止运转，这时就要对电动机进行强迫停车,即制动。目前广泛应用的制动方式有机械制动和电气制动两大类。机械制动一般采用机械抱闸或液压装置制动,机械制动中应用较普遍的是电磁式机械制动;电气制动实质上是使电动机产生一个与原来转子的转动方向相反的转矩来实现制动,机床中经常应用的电气制动是能耗制动和反接制动。本任务主要介绍反接制动。

反接制动的实质是当电动机需制动时,改变电动机绕组中的三相电源相序,产生与原转动方向相反的转矩,从而起到制动作用。当电动机正方向运行时,如果把电源反接,电动机转速由正转急速下降到零。如果反接电源不及时切除,则电动机又要从零速反向起动运行。所以我们必须在电动机制动接近零速时,将反接电源切断,电动机才能真正停下来。控制电路中通常采用速度继电器检测接近零速度的信号,以直接反映控制过程的转速,"判断"电动机的停与转。一般情况下,当转速在 $120 \sim 3\,000$ r/min 范围内时,速度继电器触点动作,当转速低于 120 r/min 时,速度继电器触点恢复原位。

1.识读电路原理图

反接制动控制电路如图 2.30 所示,图中 KM1 为单向旋转接触器,KM2 为反接制动接触器,KS 为速度继电器,R 为反接制动电阻。

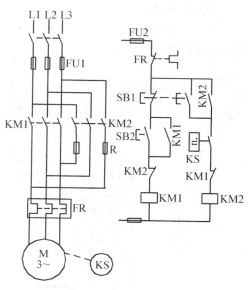

图 2.30　反接制动控制电路

表 2.17　电动机连续保持控制电路组成的识读过程

序号	识读任务	电路组成	元件功能	备注
1	读电源电路	QS	电源开关	水平绘制在电路图的上方
2		FU2	熔断器作控制电路短路保护用	
3	读主电路	FU1	熔断器作主电路短路保护用	垂直于电源线,绘制在电路图的左侧
4		KM 主触电	控制电动机的运转与停止	
5		FR	过载保护	
6		M 电动机	电动机	
7	读控制电路	FU2	熔断器作控制电路短路保护用	垂直于电源线,绘制在电路图的右侧
8		SB2	启动按钮	
9		SB1	停止按钮	
10		接触器 KM	接触器自锁触头	
11		FR	过载保护	
12		KM 线圈	控制 KM 的吸合与释放	

1) 电路组成

（1）主电路

主电路由电源开关 QS、熔断器 FU1、接触器 KM 的主触点、反接制动电阻 R、热继电器 FR 的静触点及电动机 M 组成。

（2）控制电路

控制电路由熔断器 FU2、起动按钮 SB2、停止按钮 SB1、接触器 KM 的线圈及辅助触点、热继电器 FR 的动触点组成。

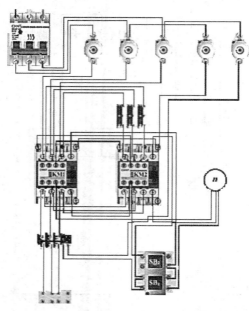

图 2.31　电动机反接制动电路接线图

2）操作步骤

① 合上电源开关 QS。

② 按下起动按钮 SB2，接触器 KM1 线圈通电并自锁，电动机带电旋转；此时，与电动机同轴相连的速度继电器 KS 也一起旋转，当转速达到 120 r/min 时，其动合触点闭合，为反接制动做好准备。

③ 需制动时，按下复合按钮 SB1，其动断触点打开，接触器 KM1 线圈失电，电动机定子绕组断电，但电动机因惯性仍高速旋转；将复合按钮 SB2 按到底，其动合触点闭合，接触器 KM2 线圈通电并自锁，电动机定子绕组接上反序电源，电动机进入制动状态，用电阻 R 来限制反接制动时的电流冲击。当电动机转速下降低于 120 r/min 时，速度继电器 KS 触点恢复原位，自动切断接触器 KM2 线圈，电动机脱离反序电源，自然停车直至速度为零。

2. 识读接线图

表 2.18　具有过载保护的电动机连续保持控制电路接线图的识读过程

序号	识 读 任 务	识 读 结 果	备 注
1	读元件位置	QS	空气开关
		FU	熔断器
		R	电阻
		KM1	正传接触器
		KM2	反接接触器
		SB1	停止按钮（常闭）
		SB2	启动按钮（常开）
		FR	热继电器
		KS	速度继电器
		M	电动机

续　表

序号	识读任务		识读结果	备　注
2	读实物图中电路部分的布线	读控制电路走线	连接开关和熔断器	单线连接
3			连接熔断器和按钮	单线连接
4			连接开关和热继电器常闭触点	单线连接
5			连接按钮和接触器辅助触点	单线连接
6		读主电路走线	连接开关和接触器主触点	三线连接
7			连接接触器主触点和热继电器	三线连接
8			连接接触器主触点和速度继电器	三线连接
9			连接速度继电器主触点和电动机	三线连接

3. 接线检查

按照以上接线图将线路接好,检查布线。对照接线图检查是否掉线、错线,是否漏编或错编,接线是否牢固等。

根据电路图检查是否有错线、掉线、错位、短路等。

4. 通电调试

调试电路经自检,确认安装的电路正确和无安全隐患后,在教师监护下按表 2.19 通电试车。切记严格遵守安全操作规程,确保人身安全。

表 2.19　电路运行情况记录表(待核查)

步骤	操作内容	观察内容	正确结果	观察结果	备　注
1	先插上电源插头	电源插头断路器	已合闸		顺序不能颠倒
2	按下启动按钮 SB2	接触器 KM1 线圈	通电		单手操作注意安全。当速度达到 120 r/min 时,速度继电器动合触点闭合
		接触器 KM1 动合主触点	吸合		
		接触器 KM1 辅助触点	闭合		
		电动机	运转		
		速度继电器 KS	旋转		
3	按下复合按钮 SB1	接触器线圈	失电		
		电动机	运转		
4	复合按钮 SB1 按到底	KM2 接触器线圈	通电		电动机转速下降低于 120 r/min 时,速度继电器 KS 触点恢复原位,自动切断接触器 KM2 线圈,电动机脱离反序电源,自然停车直至速度为零
		接触器动合主触点	闭合		
		接触器 KM2 辅助触点	闭合		
		电动机	制动状态		

五、质量评价标准

考核要求	参 考 要 求	配分	评 分 标 准	扣分	得分	备注
元器件安装	1. 按照元件布置图布置元件 2. 正确固定元件	10	1. 不按图固定元件扣10分 2. 元件安装不牢固每处扣3分 3. 元件安装不整齐、不均匀、不合理每处扣3分 4. 损坏元件每处扣5分			
线路安装	1. 按图施工 2. 合理布线,做到美观 3. 规范走线,做到横平竖直,无交叉 4. 规范接线,无线头松动、反圈、压皮、露铜过长及损伤绝缘层 5. 正确编号	40	1. 不按接线图接线扣40分 2. 布线不合理、不美观,每根扣3分 3. 走线不横平竖直,每根扣3分 4. 线头松动、反圈、压皮、露铜过长,每处扣3分 5. 损伤导线绝缘或线芯,每根扣5分 6. 错编、漏编号,每处扣3分			
通电调试	按照要求和步骤正确调试线路	40	1. 主控电路配错熔管,每处扣10分 2. 整定电流调整错误扣5分 3. 速度整定值调整错误扣5分 4. 一次试车不成功扣10分 5. 两次试车不成功扣30分 6. 三次试车不成功扣50分			
安全生产	自觉遵守安全文明生产规程	10	1. 漏线接地线一处,扣10分 2. 发生安全事故,0分处理			
开始时间		结束时间		实际时间		

综合训练:皮带运输机控制电路设计

1. 训练目的

通过对本学习情境电动机的学习,熟练掌握常用电动机的种类并能进行区分,理解常用电动机的结构及其工作原理,并能自己设计绘制皮带运输机中电机的控制电路图,实现皮带运输机的起停控制、顺逆控制、变速控制,电路中具有短路、过载等基本保护。

2. 训练仪器和设备

1) JZA－S－P系列皮带运输机

2) 热继电器 JUX－15F

3）熔断器 NTOORT16

4）断路器 KG41B

3.训练内容

1）列出元器件明细表

2）绘制电气原理图

主电路控制设计(全压直接启动/降压启动)

控制电路设计(手、自动起停车)

保护环节设计(过载保护/短路保护)

3）线路检查

4）实验测试

知识拓展：步进电机的位置速度控制

一、任务描述

本定位控制系统采用多管线操作,控制电机的运行过程。设直线导轨起始位置在 A 点,现欲从 A 点移至 D 点,其中 AD=100 mm。定位精度只与步进电机脉冲当量有关,取脉冲当量为 0.11 mm/脉冲,则需要 900 个脉冲完成定位。步进电机运行过程中,要从 A 点加速到 B 点后恒速运行,又从 C 点开始减速到 D 点完成定位过程用 200 个脉冲完成升频加速,500 个脉冲恒速运行,200 个脉冲完成降频减速。如图 2.32 所示。

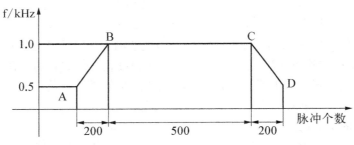

图 2.32　步进电机的运行过程

二、学习目标

1. 识别并会准确选型步进电机;

2. 识别圆形旋转直线型步进电机,并根据经济型数控铣床的工作台移动要求设计驱动电路;

3. 能够根据接线图正确安装与调试步进电机的使用。

三、任务流程

具体的工作过程如图 2.33 所示。

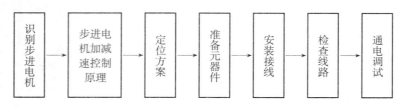

图 2.33　任务流程图

四、工作过程

1. 识别步进电机

步进电机是一种将电脉冲转化为角位移的执行机构。当步进驱动器接收到一个脉冲信号时就驱动步进电机按设定的方向转动一个固定的角度(称为"步距角"),其旋转以固定的角度运行。可以通过控制脉冲个数来控制角位移量以达到准确定位的目的;同时也可以通过控制脉冲频率来控制电机转动的速度和加速度而达到调速的目的。步进电机作为一种控制用的特种电机,因其没有积累误差(精度为100%)而广泛应用于各种开环控制。

步进电机是将电脉冲信号转变为角位移或线位移的开环控制组件。在非超载的情况下,电机的转速、停止的位置只取决于脉冲信号的频率和脉冲数,而不受负载变化的影响,即给电机加一个脉冲信号,电机则转过一个步距角。这一线性关系的存在,加上步进电机只有周期性的误差而无累积误差等特点,使得在速度、位置等控制领域用步进电机来控制变得非常简单。

单相步进电机有单路电脉冲驱动,输出功率一般很小,其用途为微小功率驱动。多相步进电机有多相方波脉冲驱动,用途很广。使用多相步进电机时,单路电脉冲信号可先通过脉冲分配器转换为多相脉冲信号,在经功率放大后分别送入步进电机各项绕组。每输入一个脉冲到脉冲分配器,电机各相的通电状态就发生变化,转子会转过一定的角度(称为步距角)。正常情况下,步进电机转过的总角度和输入的脉冲数成正比;连续输入一定频率的脉冲时,电机的转速与输入脉冲的频率保持严格的对应关系,不受电压波动和负载变化的影响。在非超载的情况下,电机的转速、停止的位置只取决于脉冲信号的频率和脉冲数,而不受负载变化的影响,即给电机加一个脉冲信号,电机则转过一个步距角。

1) 步进电机的结构和分类

步进电机按旋转结构分两大类:一是圆形旋转电机如下图 A2 直线型电机,结构就像一个圆形旋转电机被展开一样,如下图 2.34 所示。

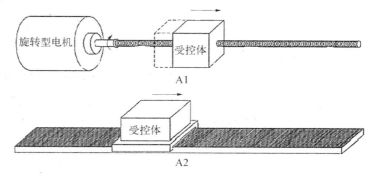

图 2.34　步进点机的两种结构

现在,在市场上所出现的步进电机有很多种类,依照性能及使用目的等有各自不同的区分使用。举个例子,各自不同的区分使用有精密位置决定控制的混合型,或者是低价格想用简易控制系构成的 PM 型,由于电机的磁气构造分类,因此就性能上来说就会有影响,其他的有依步进电机的外观形状来分类,也有由驱动相数来分类,和驱动回路分类等。

以步进电机的转子的材料可以分为三大类。

PM 型步进电机:永久磁铁型(permanent magnet type);

VR 型步进电机:可变磁阻型(variable erluctance type);

HB 型混合型步进电机:复合型(hybrid type)。

(1) PM 型

PM 型步进电机的原理构造如图 2.35 所示,转子是永久磁铁所构成,更进一步地在这个周围配置了复数个的固定子。如图 2.35 所示,转子磁铁为 N、S 一对,而它的固定子线圈由 4 个构成,这些因为和步进角有直接关系,所以如需要较微细的步进角时,转子磁铁的极数和发生驱动力的固定子线圈的数不能不对应地增加,还有在图 2.35 的构造步进角为 90°。

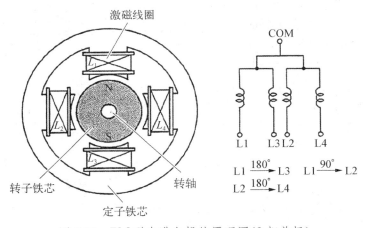

图 2.35　PM 型步进电机的原理图(2 相单极)

而且,PM 型的特征是因为转子是永久磁铁构成的,所以就算在无激磁(固定子的任何线圈不通电时)的情况下也需在一定程度上保持转矩的发生。因而,利用这种性质效果,可以构成省能积形的系统。这种步进电机的步进角种类很多,钐钴系磁铁的转子是用在 45°或者 90°上,而且这些也可以用氟莱铁(ferrite)磁铁作为多极的充磁,有 3.75°、11.25°、15°、18°、22.5°等丰富的种类,从这些数字上看,7.5°(转 48 步进)是最为普及化的。

(2) VR 型

VR 型步进电机的构造,如图 2.36 所示,转子是利用转子的突极吸引所发生的转力,因而 VR 型在无激磁的时候,并不发生保持转矩。

主要的用途适用在比较大的转矩上的工作机械,或者特殊使用的小型起动机的上卷机械上。其他也有用在出力为 1W 以下的超小型电机上,总之,VR 型的数量是非常少的,在步进电机的全部生产量上只有数个百分点的程度而已。还有,步进角的种类有 15°、7.5°,也有 1.8°,但是在数量上以 1.5°步进为最普及化的。

(3) HB 混合型

混合型步进电机,是由固定子磁(齿)极以及和它对向的转子磁极所构成的,它的转子有这

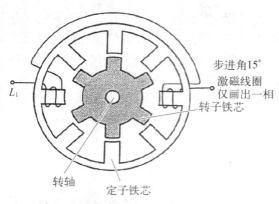

图 2.36　VR 型步进电机的原理图（2 相单极）

多数的齿车状，由转轴和在同方向被磁化的永久磁铁所组合而成，在构造上比 PM 型以及 VR 型更复杂，基本上是由 VR 型和 PM 型一体化的构造。Hybrid type 型有混合型的意思，这个刚好是 VR 型和 PM 型两者组合的情况，所以就有如此的称呼。混合型，因具有高精度、高转矩、微小步进角和数个优异的特征，所以在 OA 关系，其他的分类上也大幅的被使用，特别是在生产量上大半是使用在盘片记忆关系的磁头转送上。还有，在步进角上有 0.9°、1.8° 等型号，3.6° 也有。比起其他的电机而言，具有极细的步进角分类。

图 2.37 为混合型步进电机的构造图，在此，在固定子上侧有 8 个激磁线圈部，在磁极的先端上有复数的小齿（齿车状突极），这些是对于转子侧的齿车状磁极，还有步进电机的驱动机械装置。

（4）两相混合式步进电机的结构

步进电机是一种感应电机，它的工作原理是利用电子电路，将直流电变成分时供电的，多相时序控制电流，用这种电流为步进电机供电，步进电机才能正常工作，驱动器就是为步进电机分时供电的，多相时序控制器。虽然步进电机已被广泛地应用，但步进电机并不能像普通的直流电机、交流电机那样在常规下使用。步进电机必须由双环形脉冲信号、功率驱动电路等组成控制系统方可使用。

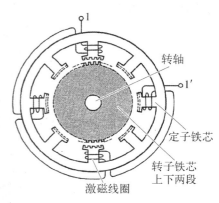

图 2.37　混合型步进电机的构造图（2 相单极）

在工业控制中采用如图 2.38 所示的定子磁极上带有小齿、转子齿数很多的结构，其步距角可以做得很小。如图 2.37 所示的两相混合式步进电动机的结构图和图 2.39 所示的步进电机

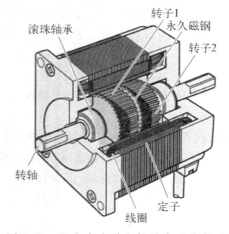

图 2.38　混合式步进电机的定子和转子

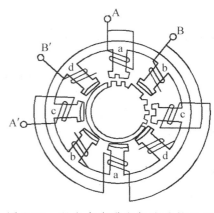

图 2.39　混合式步进电机绕组接线图

绕组接线图,A、B 两相绕组沿径向分相,沿着定子圆周有 8 个凸出的磁极,a、c 磁极属于 A 相绕组,b、d 磁极属于 B 相绕组,定子每个极面上有 5 个齿、极身上有控制绕组。转子由环形磁钢和两段铁芯组成环形磁钢和转子中部、轴向充磁,两段铁芯分别装在磁钢的两端,使得转子轴向分为两个磁极。转子铁芯上均匀分布 50 个齿,两段铁芯上的小齿相互错开半个齿距,定、转子的齿距和齿宽相同。

2. 步进电机加减速控制原理

步进电机驱动执行机构从一个位置向另一个位置移动时,要经历升速、恒速和减速过程。当步进电机的运行频率低于其本身起动频率时,可以用运行频率直接起动并以此频率运行,需要停止时,可从运行频率直接降到零速。当步进电机运行频率 fb＞fa(有载起动时的起动频率)时,若直接用 fb 频率起动会造成步进电机失步甚至堵转。同样在 fb 频率下突然停止时,由于惯性作用,步进电机会发生过冲,影响定位精度。如果非常缓慢的升降速,步进电机虽然不会产生失步和过冲现象,但影响了执行机构的工作效率。所以对步进电机加减速要保证在不失步和过冲前提下,用最快的速度(或最短的时间)移动到指定位置。步进电机常用的升降频控制方法有两种:直线升降频(图 2.40a)和指数曲线升降频(图 2.40b)。指数曲线法具有较强的跟踪能力,但当速度变化较大时平衡性差。直线法平稳性好,适用于速度变化较大的快速定位方式。以恒定的加速度升降,规律简练,用软件实现比较简单。

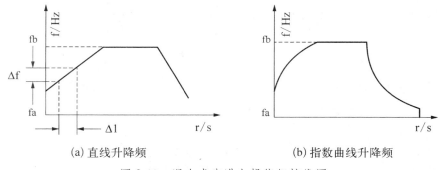

(a) 直线升降频　　　　　　　　(b) 指数曲线升降频

图 2.40　混合式步进电机绕组接线图

3. 定位方案

1) 脉冲控制

要保证系统的定位精度,脉冲当量即步进电机转一个步距角所移动的距离不能太大,而且步进电机的升降速要缓慢,以防止产生失步或过冲现象。但这两个因素合在一起带来了一个突出问题:定位时间太长,影响执行机构的工作效率。因此要获得高的定位速度,同时又要保证定位精度,可以把整个定位过程划分为两个阶段:粗定位阶段和精定位阶段。粗定位阶段,采用较大的脉冲当量,如 0.1 mm/步或 1 mm/步,甚至更高;精定位阶段,为了保证定位精度,换用较小的脉冲当量,如 0.01 mm/步。虽然脉冲当量变小,但由于精定位行程很短(可定为全行程的五十分之一左右),并不会影响到定位速度。为了实现此目的,机械方面可通过采用不同变速机构实现。

工业机床控制在工业自动化控制中占有重要位置,定位钻孔是常用工步。设刀具或工作台欲从 A 点移至 C 点,已知 AC＝200 mm,把 AC 划分为 AB 与 BC 两段,AB＝196 mm,BC＝4 mm,AB 段为粗定位行程,采用 0.1 mm/步的脉冲当量依据直线升降频规律快速移动,BC 段为精定位行程,采用 0.01 mm/步的脉冲当量,以 B 点的低频恒速运动完成精确定位。在粗定位结束进入精定位的同时,PLC 自动实现变速机构的更换。

2) 定位程序设计

PLC 脉冲输出指令:

目前较为先进的 PLC 不仅具有满足顺序控制要求的基本逻辑指令,而且还提供了丰富的功能指令。Siemens 57 - 200 系列 PLC 的 PLUS 指令在 Q0.0 和 Q0.1 输出 PTO 或 PWM 高速脉冲,最大输出频率为 20 kHz。脉冲串(CPTO)提供方波输出(50% 占空比),用户控制周期和脉冲数。脉冲宽度可调制,PWM 能提供连续、变占空比输出,用户控制周期和脉冲宽度。本文采用 PTO 的多段管线工作方式实现粗定位,PTO 的单段管线方式实现精定位,如图 2.41 所示。

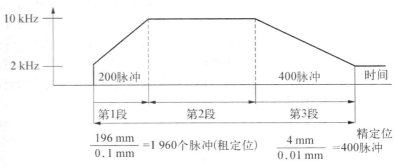

图 2.41　步进电机定位过程图

4. 步进电机使用注意事项

1) 步进电机的特点和缺点的克服

(1) 步进电机的特点

① 一般步进电机的精度为步进角的 3%～5%,且不累积。

② 步进电机外表允许的最高温度。步进电机温度过高首先会使电机的磁性材料退磁,从而导致力矩下降乃至于失步,因此电机外表允许的最高温度应取决于不同电机磁性材料的退磁点;一般来讲,磁性材料的退磁点都在摄氏 130 度以上,有的甚至高达摄氏 200 度以上,所以步进电机外表温度在摄氏 80～90 度完全正常。步进电机的力矩会随转速的升高而下降。当步进电机转动时,电机各相绕组的电感将形成一个反向电动势;频率越高,反向电动势越大。在它的作用下,电机随频率(或速度)的增大而相电流减小,从而导致力矩下降。

③ 步进电机低速时可以正常运转,但若高于一定速度就无法启动,并伴有啸叫声。步进电机有一个技术参数:空载启动频率,即步进电机在空载情况下能够正常启动的脉冲频率,如果脉冲频率高于该值,电机不能正常启动,可能发生丢步或堵转。在有负载的情况下,启动频率应更低。如果要使电机达到高速转动,脉冲频率应该有加速过程,即启动频率较低,然后按一定加速度升到所希望的高频(电机转速从低速升到高速)。

(2) 克服缺点的方法

步进电机低速转动时振动和噪声大是其固有的缺点,一般可采用以下方案来克服:

① 如步进电机正好工作在共振区,可通过改变减速比等机械传动避开共振区;

② 采用带有细分功能的驱动器,这是最常用的、最简便的方法;

③ 换成步距角更小的步进电机,如三相或五相步进电机;

④ 换成交流伺服电机,几乎可以完全克服震动和噪声,但成本较高;

⑤ 在电机轴上加磁性阻尼器,市场上已有这种产品,但机械结构改变较大。

2）注意事项

① 步进电机应用于低速场合——每分钟转速不超过 1 000 转,（0.9 度时 6 666 PPS）,最好在1 000～3 000 PPS(0.9 度)间使用,可通过减速装置使其在此间工作,此时电机工作效率高,噪声低。

② 步进电机最好不使用整步状态,整步状态时振动大。

由于历史原因,只有标称为 12 V 电压的电机使用 12 V 外,其他电机的电压值不是驱动电压伏值,可根据驱动器选择驱动电压,当然 12 V 的电压除 12 V 恒压驱动外也可以采用其他驱动电源,不过要考虑温升。

③ 转动惯量大的负载应选择大机座号电机。

④ 电机在较高速或大惯量负载时,一般不在工作速度起动,而采用逐渐升频提速,一是可以确保电机不失步,二是可以在减少噪声的同时提高停止的定位精度。

⑤ 高精度时,应通过机械减速、提高电机速度,或采用高细分数的驱动器来解决,也可以采用五相电机,不过其整个系统的价格较贵,生产厂家少,其被淘汰的说法是外行话。

⑥ 电机不应在振动区内工作,如若必须可通过改变电压、电流或加一些阻尼的解决。

⑦ 电机在 600 PPS(0.9 度)以下工作,应采用小电流、大电感、低电压来驱动。

⑧ 应遵循先选电机后选驱动的原则。

本学习情境小结

学习情境内容

学习情境二		工 作 任 务	教 学 载 体
电动机基本控制环节	任务一	识别三相异步电动机。 会识读点动控制电路图和接线图,并能说出电路的动作程序。 能根据接线图正确安装与调试点动正转控制电路	
	任务二	会读识接触器自锁控制电路原理图和接线图,并能说出自锁的作用。 设计具有过载、欠压、短路等保护环节的保护电路。 能根据接线图正确安装与调试电动机的连续保持控制电路	

续 表

学习情境二	工 作 任 务	教 学 载 体
	任务三	识读正反转控制电路图和接线图,并能说出电路的动作程序。 能根据接线图正确安装与调试接触器互锁的正、反转控制电路。 根据接触器互锁的正、反转控制电路自己设计更多的正反转控制电路	
电动机基本控制环节	任务四	掌握时间控制器的工作原理。 会识读时间继电器工作原理。 掌握三相笼型异步电机的降压启动	
	任务五	识别变频器。 会识读变频调速的控制电路图及接线图,并能够实现三相异步电机的多段速度控制。 能够根据接线图正确安装与调试三相异步电机的变频调速	
	任务六	掌握制动原理。 能根据接线图正确安装与调试电动机的反接制动控制电路	

在掌握情境一所学的基本元器件后,本情境讲解低压控制电路的基本环节,包括三相异步电动机的点动控制、三相异步电动机的连续保持控制、三相异步电动机的制动控制、三相异步电动机的正反转控制、三相异步电动机的时间控制、步进电机的位置速度控制和三相异步电动机的变频调速控制。要求学生掌握其控制原理图,以及实物接线图。掌握实物接线、接线检查、通电调试的操作技能。

本学习情境以任务驱动为主线,以单独任务为载体,以"教学做"一体化原则设计教学程序,按照学习目标→任务描述→任务流程→质量评价的主线对知识内容进行重构和优化。

以三相异步电机、步进电机为载体,按照"任务引领,工作过程导向"的职业教育教学理念,设置了三相交流异步电动机的点动控制、三相交流异步电动机的连续保持控制、三相交流异步电动机的制动控制、三相交流异步电动机的正反转控制、三相交流异步电动机的时间控制、步进电机的位置速度控制和三相交流异步电动机的变频调速控制七大任务。体现了先感性认识、后理性认识,先动手实践、后研究规律的设计特点。

采用任务驱动教学法、"教学做"一体化教学法、启发式教学法。首先提出任务要求,然后教师分析讲解,学生练习实践,教师指导答疑,最后进行任务考核以及学生总结教师点评。一体化的教学法可以大大提高学生学习的兴趣,学生对知识的应用能力得到增强,学生操作技能显著改善,学生的综合素质有一定提高。学生可以采用理论联系实际、类比学习的学法完成相关任务的学习。

知识点矩阵图

学习情境 / 任务	知识点	空气开关	按钮	熔断器	接触器	三相交流异步电机	热继电器	电阻	速度继电器	时间继电器	变频器	步进电动机
任务一	三相异步电动机的点动控制	☆	☆	☆	☆	☆						
任务二	三相异步电动机的连续保持控制	☆	☆	☆	☆	☆	☆					
任务三	三相异步电动机的制动控制	☆	☆	☆	☆	☆	☆		☆	☆		
任务四	三相异步电动机的正反转控制	☆	☆	☆	☆	☆	☆					
任务五	三相电机的降压启动控制	☆	☆	☆	☆	☆	☆			☆	☆	
任务六	三相异步电动机的变频调速控制	☆	☆	☆	☆	☆					☆	
知识拓展	步进电机的位置速度控制	☆	☆	☆	☆							☆

参考文献

[1] 尹泉.电机与电力拖动基础[M].武汉：华中科技大学出版社,2013.

[2] 李光中,周定颐.电机及电力拖动[M].北京：机械工业出版社出版,2013.

[3] 陈月,罗萍,向敏.电力拖动与控制[M].北京：人民邮电出版社,2011.

[4] 赵明光,刘明芹.电气控制技术基础[M].北京：机械工业出版社,2014.

[5] 丁跃浇,张万奎.零起点看图学电气控制线路[M].北京：中国电力出版社,2012.

[6] 李承,徐安静.电路原理与电机控制[M].北京：清华大学出版社,2014.

[7] (日) 石岛胜.小型交流伺服电机控制电路设计[M].北京：科学出版社,2013.

习　　题

1. 什么是反接制动？什么是能耗制动？各有什么特点及适应什么场合？

2. 画出带有热继电器过载保护的三相异步电动机启动停止控制线路,包括主电路。

3. 既然三相异步电动机主电路中装有熔断器,为什么还要装热继电器？可否在两者中任意选择？

4. 电气控制中,熔断器和热继电器的保护作用有什么不同？为什么？

5. 动合触点串联或并联,在电路中起什么样的控制作用? 动断触点串联或并联起什么控制作用?

6. 根据下图回答问题。

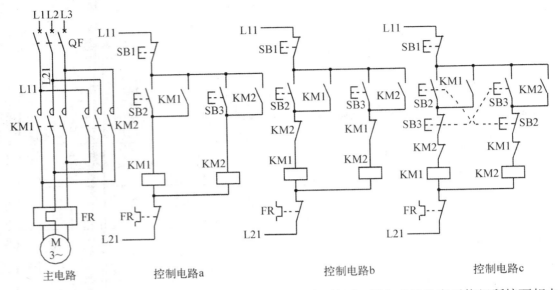

1) 从图中的主电路部分可知,若 KM1 和 KM2 分别闭合,则电动机的定子绕组所接两相电源_____,结果电动机_____不同。

2) 控制电路 a 由相互独立的_____和_____起动控制电路组成,两者之间没有约束关系,可以分别工作。按下 SB2,_____得电工作;按下 SB3,_____得电工作;先后或同时按下 SB2、SB3,则_____与_____同时工作,两相电源供电电路被同时闭合的 KM1 与 KM2 的主触点_____,这是不能允许的。

3) 把接触器的_____相互串联在对方的控制回路中,就使两者之间产生了制约关系。接触器通过_____形成的这种互相制约关系称为_____。

4) 控制电路 b 中,_____和_____切换的过程中间要经过_____,显然操作不方便。

5) 控制电路 c 利用_____按钮 SB2、SB3 可直接实现由_____切换成_____;反之亦然。

学习情境三　可编程控制器的认识与应用

情境引入

近年来,可编程控制器(PLC)在工业自动控制领域应用愈来愈广,它在控制性能、组机周期和硬件成本等方面所表现出的综合优势是其他工控产品难以比拟的。随着 PLC 技术的发展,它在位置控制、过程控制、数据处理等方面的应用也越来越多。在机床的实际设计和生产过程中(如图 3.a、3.b 所示),为了提高数控机床加工的精度,对其定位控制装置的选择就显得尤为重要,而 PLC 就显示了其巨大的优势。

图 3.a　加工中心

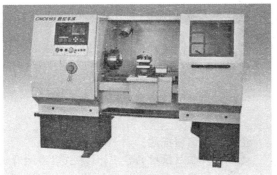
图 3.b　数控车床

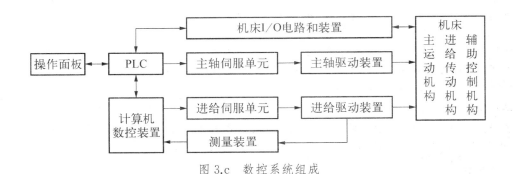
图 3.c　数控系统组成

如图 3.c 的数控系统组成示意图所示,可知 PLC 与数控系统的关系密不可分。那么 PLC 是怎样实现控制的呢? 其内部结构是怎样工作的? 工作方式是怎样的? 我们怎样向它进行输入,外部的电气连接又是如何呢? PLC 怎样实现控制的输出? 通过什么来控制继电器工作从而实现电机的启停呢? 本章将针对这些问题安排相对应的实例学习,相信通过本章的学习,一定可以揭开可编程控制器神秘的面纱,为同学们以后从事相应的工作打下坚实的基础。

一、本情境学习目标与任务单元组成

建议学时		开课学期	

学习目标：

了解可编程控制器的组成。

熟悉可编程控制器的工作过程。

能够熟练运用可编程控制器。

认识 PLC 的面板组成

能根据控制要求选择 PLC 型号。

会画 PLC 接线图，并且正确连接线路。

能够独立完成简单 PLC 控制系统的设计。

会使用 STEP 7 - Micro/WIN32 编程软件。

掌握 S7 - 200 型号 PLC 的指令使用和操作

学习内容：

能正确识读系统梯形图与电路图。

掌握 PLC 控制三相交流异步电动机的正反转基本原理。

掌握 S7 - 200 型号 PLC 的数据类型及寻址方式。

能独立完成 PLC 三相异步电动机正反转控制系统的设计，了解顺序控制系统。

掌握 S7 - 200 系列 PLC 的定时器指令和计数器指令，程序控制类指令，移位和循环移位指令。

掌握顺序功能图转梯形图的方法

掌握 S7 - 200 系列 PLC 的数据传送指令、中断指令、高速脉冲输出指令及其应用、子程序及其调用。

了解 S7 - 200 PLC 的模拟量模块的使用方法。

根据实例了解 PLC 模拟量输入输出程序设计的方法。

掌握 S7 - 200 系列 PLC 的 USS 通信协议及编程方法。

掌握西门子 MM 系列变频器和 PLC 通过 USS 指令通信的连接和设置方法。

能完成 S7 - 200 PLC 通过网络通信控制 MM 系列变频器控制系统的设计

企业工作情景描述：

通过前面学习情境的学习，使学生具备电子元器件的检测能力、电路识图与绘图能力、电路设计和分析能力。本学习情境为 PLC 技术、电气设备故障与维护的学习提供知识储备和技能储备，同时与实例相结合，突出课程的职业性、实践性和开放性，培养学生解决问题的方法能力和社会能力，为今后的工作打下良好的基础

使用工具：试电笔、尖嘴钳、电烙铁、斜口钳、剥线钳、各种规格的一字型和十字形螺丝刀、电工刀、校验灯、手电钻、各种尺寸的内六角扳手等。

仪表：S7 - 200 系列 PLC、数字万用表、兆欧表、数字转速表、示波器、相序表、常用的测量工具等。

器材：各种规格电线和紧固件、针形和叉形扎头、金属软管、号码管、线套等。

化学用品：松香、纯酒精、润滑油

教学资源：

教材、教学课件、动画视频文件、PPT 演示文档、各类手册、各种电器元器件等。数控原理实验室、机电一体化实验室、电动机控制实训室、数控加工实训室

教学方法：

考察调研、讲授与演示、引导及讨论、角色扮演、传帮带现场学练做、展示与讲评等

考核与评价：

技能考核：1. 技术水平；2. 操作规程；3. 操作过程及结果。

方法能力考核：1. 制订计划；2. 实训报告。

职业素养：根据工作过程情况以及团队成员的平均成绩，综合评价团队合作精神。

总成绩比例分配：醒目功能评价 40%，工作单位 20%，期末 40%

二、本情境的教学设计和组织

情境3	可编程控制器的认识与应用
重　点	能正确识读系统梯形图与电路图。 掌握PLC控制三相交流异步电动机的基本原理。 掌握S7-200型号PLC的数据类型及寻址方式。 了解顺序控制系统。 会使用STEP 7-Micro/WIN32编程软件。 掌握顺序功能图转梯形图的方法
难　点	能独立完成PLC三相异步电动机控制系统的设计。 根据实例了解PLC模拟量输入输出程序设计的方法。 掌握S7-200系列PLC的USS通信协议及编程方法。 能够独立完成PLC控制系统的设计

学　习　任　务					
任务一	任务二	任务三	任务四	任务五	任务六
PLC实现三相异步电机起停控制	PLC实现三相异步电机正反转控制	PLC实现自动往返运行系统控制	PLC实现步进电机控制	PLC实现水箱水位控制	PLC实现电动机变频调速控制

三、基于工作过程的教学设计和组织

学习情境	可编程控制器的控制与应用		学时	
学习目标	通过本学习情境的学习,要求达到以下目标: 　　掌握西门子S7-200系列PLC的知识:包括PLC的产生、分类、组成及工作原理、发展方向和应用领域,组成结构、数字量输入/输出模块、梯形图、相关指令以及PLC控制系统的设计方法和设计步骤、调试等内容。同时,以系统的设计与实现过程为重点,详细地介绍了六个所对应的实例。包括控制方案的确定、设备和电器元件的选择、电气原理图设计、程序编写、系统调试、试验验证等,为以后从事相应的工作打下基础			
教学方法	采用以工作过程为导向的六步教学法,融"教、学、做"为一体			
教学手段	多媒体辅助教学,分组讨论,现场教学、角色扮演等			
教学实施	工作过程	工作内容	教学组织	
	资讯	获取与任务相关联的知识:S7-200系列PLC的使用、相关的基本控制电路、电气原理图的识读与设计等	教师采用多媒体教学手段,向学生介绍情境的任务和相关联的元件、设备的功能和原理、PLC控制电路及电气控制原理图的识读和设计,并为学生提供获取资讯的一些方法	

续　表

工作过程	工 作 内 容	教 学 组 织
教学实施 决策	根据对 PLC 控制要求的分析、设计和选择合理的控制电路，并列出所选电气元件的种类、型号等。完成任务设计	学生分组讨论形成初步方案，教师听取学生的决策意见，提出可行性方面的质疑。帮助学生纠正不合理的决策
计划	根据 PLC 的控制要求，结合原理图，提出实施计划方案，并与教师讨论，确定实施方案	听取学生的实施计划安排，审核实施计划，并根据其计划安排，制订进度检查计划
实施	报据已确定的方案，选择电气元件。并进行元件的布置、安装、接线，完成电路的安装与连接、程序编写、实验验证	组织学生领取相关的电气元件、工具、导线、仪表等，指导学生在实训室进行任务中设备的安装、接线和调试等工作
检查	学生通过自查，完成 PLC 系统的调试、故障排查，不断优化程序，教师再做系统功能和规范检查	组织学生自查、互查电路，教师再对学生所接电路进行检查，考查学生元件安装，接线和电路调试和程序编写的能力，并考查其安全意识和质量意识
评价	完成 PLC 系统的任务。调试后，写出实训报告，并进行项目功能和规范的评价	根据学生完成的实训报告，并结合其所完成任务的技术要求和规范，以及在工作过程中的表现进行综合评价

任务一　PLC 实现三相异步电机起停控制

一、任务描述

本任务是安装与调试三相异步电机单向运转 PLC 控制系统。系统控制要求如下：
① 起停控制按下起动按钮，电机运转；按下停止按钮，电机停转。
② 保护措施系统具有必要的短路保护和过载保护。

二、学习目标

1. 认识 PLC 的面板组成。
2. 会分析三相异步电机单向运转控制系统要求和分配输入/输出点；能正确识读系统梯形图与电路图。
3. 能正确安装与调试三相异步电机单向运转控制系统，理解输入输出控制及"自锁"保持控制。

三、任务流程

具体的学习任务及学习过程如图 3.1 所示。

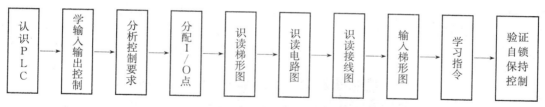

图 3.1　任务流程图

四、工作过程

三相异步电机单向运转控制电路在第 2 章中已经接触,对电路原理图有了初步了解,本节主要完成三相异步电机的 PLC 控制。

要进行 PLC 控制系统设计,首先要对具体 PLC 的结构、性能指标及输入/输出模块的结构和性能等有非常清楚的了解。下面重点就西门子 S7 - 200 系列 PLC 与本任务相关的知识进行讲解。

1. 认识 PLC

西门子公司的 SIMATIC 可编程控制器主要有 S5 和 S7 两大系列。目前,S5 系列 PLC 产品已被新研制生产的 S7 系列所替代。S7 系列以结构紧凑、可靠性高、功能全等优点,在自动控制领域占有重要地位。

西门子 S7 系列可编程控制器又分为 S7 - 400、S7 - 300、S7 - 200 三个系列,分别为 S7 系列的大、中、小型可编程控制器系统,S7 - 200 系列小型可编程控制器结构简单、使用方便、应用广泛,尤其适合初学者学习掌握。

S7 - 200 系列 PLC 主要由基本单元(又叫主机或 CPU 模块)、I/O 扩展单元(或 I/O 扩展模块)、功能单元(或功能模块)、个人计算机(或编程器)、STEP 7 - Micro/WIN 编程软件以及通信电缆等构成,如图 3.2 所示。

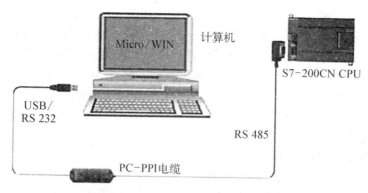

图 3.2　S7 - 00PLC 系统构成

1) 基本单元

S7 - 200 的基本单元又称 CPU 模块,为整体式结构,由中央处理单元(CPU)、电源以及数字量输入/输出等部分组成,只使用基本单元就可以构成一个独立的控制系统。在 S7-200 系列 PLC 的模块主要有 CPU 221、CPU 222、CPU 224 和 PU 226 四种基本型号,所有型号都带有数量不等的数字量输入输出(I/O)点。S7-200 CPU 模块结构如图 3.3 所示。 S7-200 CPU 模块实物如图 3.4 所示。在顶部端子盖内有电源及输出端子;在底部端子盖内有输入端子及传感器电源;在中部右前侧盖内有 CPU 工作方式开关(RUN/STOP/TERM),模拟调节电位器和扩展 I/O 连接接口;在模块左侧分别有状态 LED 指示灯、存储卡及通信接口。

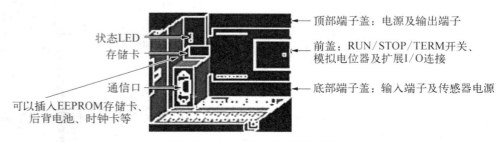

图 3.3　S7-200 CPU 模块结构

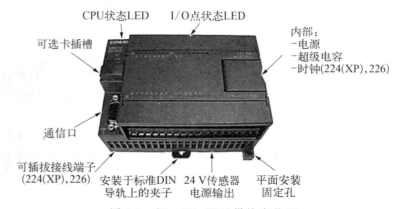

图 3.4　S7-200 CPU 模块实物图

　　输入端子、输出端子分别是 PLC 与外部输入信号和外部负载联系的窗口。状态指示灯指示 CPU 的工作方式、主机 I/O 的当前状态、系统错误状态等。存储卡(EEPROM 卡)可以存储 CPU 程序。在存储卡位置还可以插入后备电池、时钟模块。RS-485 串行通信接口是 PLC 主机实现人-机对话、机-机对话的通道。通过它,PLC 可以和编程器、彩色图形显示器、打印机等外围设备相连,也可以和其他 PLC 或上位计算机连接。输入/输出扩展接口是 S7-200 主机为了扩展输入/输出点数和类型的部件。根据需要,S7-200 PLC 主机可以通过输入/输出扩展接口进行系统扩展,如数字量输入/输出扩展模块、模拟量输入/输出扩展模块或智能扩展模块等,并用扩展电缆将它们连接起来。

　　S7-200 系列 PLC 具有下列特点:

　　① 集成的 24 V 电源。可用作传感器、输入点或扩展模块继电器输出的线圈电源。

　　② 高速脉冲输出。其有 2 路高速脉冲输出端子(Q0.0、Q0.1),输出脉冲频率可达 20 kHz,用于控制步进电机或伺服电机等。

　　③ 通信口。支持 PPI 通信协议,并具有自由口通信能力。

　　④ 模拟电位器。模拟电位器用来改变特殊寄存器 SMB28 和 SMB29 中的数值,以改变程

序运行时的参数,如定时器、计数器的预置值,过程量的控制参数。

⑤ EEPROM存储器模块(选件)。可作为修改与复制程序的快速工具。

⑥ 电池模块(选件)。PLC掉电后,用户数据(如标志位状态、数据块、定时器、计数器)可通过内部的超级电容存储大约5天。选用电池模块能延长存储时间到200天。

⑦ 不同的设备类型。CPU 221~226各有2种不同供电方式和控制电版类型的CPU。

⑧ 数字量输入/输出点。CPU 22X主机的输入点为24 V直流输入电路,输出有继电器输出和晶体管输出两种类型。

⑨ 高速计数器。高速计数器用于对比CPU扫描频率快的高速脉冲信号进行计数。CPU各型号模块主要技术指标见表3.1。

表3.1　CPU各型号模块主要技术指标

型　号	CPU 221	CPU 222	CPU 224	CPU 224 XP	CPU 226
用户数据存储器类型	EEPROM	EEPROM	EEPROM	EEPROM	EEPROM
程序存储器/B 在线程序编辑时 非在线程序编辑时	4 096 4 096	4 096 4 096	8 192 12 288	8 192 12 288	16 384 24 576
用户数据存储器/B	2 048	2 048	8 192	8 192	10 240
数据后备(超级电容)典型值/h	50	50	100	100	100
主机数字量I/O点数	6/4	8/6	14/10	14/10	24/16
主机模拟量I/O通道数	0/0	0/0	0/0	2/1	0/0
I/O映象区/B	256(128入/128出)				
可扩展模块/个	无	2	7	7	7
24 V传感器电源最大电流/电流限制/mA	180/600	180/600	280/600	280/600	400/约1 500
最大模拟量输入/输出	无	16/16	28/7或14	28/7或14	32/32
AC 240 V电源CPU输入电流/最大负载电流/mA	25/180	25/180	32/220	35/220	40/160
DC 24 V电源CPU输入电流/最大负载/mA	70/600	70/600	120/900	120/900	150/1 050
为扩展模块提供的DC 5 V电源的输出电流/mA	—	最大340	最大660	最大660	最大1 000
内置高速计数器/个	4(30 kHz)	4(30 kHz)	6(30 kHz)	6(30 kHz)	6(30 kHz)
高速脉冲输出/个	2(20 kHz)	2(20 kHz)	2(20 kHz)	2(20 kHz)	2(20 kHz)
模拟量调节电位器/个	1	1	2	2	2
实时时钟	有(时钟卡)	有(时钟卡)	有(内置)	有(内置)	有(内置)
实时时钟	有(时钟卡)	有(时钟卡)	有(内置)	有(内置)	有(内置)

型　　号	CPU 221	CPU 222	CPU 224	CPU 224 XP	CPU 226
RS-485 通信口	1	1	1	1	2
各组输入点数	4，2	4，4	8，6	8，6	13，11
各组输出点数	4(DC 电源) 1，3 （AC 电源）	6(DC 电源) 3，3 （AC 电源）	5，5 (DC 电源) 4，3，3 （AC 电源）	5，5 (DC 电源) 4，3，3 （AC 电源）	8，8 (DC 电源) 4，5，7 （AC 电源）

2) 输入/输出点结构及接线

下面以 CPU 224 为例说明 CPU 模块输入/输出点的结构及接线方法。CPU 224 的主机共有 14 个数字量输入点($I0.0 \sim I0.7$、$I1.0 \sim I1.5$)和 10 个数字量输出点($Q0.0 \sim Q0.7$、$Q1.0 \sim Q1.1$)。有两种型号，一种是 CPU 224 AC/DC/继电器(Relay)，输入电源为交流，提供 24 V 直流给外部元件(如传感器等)，继电器方式输出，其接线图如图 3.5 所示；另一种是 CPU 224 DC/DC/DC，直流 24 V 输入电源，提供 24 V 直流给外部元件(如传感器等)，直流(晶体管)方式输出，用户可根据需要选用。

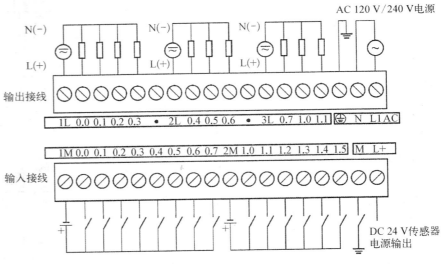

图 3.5　CPU 224(AC/DC/继电器)的输入输出单元接线图

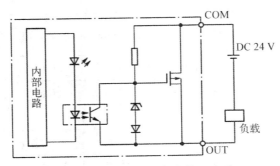

图 3.6　CPU 22X 直流输入电路

CPU 224 直流 24 V 输入电路如图 3.6 所示。

它采用了双向光电耦合器隔离了外部输入电路与 PLC 内部电路的电气连接，使外部信号通过光耦合变成内部电路能接收的标准信号。当现场开关闭合后，外部直流电源经过电阻 R1 和 R2、C 组成的阻容滤波电路后加到双向光耦合器的发光二极管上，经光耦合，光敏晶体管接收光信号，并将接收的信号送入内部电路，在输入采样阶段送至输入映象寄存器。现场开关通断状态,对应输入映象寄存器的 I/O 状态。并通过输入点对应的发光二极管指示。现场开关闭合,输入点有输入,对应的发光二极管亮,对应的输入映象寄存器为 1 状态。外部 24 V 直流电源用于检测输入点的状态,其极性可任意选择。

　　CPU 224 有 14 个数字量输入点,分成两组(见图 3.5),第一组由输入端子 I0.0~I0.7 组成,第二组由输入端子 I1.0~I1.5 组成,每个外部输入的开关信号由各输入端子接出,经一个直流电源至公共端(1M 或 2M)。M、L+两个端子提供 DC 24 V/280 mA 直流电源。

　　CPU 224 的输出电路有晶体管输出和继电器输出两种,其电路结构如图 3.7 和图 3.8 所示。当 PLC 由 24 V 直流电源供电时,输出点为晶体管输出,采用 MOSFET 功率器件驱动负载,只能用直流为负载供电。当 PLC 由 220 V 交流电源供电时,输出点为继电器输出,此时既可以选用直流,也可以选用交流为负载供电。

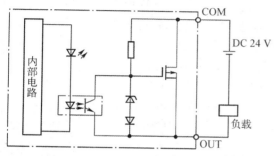

图 3.7　CPU 22X 晶体管输出电路

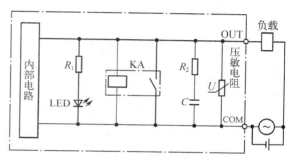

图 3.8　CPU 22X 继电器输出电路

　　在图 3.7 所示的晶体管输出电路中,当 PLC 进入输出刷新阶段时,通过内部数据总线把 CPU 的运算结果由输出映象寄存器集中传送给输出锁存器;当对应的输出映象寄存器为“1”状态时,输出锁存器的“1”输出使光电耦合器的发光二极管发光,光敏晶体管受光导通后,使场效应晶体管饱和导通,相应的直流负载在外部直流电源的激励下通电工作,图中稳压管用于防止输出端过电压以保护场效应晶体管。发光二极管用于指示输出状态。

　　在图 3.8 所示的继电器输出电路中,继电器作为功率放大的开关器件,同时又是电气隔离器件。为了消除继电器触点的火花,并联有阻容熄弧电路。在继电器的触点两端,还并联有金属氧化膜压敏电阻。避免继电器触点两端在断开时出现电压过高的现象,从而起到保护触点的作用。电阻 R1 和发光二极管(LED)组成输出状态指示电路。在晶体管输出电路中,数字量输出分为两组,每组有一个公共端(1L、2L),可接入不同电压等级的负载电源,在继电器输出电路中(见图 3.5),数字量输出分为三组,Q0.0~Q0.3 公用 1L,Q0.4~Q0.6 公用 2L,Q0.7~Q1.1 公用 3L,各组之间可接入不同电压等级、不同电压性质的负载电源。对于继电器输出,负载的激励电源由负载性质决定。输出端子排的右端 N,L1 端子是供电电源 AC 120 V/240 V 输入端。

3)扩展卡

　　在 CPU 22X 上还可以选择安装扩展卡。扩展卡有 EEPROM 存储卡、电池和时钟卡,存储卡用于用户程序的复制。在 PLC 通电后插此卡,通过操作可将 PLC 中的程序装载到存储卡。当卡已经插在基本单元上,PLC 通电后不需任何操作,卡上的用户程序和数据会自复制在 PLC 中。电池模块用于 PLC 断电后长时间保存数据,使用电池模块数据存储时间可达 200 天。

4) CPU 的工作方式

CPU 前面板上有三个发光二极管显示当前 PLC 状态和工作方式,绿色 RUN 指示灯亮,表示为运行状态;红色 STOP 指示灯亮,表示为停止状态;标有 SF 的指示灯亮表示系统故障,PLC 停止工作。

(1) STOP(停止)

CPU 工作在 STOP 方式时,不执行用户程序。绿色 RUN 指示灯此时可以通过编程装置向 PLC 装载用户程序或进行系统设置,在程序编辑、下载等处理过程中,必须把 CPU 置于 STOP 方式。

(2) RUN(运行)

CPU 在 RUN 工作方式下,执行用户程序。

可用以下方法改变 CPU 的工作方式:

① 用工作方式开关改变工作方式。工作方式开关有 3 个挡位:STOP、TERM(Terminal)、RUN。把方式开关切到 STOP 位,可以使 CPU 转换到 STOP 状态;把方式开关切到 RUN 位,可以使 CPU 转换到 RUN 状态;把方式开切到 TERM(暂态)或 RUN 位,允许 STEP7 - Micro/WIN 软件设置 CPU 工作状态。如果工作方式开关设为 STOP 或 TERM,电源上电时,CPU 自动进入 STOP 状态。设置为 RUN 时,电源上电时,CPU 自动进入 RUN 状态。

② 用编程软件改变工作方式。可以使用 STEP7 - Micro/WIN 编程软件设置工作方式。

③ 在程序中用指令改变工作方式。在程序中插入一个 STOP 指令,CPU 可由 RUN 方式进入 STOP 工作方式。

5) 个人计算机或编程器

个人计算机或编程器装上 STEP 7 - Micro/WIN 编程软件后,即可供用户进行程序的编制、编辑、调试和监视等。STEP7 - Micro/WIN 编程软件是基于 Windows 的应用软件。它支持 32 位 Windows 95、Windows 98 和 Windows NT 4.0。其基本功能是创建、编辑、调试用户程序以及组态系统等;STEP7 - Micro/WIN 编程软件要求个人计算机的配置:CPU 为 80 586 或更高的处理器、16 MB 内存(最低要求为 80 486CPU、8 MB 内存);VGA 显示器(分辨率 1 024×768 像素);硬盘至少空间 50 MB;Microsoft Windows 支持的鼠标。

6) 通信电缆

通信电缆是用来实现 S7 - 200 PLC 与个人计算机或编程器的通信。通常 S7 - 200PLC 和编程器的通信是使用 PC/PPI 电缆连接 CPU 的 RS - 485 接口和计算机的 RS - 232 串口进行。当使用通信处理器时,可使用多点接口(MPI)电缆。使用 MPI 卡时,可使用 MPI 卡专用通信电缆。

7) 人-机界面

人-机界面主要指专用操作员界面,如操作面板、触摸屏、文本显示器等,这些设备可以使用户通过友好的操作界面轻松地完成各种对 S7 - 200 的调试和控制任务。如图 3.9 所示。操作员

图 3.9   部分人-机界面

面板(如 OP270、OP73 等)和触摸屏(如 TP270、TP277 等)的基本功能是过程状态和过程控制的可视化,可以使用 Pro - Tool 或 WINCC 软件组态它们的显示和控制功能。文本显示器(如 TD400C)的基本功能是文本信息显示和实施操作,在控制系统中可以设定和修改参数,可编程的功能键可以作为控制键。

8) 电源

S7 - 200 PLC 的供电方式有 24 V DC、120/240 V AC 两种,主要通过 CPU 型号区分。CPU 通过内部集成的电源模块将外部提供给 PLC 的电源转换成 PLC 内部的各种工作电源,并通过连接总线为 CPU 模块、扩展模块提供 5 V 直流电源;另外 S7 - 200 还通过 CPU 向外提供 24 V 直流电源(又称传感器电源),在容量允许的范围内,该电源可供传感器、本机数字显直流输入点和扩展模块继电器数字量输出点的继电器线圈使用,外部提供给 S7 - 200 PLC 的电源技术指标见表 3.2。

表 3.2　电源的技术指标

特　　性	DC 24 V 电源	AC 电源
电压允许范围	20.4～28.5 V	85～264 V,47～63 Hz
冲击电流	10 A,28.8 V	20 A,264 V
内部熔断器(用户不能更换)	3 A,250 V 慢速熔断	2 A,250 V 慢速熔断

2. 输入输出控制

一个 PLC 控制系统由硬件和软件两大部分组成。用户将系统控制要求设计成程序写入 PLC 后,PLC 便在输入信号指令下,按照程序控制输出设备工作。就程序本身而言,必须借助机内器件来表达,这就是编程元件。考虑到工程人员的习惯,编程元件都按类似于继电器电路中的元器件命名,如输入继电器、输出继电器、定时器、辅助继电器等,但与继电器电路中的元器件不同的是,编程元件具有无穷多个常开常闭触点供编程时使用,故又称其为软元件。

① 输入继电器 PLC 的每一个输入点都有一个对应的输入继电器,用于接受外部输入信号,用 I□□□ 表示。当某个输入点端子与公共端 COM 接通时,该输入继电器的线圈得电,其常开触点接通,常闭触点断开;反之,其触点恢复常态。所以在程序中不会出现输入继电器的线圈,只使用其触点。

a. 编号范围。S7 - 200 的 PLC 输入继电器的最大编号范围为 I000～I177(输入输出点总和 128(十进制)点以下),采用八进制编号。用户设计程序时,应注意使用的输入继电器不得超过所用 PLC 输入点的范围,否则无效。

b. 符号。输入继电器的符号如图 3.10 所示。

② 输出继电器 PLC 的每一个输出点都有一个对应的输出继电器,主要用于驱动外部负载,用 Q□□□ 表示。当某一输出继电器的线圈接通时,与之连接的外部负载接通电源工作;反之,该负载断电停止工作,故输出继电器的线圈只能由用户程序驱动,其常开常闭触点只作为其他软元件的工作条件出现在程序中。

a. 编号范围。S7 - 200 型号 PLC 输出继电器的最大编号范围为 Q000～Q177(输入输出点总和 128(十进制)点以下),也采用八进制编号。与输入继电器一样,在进行程序设计时,使用的输出继电器不得超过所用 PLC 输出点的范围,否则无效。

b. 符号。输出继电器的符号如图 3.11 所示。

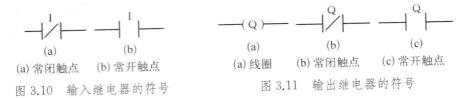

(a) 常闭触点　(b) 常开触点

图 3.10　输入继电器的符号

(a) 线圈　(b) 常闭触点　(c) 常开触点

图 3.11　输出继电器的符号

③ 输入输出控制,输入输出继电器是输入输出点在 PLC 内部的反映,PLC 运行时反复采样输入输出点的状态,扫描执行程序后,驱动输出设备工作。图 3.12 所示为 PLC 的输入输出控制示意图,其动作时序如图 3.13 所示。

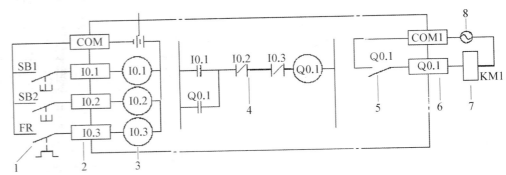

图 3.12　PLC 的输入输出控制示意图

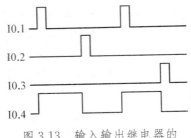

图 3.13　输入输出继电器的
动作时序图

a. 起动:按下按钮 SB1→输入继电器 I0.1 得电动作→梯形图中的 I0.1 常开触点闭合→输出继电器 Q0.1 得电动作,且自锁保持→输出触头 Q0.1 闭合→输出设备 KM1 线圈得电动作→系统启动。

b. 停止:按下按钮 SB2→输入继电器 I0.2 得电动作→梯形图中的 I0.2 点断开→输出继电器 Q0.1 失电复位→输出触头 Q0.1 断开→输出设备 KM1 失电释放,系统停止工作。过载保护执行原理与之类似。

3. 分析控制要求

① 项目任务要求该系统具有电机单向运转控制功能,按下起动按钮,电机得电运转;按下停止按钮(或过载),电机停止运转;

② 确定输入设备,根据控制要求分析,系统共有 3 个输入信号:起动、停止和过载信号。由此确定,系统的输入设备有两个按钮和一个热继电器,PLC 需用 3 个输入点分别与它们的常开触头相连;

③ 确定输出设备,三相异步电机的电源可由接触器的主触头引入,当接触器吸合时,电机得电运转;接触器释放时,电机失电停转。由此确定,系统的输出设备只有一只接触器,PLC 用 1 个输出点驱动控制该接触器的线圈即可满足要求。

4. 分配输入/输出点(称 I/O 点)

根据确定的输入/输出设备及输入输出点数,分配 I/O 点见表 3.3。

表 3.3 输入/输出设备及 I/O 分配表

输 入			输 出		
元件代号	功 能	输入点	元件代号	功 能	输出点
SB1	起 动	I0.0	KM	电机运转控制	Q0.0
SB2	停 止	I0.1			
FR	过载保护	I0.2			

5. 读识梯形图

1) 可编程控制器采用扫描的方式工作

当 PLC 投入运行后,其工作过程一般分为 3 个阶段。即输入处理、用户程序执行和输出刷新。完成上述 3 个阶段称作一个扫描周期。在整个运行期间,PLC 的 CPU 以一定的扫描速度重复执行上述 3 个阶段,如图 3.14 所示。

(1) 工作原理

PLC 的工作原理与计算机的工作原理是基本一致的。它通过执行用户程序来实现控制任务。但是,在时间上,PLC 执行的任务是串行的,与继电器接触器控制系统中控制任务的执行有所不同。PLC 工作过程如上所述,可以看到,整个工作过程是以循环扫描的方式进行的。循环扫描方式是指在程序执行过程的周期中,程序对各个过程输入信号进行采样,对采样的信号进行运算和处理,并把运算结果输出到生产过程的执行机构中。

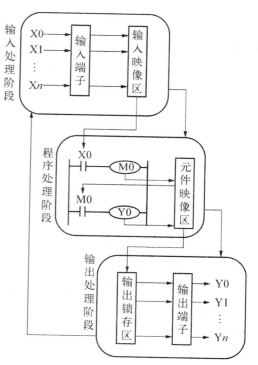

图 3.14 PLC 的扫描过程

(2) 工作过程

① 输入处理

程序执行前,可编程控制器的全部输入端子的通/断状态读入输入映像寄存器。

在程序执行中,即使输入状态变化,输入映像寄存器的内容也不变,直到下一扫描的输入处理阶段才读入这变化输入触点从通(ON)~断(OFF)[或从断(OFF)~通(ON)]变化到处于确定状态为止,输入滤波器还有一响应延迟时间(约 10 ms)。

② 程序处理

对应用户程序存储器所存的指令,从输入映像寄存器和其他软件的映像寄存器中将有关软元件的通/断状态读出,从 0 步开始顺序运算,每次结果都写入有关的映像寄存器,因此,各软元件(X 除外)的映像寄存器的内容随着程序的执行在不断变化。输出继电器的内部触点的动作由输出映像寄存器的内容决定。

③ 输出处理

全部指令执行完毕,将输出 Y 的映像寄存器的通/断状态向输出锁存寄存器传送,成为可编程控制器的实际输出。可编程控制器内的外部输出触点对输出软元件的动作有一个响应时间,即要有一个延迟才动作。

以上的方式称为输入/输出方式(或刷新方式)。

2) 梯形图(LAD)程序设计语言介绍

梯形图程序设计语言是 PLC 最常用的一种程序设计语言,它来源于继电器逻辑控制系统,沿用了继电器、触点、串并联等术语和类似的图形符号。在工业过程控制领域,电气技术人员对继电器逻辑控制技术较为熟悉。因此,各厂家各型号的 PLC 都把它作为第一用户编程语言。

梯形图的构成:

梯形图按逻辑关系可分成网络段,一个段其实就是一个逻辑行,在本书部分举例中将网络段略去。每个网络段由一个或多个梯级组成。程序执行时,CPU 按梯级从上到下、从左到右扫描。编译软件能直接指出程序中错误指令所在的网络段的标号。梯形图从构成元素看是由左右母线、触点、线圈和指令盒组成,如图 3.15 所示。

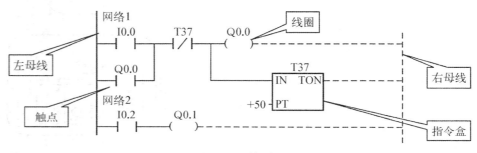

图 3.15　梯形图

① 母线,梯形图两侧的垂直公共线称为母线。在分析梯形图的逻辑关系时,为了借用继电器电路图的分析方法,可以想象左右两侧母线(左母线和右母线)之间有一个左正右负的直流电源电压,母线之间有"能流"从左向右流动。S7 - 200 中右母线不画出。

② 触点,表示如下。

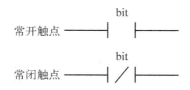

触点符号代表输入条件,如外部开关、按钮及内部条件等。CPU 运行扫描到触点符号时,到触点位指定的存储器位访问(即 CPU 对存储器的读操作)。该位数据(状态)为 1 时,表示"能流"能通过。用户程序中,常开触点、常闭触点可以使用无数次。

③ 线圈,表示如下。

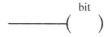

线圈表示输出结果。通过输出接口电路来控制外部的指示灯、接触器及内部的输出条件等。线圈左侧的触点组成的逻辑运算结果为 1 时,"能流"从左母线经过触点和线圈流向右母

线,从而使线圈得电动作,CPU将线圈的位地址对应的存储器位置为1,逻辑运算结果为0,线圈不通电,存储器位置为0。即线圈代表CPU对存储器的写操作。所以在用户程序中,每个线圈一般只能使用一次。

④ 指令盒。指令盒代表一些较复杂的功能,如定时器、计数器或数学运算指令等。当"能流"通过指令盒时,执行指令盒所代表的功能。

3) 梯形图编程规则

① 梯形图程序由网络段(逻辑行)组成,每个网络段由一个或几个梯级组成。

② 从左母线向右以触点开始,以线圈或指令盒结束,构成一个梯级。触点不能出现在线圈右边。在一个梯级中,左右母线之间是一个完整的"电路",不允许短路、开路。

③ 在梯形图,与"能流"有关的指令盒或线圈不能直接接在左母线上。与"能流"无关的指令盒或线圈直接接在左母线上,如LBL、SCR、SCRE等。

④ 指令盒的ENO端是允许输入端,该端必须存在"能流",指令盒的功能才能执行。

⑤ 指令盒的ENO端是允许输出端,用于指令的级联,无允许输出端的指令盒不能用于级联(如CALL、LBL、SCR等)。如果指令盒EN存在"能流",且指令盒被准确无误地执行后,此时ENO=1并把能流传到下一个指令盒或线圈,如果执行存在错误,则"能流"就在错误的指令盒终止,ENO=0。

⑥ 输入点对应的触点状态由外部输入设备开关信号驱动,用户程序不能随意改变。

⑦ 梯形图中同一触点可以多次重复使用。

⑧ 梯形图中同一继电器线圈通常不能重复使用,只能出现一次(置位、复位除外),若多次使用(又称双线圈输出)则最后一次有效,但它的触点可以无限次使用。

⑨ 梯形图中的触点可以任意串联或并联,但继电器线圈只能并联而不能串联。

⑩ 上重下轻、左重右轻原则:几个串联支路并联应将触点多的支路安排在上面,几个并联回路串联应将并联支路数多的安排在左面,以缩短用户程序的扫描时间。分别如图3.16所示。

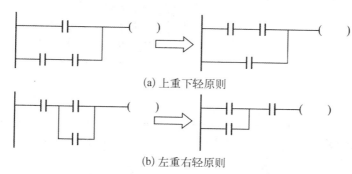

(a) 上重下轻原则

(b) 左重右轻原则

图3.16　梯形图的上重下轻、左重右轻原则

4) 本任务的梯形图读识

不同的PLC生产厂方所提供的编程语言有所不同,但程序的表达方式大致相同,常用的表达方式为梯形图和指令表两种。图3.17所示为电机单向运转控制系统梯形图,图中的输入输出继电器与表3.3中分配的I/O点相对应。其动作时序如图3.18所示,按下起动按钮SB1后输入继电器I0.1动作,Q0.0动作驱动输出设备KM吸合起动;按下停止按钮SB2、I0.2、Q0.0复位,KM释放停止。图中END为程序结束指令,表示程序结束。

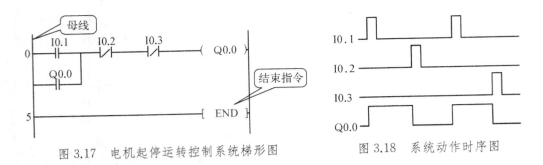

图 3.17　电机起停运转控制系统梯形图　　　图 3.18　系统动作时序图

6. 读识电路图

图 3.19 是电机单向运转控制系统电路图,图中 PLC 的输入电路从 I0.1 开始递增编号,输出电路从 201 开始递增编号,其识读过程见表 3.4。

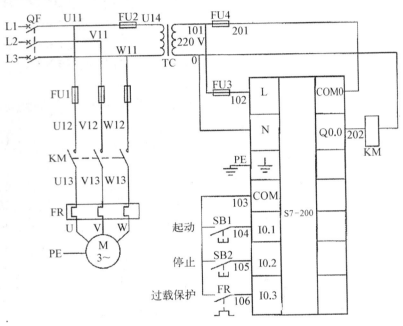

图 3.19　电机起停运转控制系统电路图

表 3.4　电机起停运转控制系统电路组成的识读过程

序号	识读任务	电路组成	元件功能	备注
1	读电源电路	QS	电源开关	
2		TC	给 PLC 及 PLC 输出设备提供电源	
3		FU2	熔断器作变压器短路保护用	
4	读主电路	FU1	熔断器作主电路短路保护用	
5		KM 主触头	作电机引入电源用	
6		FR 驱动元件	过载保护	
7		M	电机	

续　表

序号	识读任务		电路组成	元 件 功 能	备　注
8	读控制电路	读 PLC 输入电路	FU3	熔断器作 PLC 输入电源短路保护用	共 用 公 共 端 COM
9			SB1	起动	
10			SB2	停止	
11			FR	过载保护	
12		读 PLC 输出电路	FU4	熔断器作 PLC 输出电路短路保护用	
13			KM 线圈	控制 KM 主触头的吸合与释放	

7. 读识接线图

图 3.20 所示为电机单向运转系统接线图。

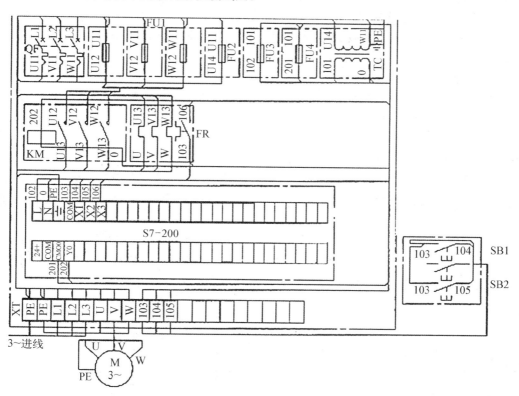

图 3.20　电机单向运转系统接线图

8. 输入梯形图

PLC 编程设备一般有两类,一类是手持编程器编程,携带方便,适用于工业控制现场;另一类是个人计算机编程,使用 PLC 编程软件简单容易、便于修改。S7 - 200 可编程控制器使用基于 Windows 的 STEP7 - Micro/WIN 32 编程软件进行编程,其基本功能是创建、编辑、调试用户程序以及组态系统等。运行 STEP7 - Micro/WIN 32 编程软件的计算机通过 PC/PPI 电缆或多点接口(MPI)电缆与S7－200PLC连接,具体连接方法和STEP7－Micro/WIN 32编程软件的使用方法,读者可参考附录A。鉴于本任务篇幅有限,本任务软件操作过程已经录制为教学视频放置在数字资源库中,在下个任务中将详细介绍本软件操作。

9. 学习指令

1) S7－200 的基本位操作指令学习

位操作指令是PLC最常用的基本指令,梯形图指令有触点和线圈两大类,触点又分常开触点和常闭触点两种形式;语句表指令有与、或以及输出等逻辑关系,位操作指令能够实现基本的位逻辑运算和控制功能,这里只介绍部分基本指令,详细指令介绍请见附录B。

(1) 触点装载(LD/LDN)及线圈驱动(＝)指令

① 指令功能。

LD(load):常开触点逻辑运算的开始。对应梯形图则为在左侧母线或线路分支点处装载一个常开触点。

LDN(load not):常闭触点逻辑运算的开始(即对操作数的状态取反),对应梯形图则为在左侧母线或线路分支点处装载一个常闭触点。

＝(OUT):输出指令,对应梯形图则为线圈驱动。对同一元件一般只能使用一次。

② 指令格式,如图 3.21 所示。

③ LD/LDN,＝ 指令使用说明。

a. 触点代表CPU对存储器的读操作,常开触点和存储器的位状态一致,常闭触点和存储器的位状态相反。用户程序中同一触点可使用无数次。

如:存储器 I0.0 的状态为1,则对应的常开触点 I0.0 接通,常闭触点 I0.0 断开。存储器 I0.0 的状态为0,则对应的常开触点 I0.0 断开,常闭触点 I0.0 接通。

b. 线圈代表CPU对存储器的写操作,若线圈左侧的逻辑运算结果为"1",表示能流能够达到线圈,CPU将该线圈所对应的存储器的位置为"1",若线圈左侧的逻辑运算结果为"0",表示能流不能够达到线圈,CPU将该线圈所对应的存储器的位写入"0"。

c. LD、LD指令用于与输入公共母线(左母线)相连的接点,也可与 OLD、ALD 指令配合使用于分支回路的开始。"＝"指令用于 Q、M、SM、T、C、V、S。但不能用于输入映象寄存器 I。"＝"可以并联使用任意次,但不能串联,如图 3.22 所示。

图 3.21 LD/LDN、OUT 指令　　　　　图 3.22 输出指令的并联使用

d. LD/LDN 的操作数:I、Q、M、SM、T、C、V、S。

"＝"(OUT)的操作数:Q、M、SM、T、C、V、S。

(2) 触点串联指令 A(And)、AN(And not)。

① 指令功能。

A(And)：与常开触点，在梯形图中表示串联连接单个常开触点。

AN(And not)：与常闭触点，在梯形图中表示串联连接单个常闭触点。

② 指令格式，具体如图 3.23 所示。

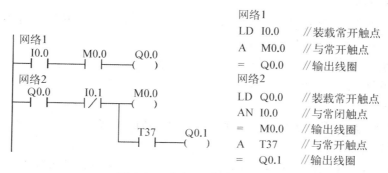

图 3.23 A/AN 指令的使用

③ A/AN 指令使用说明。

a. A、AN 是单个触点串联连接指令，可连续使用。

b. 若要串联多个并联电路时，必须使用 ALD 指令。

c. A、AN 的操作数：I、Q、M、SM、T、C、V、S。

（3）触点并联指令：O(Or)/ON(Or not)。

① 指令功能。

O：或常开触点，在梯形图中表示并联连接一个常开触点。

ON：或常闭触点，在梯形图中表示并联连接一个常闭触点。

② 指令格式，如图 3.24 所示。

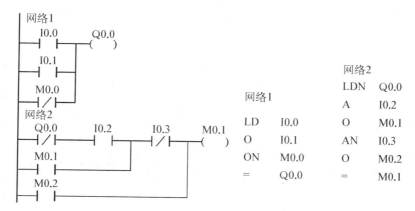

图 3.24 O/ON 指令的使用

③ O/ON 指令使用说明。

a. O/ON 指令可作为并联一个触点指令，紧接在 LD/LDN 指令之后用。即对其前面的 LD/LDN 指令所规定的触点并联一个触点，可以连续使用。

b. 若要并联连接两个以上触点的串联回路时，须采用 OLD 指令。

c. O/ON 操作数：I、Q、M、SM、V、S、T、C。

（4）并联电路块的串联指令 ALD。

① 指令功能。

ALD：块"与"操作。用于串联连接多个并联电路组成的电路块。

② ALD 指令使用说明。

a. 并联电路块与前面电路串联连接时，使用 ALD 指令。分支的起点用 LD/LDN 指令。并联电路结束后使用 ALD 指令与前面电路串联。

b. 可以使用 ALD 指令串联多个并联电路块，数量没有限制。

（5）串联电路块的并联指令 OLD。

① 指令功能。

OLD：块"或"操作，用于并联连接多个串联电路组成的电路块。

② OLD 指令使用说明。

a. 并联连接几个串联支路时，其支路的起点以 LD、LDN 开始，并联结束后用 OLD。

b. 可以顺次使用 OLD 指令并联多个串联电路块，数量没有限制。

（6）置位/复位指令（S/R）。

指令功能。

置位指令 S：使能输入有效后将从起始位 S-bit 开始的 N 个位置"1"并保持。

复位指令 R：使能输入有效后将从起始位 R-bit 开始的 N 个位清"0"并保持。

（7）取非和空操作指令 NOT/NOP。

① 取非指令（NOT）。指对存储器位的取非操作，用来改变能流的状态，梯形图指令用触点形式表示，触点左侧为 1 时，右侧为 0 能流不能到达右侧，输出无效；反之亦然。

② 空操作（NOP）。空操作指令起增加程序容量和延时作用。使能输入有效时，执行空操作指令，将稍微延长扫描周期长度，不影响用户程序的执行，也不会使能流输出断开。操作数 N 为执行空操作的次数，N=O-255。

2）本任务指令表

表 3.5　系统指令表

程序步	指　令	元件号	指 令 功 能	备　注
0	LD	I0.1	从母线上取用常开触点 I0.1	
1	OR	I0.0	与触点 I0.1 并联常开触点 Q0.0	
2	ANI	I0.2	与触点 I0.1 串联常闭触点 I0.2	
3	ANI	I0.3	与触点 I0.2 串联常闭触点 I0.3	
4	OUT	Q0.0	驱动线圈 Q0.0	
5	END		程序结束	

10. 验证自锁保持控制

删除系统梯形图 3.24 中的自锁保持触点 Q0.0，在 STEP7-Micro/WIN 32 编程软件进行编程，验证自锁保持控制，在表 3.6 中进行记录。

表 3.6　系统运行情况记载表

步骤	操作内容	观　察　内　容				备注
		指示 LED		接触器		
		正确结果	观察结果	正确结果	观察结果	
1	按下 SB1	IN1	点亮	KM 吸合		
		OUT0	点亮			
2	按下 SB2	IN1	熄灭	KM 释放		
		OUT0	熄灭			

五、质量评价标准

项目质量考核要求及评分标准见表 3.7。

表 3.7　质量评价表

考核要求	参　考　要　求	配分	评　分　标　准	扣分	得分	备注
系统安装	1. 正确安装元件 2. 按图完整、正确及规范接线 3. 按要求正确编号	30	1. 元件松动一处扣 2 分,损坏一处扣 4 分 2. 错、漏线每处扣 2 分 3. 反圈、压皮、松动每处扣 2 分 4. 错、漏编号每处扣 1 分			
编程操作	1. 会建立程序新文件 2. 会输入梯形图 3. 正确保存文件 4. 了解软件的基本功能	30	1. 不能建立程序新文件或建立错误扣 4 分 2. 输入梯形图错误一处扣 2 分 3. 保存文件错误扣 3 分 4. 对软件基本功能认识不够扣 4 分			
运行操作	1. 会操作运行系统,分析操作结果 2. 会编辑修改程序	30	1. 系统通电操作错误一步扣 3 分 2. 分析操作结果错误扣 5 分 3. 编辑修改程序错误扣 5 分			
安全生产	自觉遵守安全文明生产规程	10	1. 漏接地线一处,扣 2 分 2. 每违反一项规定,扣 3 分 3. 安全事故,0 分处理			

任务二　PLC 实现三相异步电机正反转控制

一、任务描述

设计并实现一个 7.5 kW 的鼠笼式三相异步电机的控制系统,要求用 PLC 控制,能进行正转和反转连续运行控制;在连续运行时,能随时控制其停止,要有必要的过载和短路保护、安全保护及工作指示。要求设计、实现该控制系统。

二、学习目标

1. 会使用 STEP7 - Micro/WIN32 编程软件。
2. 掌握使用 PLC 控制三相异步电机的正反转基本原理。
3. 掌握 S7 - 200 型号 PLC 的数据类型及寻址方式。
4. 能独立完成 PLC 三相异步电机正反转控制系统的设计,包括控制方案的确定,设备和电器元件的选择,电气原理图设计,软件编程,系统调试。

三、任务流程

具体的学习任务及学习过程如图 3.25 所示。

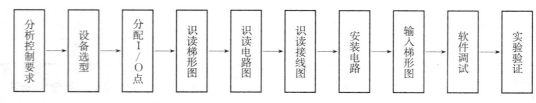

图 3.25　任务流程图

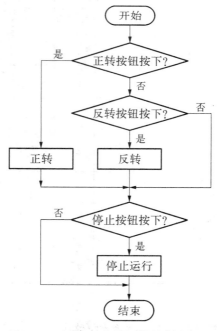

图 3.26　电机正反转起停控制流程图

四、工作过程

该任务中,控制系统比较简单,一般的 PLC 都能胜任。硬件部分主要包括控制部分的 PLC、控制电机主电路通断的接触器、进行过载和短路保护的热继电器和熔断器以及控制和显示电机起动和停止的按钮、指示灯等。由于电机容量较小,可使用全压起动。

完成该任务的重点是进行 PLC 及输入/输出模块的选型,接触器、熔断器、热继电器的选型、电气原理图设计、相应的系统的安装和调试。

1. 分析控制要求

本系统控制较简单,可以采用传统的继电器-接触器控制系统进行控制,也可以采用 PLC 进行控制。本设计选用 PLC 单机控制,电机正反转起停控制流程图如图 3.26 所示。

2. 设备选型

该控制系统中,三相异步电机功率不是很大,可以通过两个交流接触器的主触点控制直接采用全压起动,过载保护可选用带缺相保护的三极热继电器,短路保护可使用熔断器串到电机主电路中。为了进行起停控制,需要正、反转起动按钮、停止按钮各 1 个,电源、正、反转指示灯各 1 个。另外系统还需要低压断路器作为三相电源的引入开关。通过以上电器元件的组合控制,可提高人工操作的安全性,以及提高电机的过载、断相、过压、欠压、漏电等的保护。第二章中已经介绍过相关元器件,见表3.8。

表3.8　电器元件、设备、材料明细表

序号	文字符号	名　称	规格型号	数量	备　　注
1	PLC	可编程控制器	S7 - 200 CPU 222 AC/DC/Relay	1个	交流220 V供电,继电器输出
2	M	电动机	Y系列	1台	三相交流异步电动机
3	QF	低压断路器	DZ5 - 20	1个	脱扣电流20 A
4	KM1、KM2	接触器	CJ20 - 25	2个	线圈电压AC 220 V
5	FR	热继电器	JR20 - 25	1个	热元件额定电流17 A,整定电流15 A
6	FU1	熔断器	RL1 - 60	3个	熔体50 A
7	FU2、FU3	熔断器	RT16 - 00	2个	熔体2 A
8	T	隔离变压器	BK - 100	1个	变比1∶1,AC 220 V
9	HL1～HL3	信号灯	ND16 - 22	3个	AC 220 V,红色1个,绿色2个
10	SB1	正转起动按钮	LA20 - 11	1个	绿色
11	SB2	反转起动按钮	LA20 - 11	1个	绿色
12	SB3	停止按钮	LA20 - 11	1个	红色
13	—	电气控制柜	—	1个	1 200 mm×800 mm×600 mm
14	—	接线端子板	JDO	3个	10端口
15	—	线槽		10 m	25 mm×25 mm
16	—	主电路电源线	铜芯塑料绝缘线	50 m	4 mm²(黄、绿、红、浅蓝、黄绿)
17	—	PLC供电电源线	铜芯塑料绝缘线	5 m	1 mm²
18	—	PLC地线	铜芯塑料绝缘线	1 m	2 mm²
19	—	控制导线	铜芯塑料绝缘线	30 m	0.75 mm²
20	—	线号标签或线号套管	—	若干	—
21	—	包塑金属软管	—	10 m	Φ20 mm
22	—	钢管	—	5 m	Φ20 mm

3. 分配I/O点

根据确定的输入/输出设备及输入输出点数,分配I/O见表3.9。

表 3.9　电机正反转输入/输出分配

输　入　点			输　出　点		
设　备	输入点		设　备		输出点
正转启动按钮	SB1	I0.0	正转接触器	KM1	Q0.0
反转启动按钮	SB2	I0.1	反转接触器	KM2	Q0.1
停车按钮	SB3	I0.2			

4. 读识梯形图

本任务梯形图见图 3.27。

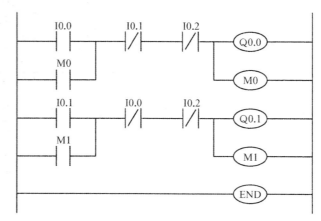

图 3.27　梯形图

5. 读识电路图

根据控制要求,电机正反转起停控制主电路如图 3.28 所示。

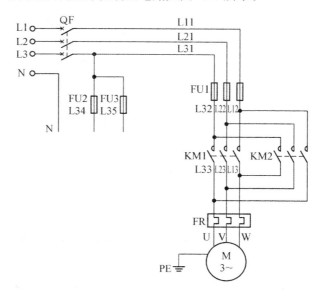

图 3.28　电机正反转起停控制主电路

① 主电路中交流接触器 KM1、KM2 分别控制电机的正反转。

② 电机 MFR 实现过载保护。

③ QF 为电源总开关,既可完成主电路的短路保护,又起到分断三相交流电源的作用,使用和维修方便。

④ 熔断器 FU1 实现电机回路的短路保护,熔断器选用 RL1 - 60,熔体额定电流选用 50 A、FU2、FU3 分别完成交流控制回路和 PLC 控制回路的短路保护,熔断器选用 RT16 - 00,熔体额定电流选用 2 A。

6. 读识接线图

根据 PLC 选型及控制要求,设计控制电路和 PLC 输入/输出接线图,如图 3.29 所示。

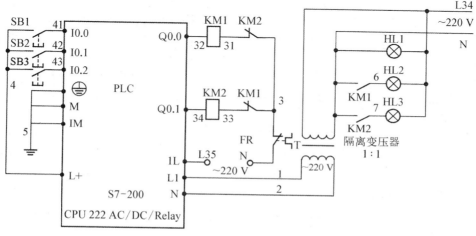

图 3.29　控制电路和 PLC 输入/输出接线图

① PLC 采用继电器输出,每个输出点额定控制容量为 AC 50 V、2 A,L35 作为 PLC 输出回路的电源,向输出回路的负载供电,输出回路所有 COM 端短接后接入电源 N 端。

② KM1 和 KM2 接触器线圈支路设计了互锁电路。以防止误操作,增加系统可靠。

③ PLC 输入回路中,信号电源由 PLC 本身的 DC 24 V 直流电源提供。所有输入元件一端短接后接入 PLC 电源 DC 24 V 的 L+端。CPU 222 能提供 180 mA 的 DC 24 V 电流,每个数字量输入点接通需要 4 mA 的电流,3 * A＝12 mA＜180 mA,满足要求。

④ 为了增强系统的抗干扰能力,PLC 的供电电源采用了隔离变压器。隔离变压器 T 的选用根据 PLC 耗电量配置,本系统选用标准型、变比 1:1,容量为 100 V·A 隔离变压器。

⑤ HL1 为电源指示灯,HL2 和 HL3 分别为正转和反转指示灯。

⑥ 根据上述设计,对照主回路检查交流控制回路、PLC 控制回路、各种保护联锁电路等。

7. 安装电路

按设计要求设计绘制电气装置总体配置图、电气控制盘电器元件布置图、操作控制面板电器元件布置图及相关电气接线图。

1) 绘制电器元件布置图

本系统除电气控制箱(柜)外,在设备现场设计安装的电器元件和动力设备只有电机。电气控制箱(柜)内安装的电器元件有:断路器、熔断器、隔离变压器、PLC、接触器、中间继电器、热继电器和端子板等。在操作控制面板上设计安装的电器元件有：控制按钮、指示灯等。

依据操作方便、美观大方、布局均匀对称等设计原则。绘制电气控制盘元件布置图、操作控制面板元件布置图如图 3.30 和图 3.31 所示。

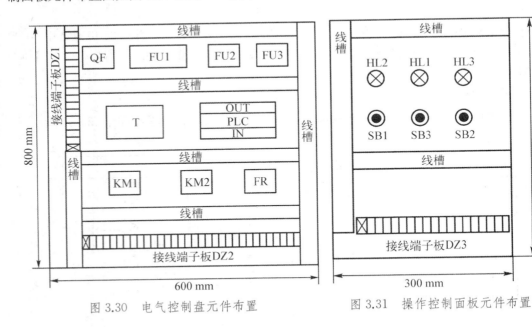

图 3.30　电气控制盘元件布置　　　　图 3.31　操作控制面板元件布置

2) 绘制电气接线图

电气接线图用来表示电气配电盘内部器件之间导线的连接关系，进出引线采用接线端子板连接，具体绘制方法和步骤如下：

① 标线号：在电气原理图上用数字标注线号，每经过一个器件改变一次线号（接线端子除外）。

② 布置器件：根据电器元件布置图，将电器元件在配电盘或控制盘上按先上后下，先左后右的规则排列，并以接线图的表示方法画出电器元件（用方框＋电气符号表示）。

③ 标器件号：给安放位置固定的器件标注编号（包括线端子）。

④ 二维标注：在导线上标注导线线号和指示导线去向的器件号。

与电器元件布置图相对应，在本系统中，电气接线图也分为操作控制面板和电气控制盘两部分，分别如图 3.31 和图 3.32 所示。图中线侧数字表示线号，线端数字表示导线连接的器件编号。

3) 绘制电气互连图

电气互连图表示电气控制柜之间、电气控制柜内配电盘之间以及外部器件之间的电气接线关系。这些连线一般用线束表示，通过穿线管或走线槽连接。本系统电气互连图如图 3.33 所示。图中用导线束将操作控制面板、电机、电源引入线与电气控制柜的电气控制盘和操作控制面板连接起来，并注明了穿线管的规格、电缆线的参数等数据。

4) 绘制电气控制柜或电气控制箱

据电气控制盘、操作控制面板尺寸设计或定制电气控制柜或电气控制箱，绘制电气控制柜或电气控制箱安装图。本设计从略。

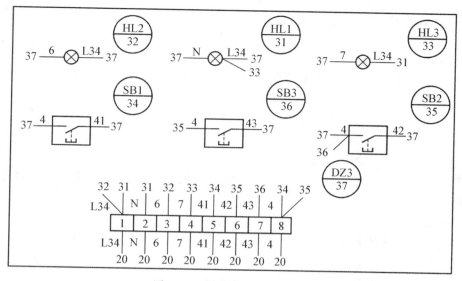

图 3.32　操作控制面板接线

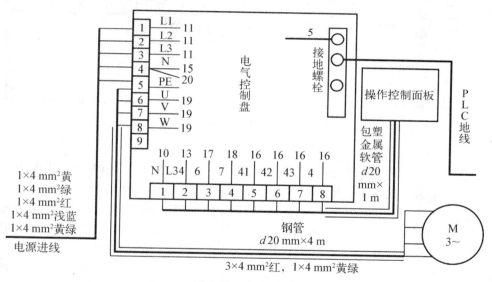

图 3.33　电气互连

至此,基本完成了电机正反转控制系统要求的电气控制原理和电路安装任务。

8. 软件调试

S7 - 200 可编程控制器使用基于 Windows 的 STEP7 - Micro/WIN 32 编程软件进行编程。其基本功能是创建、编辑、调试用户程序以及组态系统等。运行 STEP7 - Micro/WIN 32 编程软件的计算机通过 PC/PPI 电缆或多点接口(MPI)电缆与 S7 - 200 PLC 连接,具体连接方法和 STEP 7 - Micro/WIN 32 编程软件的使用方法,读者可参考附录 A。

在 STEP 7 - Micro/WIN 32 中,与控制任务有关的软件是以项目为单位组织的。一个项目包括程序块、系统块、数据块、配方、数据记录配置等。程序块包括主程序、子程序、中断程序,其中主程序是 S7 - 200 处于 RUN 状态时每个扫描周期都要执行一遍的程序,是一个项目中必须有的部分,在较小的控制项目中,子程序和中断程序可以没有。项目中的系统块和数据块可以使用默认设置,配方、数据记录配置等也可根据项目需要决定其有无。

本任务只需要主程序,不需要子程序和中断程序,且程序中只使用基本的位操作指令即可实现相应的功能,系统块和数据块使用默认设置即可,配方、数据记录配置不需要。

1) 建立项目

打开 STEP7 - Micro/WIN 软件,新建一个项目,保存为"三相异步电机正反转控制-1.mwp"。

2) 设置 PLC 类型

将 PLC 类型设置为系统使用的实际 PLC 类型,此处为 CPU222,软件版本可以通过 STEP7 读取或直接设置。

3) 编辑符号表

为了便于程序的阅读、调试和维护,建议所有项目在编程前都先设置并编辑符号表。本例符号表设置如图 3.34 所示。

			符号	地址	注释
1			电机正转按钮	I0.0	电动机正转按钮输入点,接SB1按钮的常开触点
2			电机反转按钮	I0.1	电动机反转按钮输入点,接SB2按钮的常开触点
3			电机停止按钮	I0.2	电动机停止按钮输入点,接SB3按钮的常开触点
4			电机正转	Q0.0	电动机正转输出点,接KM1线圈
5			电机反转	Q0.1	电动机反转输出点,接KM2线圈

图 3.34 三相异步电机正反转控制符号表

4) 编写程序

将窗口切换到程序编辑器窗口,选择 SIMATIC 指令集和梯形图编程语言,根据图 3.26 所示的电机正反转起停控制流程图。在"主程序"中编写程序,如图 3.34 所示。

本程序主要由两个网络组成,每个网络都是一个典型的"起停"电路。下面以网络 1 电机正转控制为例说明。"电机正转按钮"I0.0 常开触点是电机正转的起动条件,当按下电机正转启动按钮 SB1 时,"电机正转按钮"I0.0 常开触点为 ON,此时"电机反转按钮"I0.1 和"电机停止按钮"I0.2 的常闭触点均为 ON 状态。所以"电机正转"输出点 Q0.0 有输出,接触器 KM1 的线圈得电,KM1 接在电机主电路中的常开主触点闭合,电动动机得电正转。"电机正转"线圈 Q0.0 的常开触点与"电机正转按钮"I0.0 的常开触点并联,实现保持功能。即使 SB1 按钮松开,但由于"电机正转"线圈 Q0.0 已经得电。所以其常开触点 Q0.0 已经为 ON 状态,电机正转输出点 Q0.0 不会因为 SB11 的松开而失电,电机停止按钮 I0.2 和"电机反转钮"I0.1 的常闭触点串联构成停止电路,当反转按钮 SB2 或停止按钮 SB3 中的任意一个被按下,"电机反转按钮"I0.1 或"电机停止按钮"I0.2 的常闭触点为 OFF,"电机正转"线圈 Q0.0 失电,接触器 KM1 的线圈失电,电机主电路中 KM1 的主触点断开,从而实现电机的反转或停机。

在程序中 I0.0 和 I0.1 的常闭触点相互串在对方的控制电路中,实现了正反转的软件互锁。与图 3.31 所示中的硬件互锁相互配合,加强了控制系统的安全性。

5) 编译修改程序

对上述程序进行编译,修改其中的语法错误,直至程序编译通过。

9. 学习指令

表 3.10　电机正反转指令表

程序步	指令	元件号	指 令 功 能	备　注
0	LD	I0.0	从母线上取用常开触点 I0.0	
1	OR	M0	与触点 I0.0 并联常开触点 M0	
2	ANI	I0.1	与触点 I0.0 串联常闭触点 I0.1	
3	ANI	I0.2	与触点 I0.1 串联常闭触点 I0.2	
4	OUT	Q0.0	驱动线圈 Q0.0	
5	OUT	M0	驱动线圈 M0	
6	LD	I0.1	从母线上取用常开触点 I0.1	
7	OR	M1	与触点 I0.1 并联常开触点 M1	
8	ANI	I0.0	与触点 I0.1 串联常闭触点 I0.0	
9	ANI	I0.2	与触点 I0.0 串联常闭触点 I0.2	
10	OUT	Q0.1	驱动线圈 Q0.1	
11	OUT	M1	驱动线圈 M1	
12	END		程序结束	

10. 验证正反转控制

1) 试验前的准备

为保证系统的可靠性,现场调试前还要在断电的情况下使用万用表检查一下各电源线路,保证交流电源的各相以及相线与地线之间不要短路,直流电源的正负极之间不要短路。此处主要检查接线点 L34~N,L35~N,L11~L21,L11~L31,L21~L31 之间以及 L11、L21、L31 与 N 之间、PLC 的 L+~M 之间不能出现短路。否则重新检查电路的接线。

2) 建立 PLC 与 PC 的连接

在断电状态下,通过 PC/PPI 电缆将 PLC 和装有 STEP7 - Micro/WIN 软件的计算机连接好,拿掉 FU1 和 FU3,闭合 QF,则 HL1 指示灯亮。打开计算机进入 STEP7 - Micro/WIN 软件,设置好通信参数(一般采用默认设置即可),建立 PLC 和 PC 的连接。如果不能建立连接,应检查通信参数和 PC/PPI 电缆的情况。

3) 下载程序

在 STEP7 - Micro/WIN 中打开设计好的"三相异步电机正反转控制.mwp"编译无误后,将程序下载到 PLC 中。

4) PLC 输入电路调试

此时 HL1 指示灯处于点亮状态。使 PLC 处于运行状态,按下 SB1,则应该可以看见 PLC 的 Q0.0 输出点指示灯亮;按下 SB3,Q0.0 输出点指示灯灭;按下 SB2,则应该可以看见 PLC 的 Q0.1 输出点指示灯亮;按下 SB3,Q0.1 输出点指示灯灭。否则应检查相应的按钮连接以及 PLC

的 DC 24 V 电源是否正确。

5) PLC 输入/输出电路和控制电路调试

使 QF 断开,加上 FU3 熔断器(接通 PLC 输出电路),再接通 QF,则 HL1 指示灯应该亮。使 PLC 处于运行状态,按下 SB1,应该可以听见 KM1 继电器触点动作的声音,同时 HL2 指示灯亮;按下 SB3,应该可以听见 KM1 继电器触点动作的声音。HL2 指示灯灭;按下 SB2,应该可以听见 KM1、KM2 继电器触点动作的声音。同时 HL2 指示灯灭,L3 指示灯亮。同理可以调先按下 SB2 按钮的情况,否则检查 PLC 输出、接触器辅助触点的连接情况。

6) 系统联调

使 QF 断开,加上 FU1 熔断器(接通主电路),再接通 QF,则 HL1 指示灯应该亮。使 PLC 处于运行状态,按下 SB1,电机应该正转,同时 HL2 指示灯亮;此时如果按下 SB3,则电机应该停止转动。同时 HL2 指示灯灭,如果按下 SB2,则电机应该反转,同时 HL2 指示灯灭,HL3 指示灯亮。同理可以调试先按下 SB2 按钮的情况。否则应该检查主电路接线情况以及 FU1,FR,KM1,KM2 主触点的好坏。调试完成后,让系统试运行。注意在系统调试和试运行过程中要认真观察系统是否满足控制要求和可靠性要求,如果不满足,则要修改相应的硬件或软件设计,直至满足。在调试和试运行过程中一定要做好调试和修改记录。

五、质量评价标准

项目质量考核要求及评分标准见表 3.11。

表 3.11　质量评价表

考核要求	参考要求	配分	评分标准	扣分	得分	备注
系统安装	1. 正确安装元件 2. 按图完整、正确及规范接线 3. 按要求正确编号	30	1. 元件松动一处扣 2 分,损坏一处扣 4 分 2. 错、漏线每处扣 2 分 3. 反圈、压皮、松动每处扣 2 分 4. 错、漏编号每处扣 1 分			
编程操作	1. 会建立程序新文件 2. 会输入梯形图 3. 正确保存文件 4. 会转换梯形图	30	1. 不能建立程序新文件或建立错误扣 4 分 2. 输入梯形图错误一处扣 2 分 3. 保存文件错误扣 3 分 4. 转换梯形图错误扣 4 分			
运行操作	1. 会操作运行系统,分析操作结果 2. 会监控梯形图 3. 会编辑修改程序,验证主控指令控制	30	1. 系统通电操作错误一步扣 3 分 2. 分析操作结果错误扣 5 分 3. 监控梯形图错误一处扣 5 分 4. 编辑修改程序错误一处扣 2 分			
安全生产	自觉遵守安全文明生产规程	10	1. 漏接接地线一处,扣 2 分 2. 每违反一项规定,扣 3 分 3. 安全事故,0 分处理			

任务三   PLC 实现自动往返运行控制系统的设计

一、任务描述

设计某行车左右往复运动控制系统,行车左右往复运动由 7.5 kW 的正反转实现。系统控制要求如下:

1. 要求用 PLC 控制,有单步、单周期和自动连续运行 3 种工作方式。

2. 在系统运行过程中,能随时控制其停止。

3. 要有必要的过载和短路保护、安全保护及工作指示。

4. 要求设计、实现该控制系统,并形成相应的设计文档。

二、学习目标

1. 了解顺序控制系统。

2. 掌握 S7 - 200 系列 PLC 的定时器指令和计数器指令,程序控制类指令(循环、跳转、END、STOP、WDR 等),移位和循环移位指令。

3. 掌握顺序功能图转梯形图的方法。

三、任务流程

具体的学习任务及学习过程如图 3.35 所示。

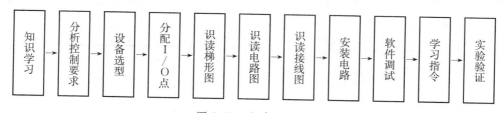

图 3.35   任务流程图

四、工作过程

1. 知识学习

1) S7 - 200 的定时器指令

定时器由集成电路构成,是 PLC 中重要的硬件编程元件。定时器编程时要先给出时间预设值。当定时器的输入条件满足时,定时器开始计时,当前值从 0 开始按一定的时间单位增加,当定时器的当前值达到预设值时,定时器动作,发出中断请求,以便 PLC 响应而做出相应的动作,所以利用定时器可以得到控制所需的延时时间。

S7 - 200 PLC 提供了 3 种类型共 256 个(编号为 T0~T255)定时器:接通延时定时器(指令为 TON)、有记忆的接通延时定时器(指令为 TONR)和断开延时定时器(指令为 TOF)。

S7 - 200 PLC 定时器的分辨率有 3 种等级:1 ms、10 ms 和 100 ms,分辨率等级和定时器编号对应关系见表 3.12。虽然接通延时定时器与断开延时定时器的编号范围相同,但是不能共享相同的定时器号。

表 3.12 定时器的分类

定时器类型	分辨率(ms)	定时范围(s)	定时器号码
接通延时定时器(TON) 断开延时定时器(TOF)	1	32.767	T32,T96
	10	327.67	T33~T36,T97~T100
	100	3 276.7	T37~T63,T101~T255
有记忆的接通延时定时器(TONR)	1	32.767	T0,T64
	10	327.67	T1~T4,T65~T68
	100	3 276.7	T5~T31,T69~T95

(1)接通延时定时器

接通延时定时器用于单一时间间隔的定时。接通延时定时器指令如图3.36所示。TON为定时器标志符;TXX为定时器编号;IN为起动输入端(数据类型为B001-型);PT为时间设定值输入端(数据类型为INT型)。

其具体工作过程是,当定时器的输入端电路断开时,定时器的当前值为0,定时器位为OFF(常开触点断开,常闭触点闭合)。当输入端电路接通时,定时器开始定时,然后每过一个基本时间间隔。定时器的当前值加1。当定时器的当前值等于或大于定时器的设定值PT时,定时器位变为ON,定时器继续计时直到定时器值为32 767(最大值)时,才停止计时,当前值将保持不变。

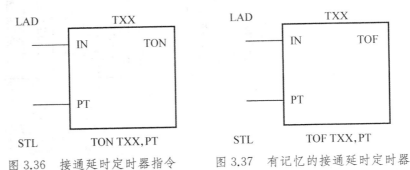

图 3.36 接通延时定时器指令　　图 3.37 有记忆的接通延时定时器

(2)有记忆的接通延时定时器

有记忆的接通延时定时器用于对许多间隔的累计定时。有记忆的接通延时定时器指令如图3.37所示。TONR为定时器标志符,TXX为定时器编号;IN为起动输入端,PT为时间设定值输入端。

有记忆的接通延时定时器的原理与接通延时定时器基本相同,不同之处在于有记忆的接通延时定时器在输入端电路断开时,定时器位和当前值保持断开前的状态。当输入端电路再次接通时,当前值从上次的保持值继续计数,当累计当前值达到预设值时,定时器位为ON。当前值连续计数达到32 767,才停止计时。因而有记忆的接通。延时定时器的复位不能同普通接通延时定时器的复位那样使用断开输入端电路的方法,而只能使用复位指令R对其进行复位操作,使当前值清零。

（3）断开延时定时器

断开延时定时器用于断电后的单一间隔时间计时。断开延时定时器指令的梯形图和语句表如图3.38所示，TOF为定时器标志符，TXX为定时器编号；IN为起动输入端，PT为时间设定值输入端。

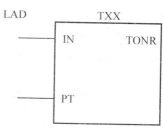

图3.38 断开延时定时器指令

当定时器的输入信号端接通时，定时器位为ON，当前值为0，当定时器的输入信号端断开时定时器开始计时，每过一个基本时间间隔，定时器的当前值加1。当定时器的当前值达到设定值PT时，定时器位变为OFF，停止计时，当前值保持不变。当输入端电路接通时，则当前值复位（置为0）。定时器位变为ON。当输入端断开后维持的时间不足以使当前值达到PT值时，定时器位不会变为OFF。

2）S7-200的计数器指令

计数器与定时器的结构和使用基本相似，是应用非常广泛的编程元件。计数器用来累计输入脉冲的次数，经常用来对产品进行计数。编程时提前输入所计次数的预设值。当计数器的输入条件满足时，计数器开始运行并对输入脉冲进行计数，当计数器的当前值达到预设值时，计数器动作，发出中断请求，以便PLC响应而做出相应的动作。

S7-200PLC的计数器有3种类型：增计数器（CTU）、减计数器（CTD）和增减计数器（CTUD），共256个（编号为C0-C255）。在一个程序中，同一个计数器只能使用一次，计数脉冲输入和复位信号输入同时有效时，优先执行复位操作。用语句表示时，各计数器一定要按梯形图所示的各个输入端顺序输入，不能颠倒。3种计数器指令的有效操作数见表3.13。

表3.13　3种计数器指令表

输入/输出	数据类型	操 作 数
Cxx	WORD	常数（C0～C255）
CU、CD、LD、R	BOOL	I、Q、V、M、SM、S、T、C、L、能流
PV	INT	IW、QW、VW、MW、SMW、SW、LW、T、C、AC、AIW、＊VD、＊LD、＊AC、常数

（1）增计数器指令CTU

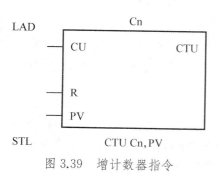

图3.39　增计数器指令

增计数器指令的梯形图如图3.39所示。CTU为加计数器标志符；Cn为计数器编号；CU为计数脉冲输入端；R为复位信号输入端；PV为预设值输入端。

当复位端的信号为0时，在计数端CU每个脉冲输入的上升沿，计数器的当前值进行加1操作。当计数器的当前值大于等于设定值PV时，计数器位置ON，这时再来计数脉冲时，计数器的当前值仍不断地累加，直到32 767时，停止计数。复位端R为1，计数器被复位，即当前值为0，计数器位为OFF。

(2) 减计数器指令 CTD

减计数器指令的梯形图如图 3.40 所示。CTD 为计数器标志符;Cn 为计数器编号;CD 为计数脉冲输入端;LD 为装载输入端;PV 为预设值输入端。

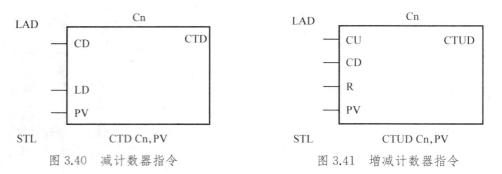

图 3.40　减计数器指令　　　　　　图 3.41　增减计数器指令

减计数器在装载输入端 LD 信号为 1 时,其计数器的设定值 PV 被装入计数器的当前值寄存器,此时当前值为 PV。计数器位为 OFF。当装载输入端的信号为 0 时,在计数端 CD 每个脉冲输入的上升沿,计数器的当前值进行减 1 操作。当计数器的当前值等于 0,计数器位变为 ON。并停止计数。这种状态一直保持到装载输入端 LD 变为 1,再次装入 PV 值后,计数器位变为 OFF,才能再次重新计数。

(3) 增减计数器指令 CTUD

增减计数器指令的梯形图如图 3.41 所示。CTUD 为计数器标志符;Cn 为计数器编号;CU 为增计数脉冲输入端;CD 为减计数脉冲输入端;R 为复位信号输入端;PV 为预设值输入端。

当接在 R 输入端的复位输入电路断开时,每当增计数脉冲输入端 CU 上升沿到来,计数器的当前值就进行加 1 操作。

当计数器的当前值大于等于设定值 PV 时,计数器位变为 ON。这时再来增计数脉冲时。计数器的当前值仍不断地累加,达到最大值 32 767 后,下一个 CU 脉冲上升沿将使计数器当前值跳变为最小值(−32 768)并停止计数。每当减计数脉冲输入端 CD 上升沿到来时,计数器的当前值进行减 1 操作。当计数器的当前值小于设定值 PV 时,计数器位变为 OFF。再来减计数脉冲时,计数器的当前值仍不断地递减,达到最小值(−32 768)后,下一个 CD 脉冲上升沿使计数器的当前值跳变为最大值(32 767)并停止计数。

3) S7－200 的程序控制类指令

程序控制类指令使程序结构灵活,合理使用该类指令可以优化程序结构,增强程序功能。这类指令主要包括条件结束、停止、"看门狗"复位、跳转与标号、循环、子程序和顺序控制继电器等指令。这里只介绍条件结束、停止、"看门狗"复位、跳转与标号、循环指令。

(1) 条件结束指令

条件结束指令(END)根据前面的逻辑关系终止当前扫描周期。执行该指令后,系统结束主程序,返回主程序起点。在主程序中可以使用条件结束指令,但不能在子程序或中断服务程序中使用该命令。

(2) 停止指令

停止指令不含操作数。停止指令(STOP)使 CPU 从 RUN 转到 STOP 模式,从而可以立即终止程序的执行。如果 STOP 指令在中断程序中执行,那么该中断立即终止,并且忽略所有挂起的中断,继续扫描程序的剩余部分,完成当前周期的剩余动作,包括用户主程序的执行,并在当前扫描周期的最后,完成从 RUN 到 STOP 模式的转变。停止指令的梯形图如图 3.42 所示。

图 3.42　停止指令的梯形图　　　图 3.43　"看门狗"复位指令梯形图

(3)"看门狗"复位指令

"看门狗"复位指令梯形图如图 3.43 所示。为了保证系统可靠运行,PLC 内部设置了系统监视定时器,用于监视扫描周期是否超时。它的定时时间为 500 ms。每个扫描周期的开始它都被自动复位一次。正常工作时扫描周期小于 500 ms,它不起作用。

(4)跳转与标号指令

在程序执行时,由于条件的不同,可能会产生一些分支,这时就需要用到跳转和标号指令,根据不同条件的判断,选择不同的程序段执行程序。跳转和标号指令的梯形图如图 3.44 所示。操作数 n 为数字 0～255。当跳转条件满足时,跳转指令可以使程序流程转到具体的标号(N)处执行。标号指令用来标记跳转指令转移目的地的位置(N)。跳转指令和标号指令必须配合使用。可以在主程序、子程序或者中断服务程序中使用跳转指令。跳转指令和与之相应的标号指令必于同一程序组织单元,不能从主程序跳到子程序或中断程序,也不能从子程序或中断程序跳出。

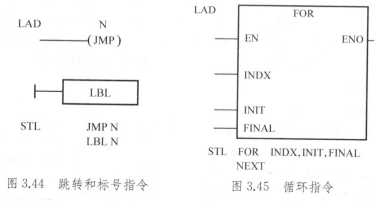

图 3.44　跳转和标号指令　　　　　图 3.45　循环指令

(5)循环指令

对于重复执行相同功能的程序段可以使用循环指令,并且能够优化程序结构。循环指令梯形图如图 3.45 所示。FOR 和 NEXT 为标志符;EN 为循环允许信号输入端;ENO 为功能框允许输出端;INDX 为当前值计数输入端;INIT 为循环初值输入端;FINAL 为循环终值输入端,见表 3.14。

表 3.14　FOR 和 NEXT 指令的有效操作数

输入/输出	数据类型	操　作　数
INDX	INT	IW、QW、VW、MW、SMW、SW、T、C、LW、AC、*VD、*LD、*AC
INIT、FLNAL	INT	VW、IW、QW、MW、SMW、SW、T、C、LW、AC、AIW、*VD、*AC、常数

4) S7 - 200 移位和循环移位指令

（1）移位指令

移位指令有右移和左移两种,根据所移位数的长度分别又可分为字节型、字型和双字型。SHR - B、SHR - W 和 SHR - DW 分别为字节、字和双字右移标志符;EN 为移位允许信号输入端;ENO 为功能框允许输出端;IN 为移位数据输入端(数据类型为 BYTE,WORD 或 DWORD);OUT 为移位数据输出端(数据类型为 BYTE,WORD 或 DWORD);N 为移位次数输入端(数据类型为 BYTE)。

（2）循环移位指令

循环移位指令与普通移位指令类似,有循环右移和循环左移两种,根据所移位数的长度分别又可分为字节型、字型和双字型。循环移位数据存储单元的移出端与另一端相连,同时又与溢出位 SM1.1 相连,所以最后被移出的位被移到另一端的同时,也被放到 SM1.1 位存储单元。

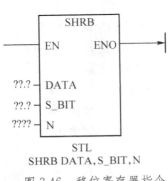

图 3.46　移位寄存器指令

（3）移位寄存器指令

移位寄存器指令是可以指定移位寄存器的长度和移位方向的移位指令。指令格式如图 3.46 所示。

梯形图中,EN 连接移位脉冲信号,每次 EN 有效时,整个移位寄存器移动 1 位。DATA 连接移入移位寄存器的二进制数值,执行指令时将该位的值移入寄存器。S - BIT 指定移位寄存器的最低位。N 指定移位寄存器的长度和移位方向,移位寄存器的最大长度为 64 位,N 为正值表示左移位。输入数据(DATA)移入移位寄存器的最低位(S - BIT),并移出移位寄存器的最高位放在溢出内存位(SM1.1)中。N 为负值表示右移位,输入数据移入移位寄存器的最高位中,并移出最低位(S - BIT)放在溢出内存位(SM1.1)中。

2. 分析控制要求

本设计选用 PLC 单机控制。其控制流程如图 3.47 所示。在单步方式,可以按单步左行或单步右行按钮控制行车的左右运动,按钮按下则运行,弹起则停止。运行到左端或右端自动停止。在单周期和自动运行方式起动前,首先要进行复位,使行车处于最左端。在单周期方式,按起动按钮后,行车从左端开始向右运行,到达右端后自动停 5 s,再向左运动,到达左端后停止。在自动运行方式,按起动按钮后,行车从左端开始向右运行,到达右端后自动停 5 s,再向左运动,到达左端后自动停 5 s,再向右运动,如此反复循环,直至按下停止按钮。

3. 设备选型

1) 低压电器的选型

根据任务二中对电机、接触器等电器元件的选择原则进行设备选型。该控制系统中所需的三相异步电机功率不大,可以通过两个交流接触器的主触点控制直接采用全压起动电机的正反转运行;过载保护可选用带缺相保护的三极热继电器,将热继电器的发热元件串联到电机的主电路中,常闭触点串联到接触器线圈的控制电路中;

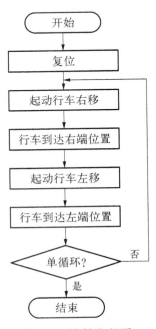

图 3.47　控制流程图

短路保护可使用熔断器串联到电机主电路中;为了能实现控制系统的单步、单周期和自动连续控制,需要使用1个3波段选择开关选择运行方式,需要单步左行按钮、单步右行按、复位按钮、单周期和自动运行起动按钮、停止按钮各1个,行程开关4个,电源指示、正转指示灯、反转指示灯各1个。另外系统还需要一低压断路器作为三相电源的引入钮灯开关。

2) 确定 PLC 型号

在本例中,只用到两个数字量输出点控制接触器的线圈,12个数字量输入点作为电机的起停控制,不需要模拟量I/O通道,一般的PLC都能胜任。通过分析,PLC选用S7-200,CPU选用CPU 224 AC/DC/继电器。

4. 分配I/O点

分配输入/输出点(以下简称I/O点)如表3.15所示。

表 3.15　行车往返控制的输入/输出分配表

输　入　点			输　出　点		
设　　备		输入点	设　　备		输出点
单步左行按钮	SB1	I0.0	正转接触器	KM1	Q0.0
单步右行按钮	SB2	I0.1	反转接触器	KM2	Q0.1
单周期或自动运行起动按钮	SB3	I0.2			
停止按钮	SB4	I0.3			
复位按钮	SB5	I0.4			
左限位开关	SQ1	I0.6			
右限位开关	SQ2	I0.7			
左保护开关	SQ3	I1.0			
右保护开关	SQ4	I1.1			
选择开关(单步)	S1-1	I1.2			
选择开关(单周期)	S1-2	I1.3			
选择开关(连续)	S1-3	I1.4			

5. 读识梯形图

1) 顺序控制系统及顺序控制设计法

如果一个控制系统可以分解成几个独立的控制动作,且这些动作必须严格按照一定的先后次序执行才能保证生产过程的正常运行,这样的控制系统称为顺序控制系统,又称步进控制系统。对于顺序控制系统的设计,通常使用顺序控制设计法。顺序控制设计法首先要根据系统的工艺过程,画出顺序功能图,然后根据顺序功能图设计出梯形图。

2) 顺序功能图组成及结构

顺序功能图(Sequential Function Chart,SFC)又称状态转移图,是描述控制系统的控制过程、功能和特性的一种通用的技术语言,是设计 PLC 的顺序控制程序的有力工具。

顺序功能图用约定的几何图形、有向线段和简单的文字来说明来描述 PLC 的处理过程及程序的执行步骤。顺序功能图的基本元素有 3 个:步、路径(即有向连线)和转换。主要组成部分有步、转换、转换条件、有向连线和动作(或命令)等。步的图形符号见表 3.16。

表 3.16　步的图形符号

图形符号	说　　明
步编号	初始步用带步编号(如步 0、M0.0 等)的双线框表示
步编号	步的一般编号,矩形的长宽比任意,必须有编号
步编号	在步的图形符号中添加一个小圆表示该步是活动步(仅用于分析时)
步编号	在步的图形符号中没有小圆表示该步是非活动步(仅用于分析时)

(1) 有向连线。有向连线表示步与步之间进展的路线和方向。也表示各步之间的连接顺序关系,有向连线又称路径。由于 PLC 的扫描顺序遵循从上到下、从左到右的原则,按照此原则发展的路线可不必标出箭头,如果不遵循上述原则,应该在有向连线上头注明进展方向。在可以省略箭头的有向连线上,为了更易于理解也可以加箭头。

(2) 转换与转换条件。转换表示结束上一步的操作并起动下一步的操作。

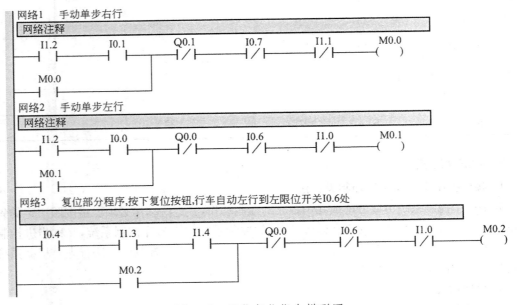

图 3.48　置位复位指令梯形图

SM0.1
S0.0
初始步
I0.2&(I0.6&(I1.3||I1.4))
S0.1
Q0.0
右行
单周期
I0.7||I1.1
I0.3
S0.2
T37定时5 s
T37
I0.3
连续
S0.3
Q0.1
左行
I0.3||(I1.3&(I0.6||I1.0)
I1.4&(I0.6||I1.0)
S0.4
T38定时5 s
T38
I0.3

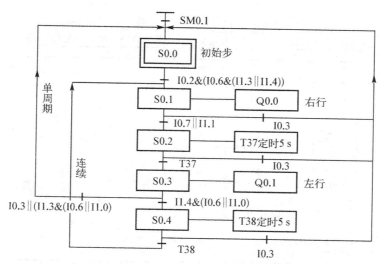

图 3.49　行车控制系统顺序功能图

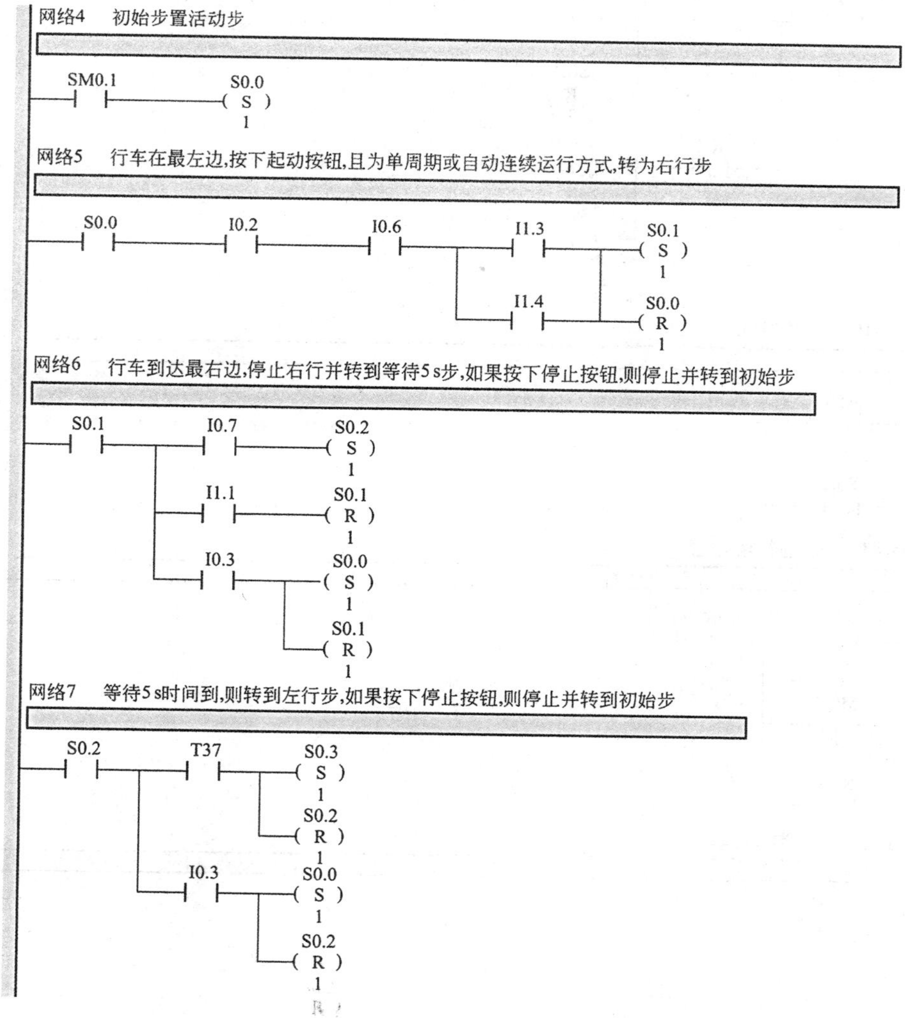

网络4　初始步置活动步
SM0.1
S0.0
S
1
网络5　行车在最左边,按下起动按钮,且为单周期或自动连续运行方式,转为右行步
S0.0
I0.2
I0.6
I1.3
S0.1
S
1
I1.4
S0.0
R
1
网络6　行车到达最右边,停止右行并转到等待5 s步,如果按下停止按钮,则停止并转到初始步
S0.1
I0.7
S0.2
S
1
I1.1
S0.1
R
1
I0.3
S0.0
S
1
S0.1
R
1
网络7　等待5 s时间到,则转到左行步,如果按下停止按钮,则停止并转到初始步
S0.2
T37
S0.3
S
1
S0.2
R
1
I0.3
S0.0
S
1
S0.2
R
1

图 3.50　置位复位指令梯形图(续)

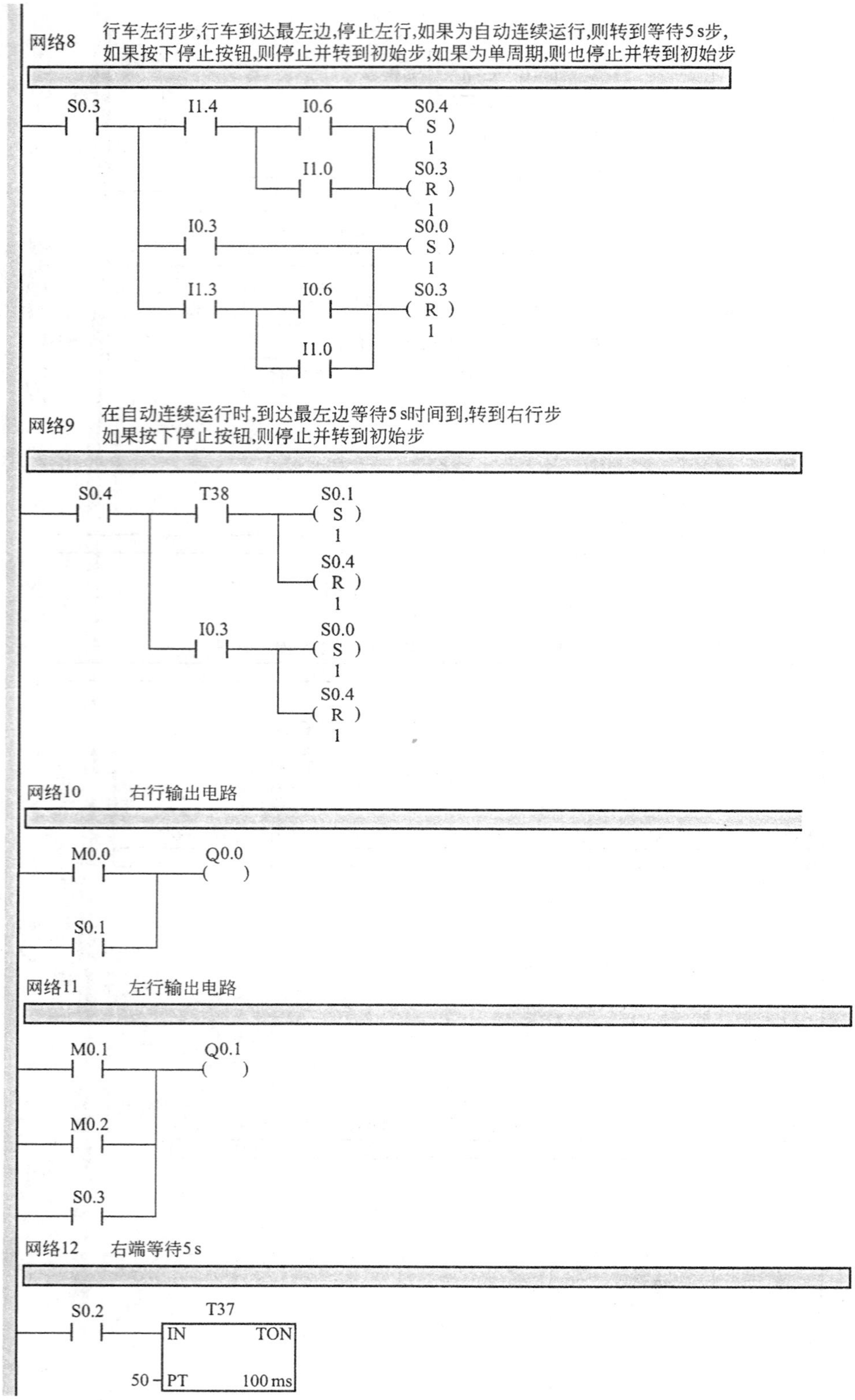

网络8 行车左行步,行车到达最左边,停止左行,如果为自动连续运行,则转到等待5 s步, 如果按下停止按钮,则停止并转到初始步,如果为单周期,则也停止并转到初始步

```
  S0.3      I1.4      I0.6      S0.4
───┤├───┬───┤├───┬───┤├─────────( S )
         │         │               1
         │         │   I1.0      S0.3
         │         └───┤├─────────( R )
         │                          1
         │   I0.3                 S0.0
         ├───┤├─────────────────( S )
         │                          1
         │   I1.3      I0.6      S0.3
         └───┤├───┬───┤├─────────( R )
                   │               1
                   │   I1.0
                   └───┤├─
```

网络9 在自动连续运行时,到达最左边等待5 s时间到,转到右行步 如果按下停止按钮,则停止并转到初始步

```
  S0.4      T38       S0.1
───┤├───┬───┤├─────────( S )
         │               1
         │             S0.4
         │             ( R )
         │               1
         │   I0.3      S0.0
         └───┤├─────────( S )
                         1
                       S0.4
                       ( R )
                         1
```

网络10   右行输出电路

```
  M0.0               Q0.0
───┤├───┬───────────( )
         │
  S0.1   │
───┤├───┘
```

网络11   左行输出电路

```
  M0.1               Q0.1
───┤├───┬───────────( )
         │
  M0.2   │
───┤├───┤
         │
  S0.3   │
───┤├───┘
```

网络12   右端等待5 s

```
  S0.2          T37
───┤├──────┌──────────┐
           │IN     TON│
           │          │
        50─┤PT  100 ms │
           └──────────┘
```

图 3.50   置位复位指令梯形图(续)

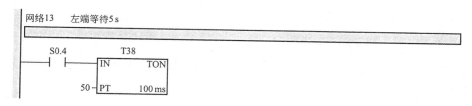

图 3.50　置位复位指令梯形图(续)

6. 读识电路图

根据控制要求可知,行车的往返控制主要是控制电机的正反转,其主电路与任务 2 相同。根据 PLC 选型及控制要求,设计控制电路和 PLC 输入/输出电路,如图 3.51 所示。

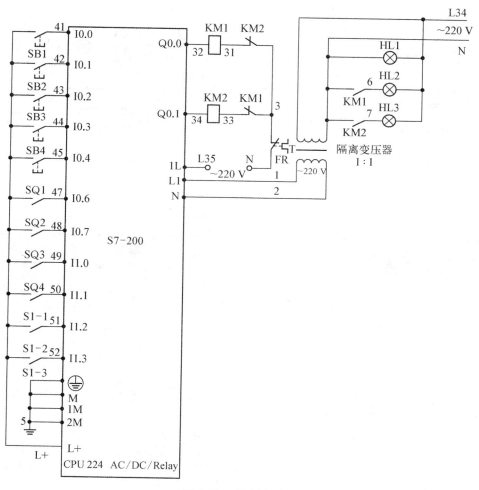

图 3.51　控制电路

7. 读识接线图

按设计要求设计绘制电气控制柜电器元件布置图、操作控制面板电器元件布置图及相关电气接线图。在本系统中,电气接线图也分为电气控制柜接线图和操作控制面板接线图两部分,本设计从略。

8. 安装电路

电气控制柜和操作控制面板电器元件布置图分别,如图 3.52 和图 3.53 所示。根据设计方案选择的电器元件,列出电器元件明细表,见表 3.17。

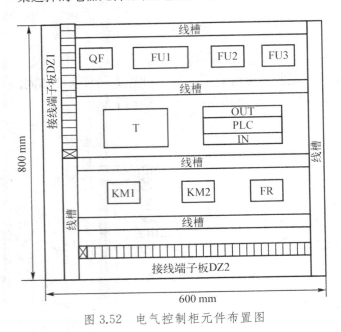

图 3.52　电气控制柜元件布置图

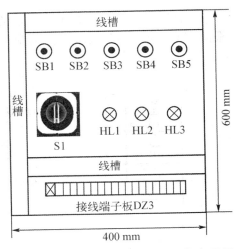

图 3.53　操作控制面板电器元件布置图

表 3.17　电器元件明细表

序号	文字符号	名　称	规格型号	数量	备　注
1	PLC	可编程控制器	S7 - 200 CPU 224 AC/DC/Relay	1 个	交流 220 V 供电,继电器输出
2	M	电动机	Y 系列	1 台	三相交流异步电动机
3	QF	低压断路器	DZ5 - 20	1 个	脱扣电流 10 A
4	KM1、KM2	接触器	CJ20 - 25	2 个	线圈电压 AC 220 V
5	FR	热继电器	JR20 - 25	1 个	热元件额定电流 17 A,整定电流 15 A
6	FU1	熔断器	RL1 - 60	1 个	熔体额定电流 50 A
7	FU2、FU3	熔断器	RT16 - 00	2 个	熔体额定电流 2 A
8	T	隔离变压器	BK - 100	1 个	变比 1∶1,AC 220 V
9	HL1～HL3	信号灯	ND16 - 22	3 个	AC 220 V,绿色 3 个
10	SB1	单步左行按钮	LA20 - 11	1 个	绿色

续　表

序号	文字符号	名　称	规格型号	数量	备　注
11	SB2	单步右行按钮	LA20－11	1个	绿色
12	SB3	单周期或自动运行起动按钮	LA20－11	1个	绿色
13	SB4	停止按钮	LA20－11	1个	红色
14	SB5	复位按钮	LA20－11	1个	黄色
15	SQ1	左限位开关	JW2B－11Z/1FTH	1个	—
16	SQ2	右限位开关	JW2B－11Z/1FTH	1个	—
17	SQ3	左保护开关	JW2B－11Z/1FTH	1个	—
18	SQ4	右保护开关	JW2B－11Z/1FTH	1个	—
19	S1	选择开关	JLXK1－311	1个	—

9. 软件调试

1）编译修改程序

对上述程序进行编译,修改其中的语法错误,直至程序编译通过。

2）调试程序

调试方法同任务2,在此不再赘述。

五、质量评价标准

项目质量考核要求及评分标准见表3.18。

表3.18　质量评价表

考核要求	参考要求	配分	评分标准	扣分	得分	备注
系统安装	1. 正确安装元件 2. 按图完整、正确及规范接线 3. 按要求正确编号	30	1. 元件松动一处扣2分,损坏一处扣4分 2. 错、漏线每处扣2分 3. 反圈、压皮、松动每处扣2分 4. 错、漏编号每处扣1分			
编程操作	1. 会建立程序新文件 2. 会输入梯形图 3. 正确保存文件 4. 会转换梯形图	30	1. 不能建立程序新文件或建立错误扣4分 2. 输入顺序功能图错误一处扣2分 3. 保存文件错误扣3分 4. 转换梯形图错误扣4分			

续 表

考核要求	参 考 要 求	配分	评 分 标 准	扣分	得分	备注
运行操作	1. 操作运行系统,分析操作结果 2. 会监控梯形图 3. 会编辑修改程序,实现循环、跳转等控制	30	1. 系统通电操作错误一步扣3分 2. 分析操作结果错误扣5分 3. 监控梯形图错误一处扣5分 4. 编辑修改程序错误一处扣2分 5. 不能实现循环、跳转等控制扣5分			
安全生产	自觉遵守安全文明生产规程	10	1. 漏接接地线一处,扣2分 2. 每违反一项规定,扣3分 3. 安全事故,0分处理			

任务四　PLC实现步进电机控制

一、任务描述

本项目的任务是设计某一两相混合式步进电机带动的直线左右运动控制系统。该项目中,硬件部分主要包括PLC、步进电机及步进电机驱动器等。软件部分主要需掌握PLC的数据传送类指令、中断指令、子程序及调用和高速脉冲输出指令的运用。完成该项目设计的重点在于对步进电机及步进电机驱动器的选择,以及对S7－200数据传送、子程序调用以及高速脉冲输出指令的使用,电气原理图设计。

二、学习目标

1. 掌握S7－200系列PLC的数据传送指令、中断指令、高速脉冲输出指令及其应用、子程序及其调用。

2. 能完成PLC步进电机基本运动控制系统的设计与施工,包括控制方案的确定,设备和电器原件的选择,电器原理图设计,软件编程等。

三、任务流程

具体的学习任务及学习过程如图3.54所示。

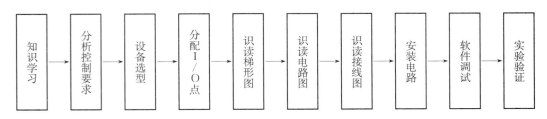

图3.54　任务流程图

四、工作过程

1. 知识学习

1) 单个数据的传送指令

（1）数据传送指令的梯形图表示

传送指令由传送符 MOV、数据类型（B/W/D/R），传送使能信号 EN、源操作数 IN 和目标操作数 OUT 构成。

（2）数据传送指令的语句表表示

传送指令由操作码 MOV、数据类型（B/W/D/R），源操作数 IN 和目标操作数 OUT 构成。单个数据的传送指令如图 3.55 所示。

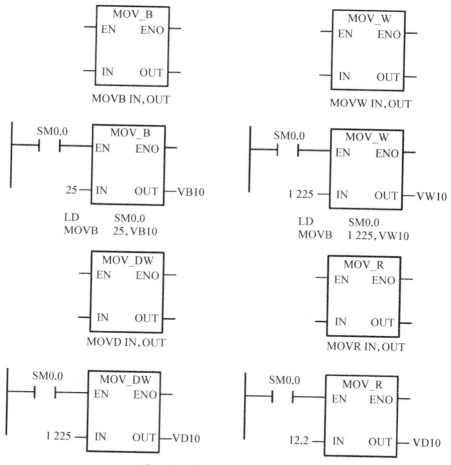

图 3.55　单个数据的传送指令

（3）数据传送指令的功能

当使能号信 EN＝1 时，执行传送功能。其功能是把源操作数 IN 传送到目标操作数 OUT 中。ENO 为传送状态位。

（4）数据传送指令的注意事项

应用传送指令应该注意数据类型，字节用符号 B，字用符号 W，双字用符号 D，实数用符号

R表示。

(5) 操作数范围

① 传送使能信号EN位：I、Q、M、T、C、SM、V、S、L(位)。

② 字节传送操作数IN：VB、IB、QB、MB、SMB、LB、AC、常数、* VD、* AC、* LD。

OUT：VB、IB、QB、MB、SMB、LB、AC、* VD、* AC、* LD。

③ 字传送操作数IN：VW、IW、QW、MW、SMW、LW、T、C、AIW、AC、常数、* VD、* AC、* LD。

OUT：VW、IW、QW、MW、SMW、LW、T、C、AQW、AC、* VD、* AC、* LD。

④ 双字传送操作数IN：VD、ID、QD、MD、SMD、LD、HC、&VB、&IB、&QB、&MB、&SB、&T、&C、AC、常数、* VD、* AC、* LD。

OUT：VD、ID、QD、MD、SMD、LD、AC、* VD、* AC、* LD。

⑤ 实数传送操作数IN：VD、ID、QD、MD、SMD、LD、AC、常数、* VD、* AC、* LD。

OUT：VD、ID、QD、MD、SMD、LD、AC、* VD、* AC、* LD。

2) 高速脉冲输出指令

S7 - 200PLC的CPU有两个PTO/PWM生成器，可以分别从Q0.0和Q0.1输出高速脉冲序列或脉冲宽度调制波形。PTO功能提供周期及脉冲数目由用户控制的占空比为50%的方波输出，PWM功能提供周期及脉冲宽度由用户控制的、持续的、占空比可变的输出。

PTO/PWM生成器及数字量输出映象寄存器共同使用Q0.0及Q0.1，当Q0.0或Q0.1被设定为PTO或PWM功能时，由PTO/PWM生成器控制其输出，并禁止输出点通用功能的正常使用。输出波形不受输出映象寄存器状态、点强制数值、已经执行立即输出指令的影响。当不使用PTO/PWM生成器时，Q0.0或Q0.1输出控制转交给输出映象寄存器。输出映象寄存器决定输出波形的初始及最终状态。建议在启动PTO或PWM操作之前，将Q0.0及Q0.1的映象寄存器设定为0。

每个PTO/PWM生成器有一个控制字节(8位)、一个周期时间值、一个脉冲宽度值(不带符号的16位数值)及一个脉冲计数值(不带符号的32位数值)。这些数值全部存储在指定的特殊内存(SM)区域。一旦这些特殊存储器的位被置成所需要的操作后。可以通过行脉冲输出指令(PLS)来启动输出脉冲。通过修改在SM区域内(包括控制字节)的相应位值，可改变PTO或PWM波形的特征，然后再执行PLS指令输出。在任意时刻，可以通过向控制字节(SM67.7或SM77.7)的PTO/PWM启动位写入0，然后再执行PLS指令，停止PTO或PWM波形的生成。所有控制位、周期时间、脉冲宽度及脉冲计数值的默认值均为0。在PTO/PWM功能中，若输出从0→1和从1→0的切换时间不一样，这种差异会引起占空比的畸变。PTO/PWM的输出负载至少应为额定负载的10%，才能提供陡直的上升沿和下降沿。

(1) PWM操作

PWM功能提供占空比可调的脉冲输出。可以以微秒(μs)或毫秒(ms)为时间单位指定周期时间及脉冲宽度。周期时间的范围是从50～65 535 μs，或从2～65 535 ms。脉冲宽度时间范围是从0～65 535 μs，或从0～65 535 ms。当脉冲宽度指定数值大于或等于周期时间数值时，波形的占空比为100%，输出被连续打开。当脉冲宽度为0时，波形的占空比为0%，输出被关闭。如果指定的周期时间小于两个时间单位，周期时间被默认为两个时间单位。

有两种不同方法可改变PWM波形的特征：同步更新和异步更新。

① 同步更新。如果不要求改变时间基准(周期)，即可以进行同步更新。进行同步更新时，

波形特征的变化发生在周期边缘,提供平滑转换。

② 异步更新。如果要求改变 PWM 生成器的时间基准,则应使用异步更新。异步更新会暂时关闭 PWM 生成器,可能造成控制设备暂时不稳。基于此原因,建议选择可用于所有周期时间的时间基准以使用同步 PWM 更新。控制字节中的 PWM 更新方法位(SM67.4 或 SM77.4)用于指定更新类型,执行 PLS 指令来激活这种更新的改变。如果时间基准改变,将发生异步更新,而和这些控制位无关。

(2) PTO 操作

PTO 功能提供生成指定脉冲数目的方波(50%占空比)脉冲序列。周期时间可以微秒或毫秒为时间单位。周期时间范围从 $50 \sim 65\ 535\ \mu s$,或从 $2 \sim 65\ 535\ ms$。如果指定周期时间为奇数,会引起占空比失真,脉冲数范围可从 $1 \sim 4\ 294\ 967\ 295$。

如果指定的周期时间少于两个时间单位,则周期时间默认为两个时间单位。如果指定的脉冲数口默认为 0,则脉冲数目默认为 1。

状态字节(SM66.7 或 SM76.7)内的 PTO 空闲位用来指示脉冲序列是否完成。另外,也可在脉冲序列完成时启动中断程序。如果使用多段操作,将在包络表完成时启动中断程序。

PTO 功能允许脉冲序列的排队。当激活脉冲序列完成时,新脉冲序列输出立即开始,可以实现前后输出脉冲序列的连续性。

① PTO 的两种方式

单段序列:在单段序列中,需要为下一个脉冲序列更新特殊寄存器(SM 位值)。一旦启动了初始 PTO 段,就必须按照要求立即修改第二波形的特殊寄存器(SM 位值),并再次执行 PLS 指令。第二脉冲序列的属性将被保留在序列内,直至第一脉冲序列完成。序列内每次只能存储一条脉冲序列。第一脉冲序列输出完成后,第二脉冲序列输出开始,此时序列可再存储新的脉冲序列属性。

如果装载满脉冲序列,状态寄存器(SM66.6 或 SM76.6)内的 PTO 溢出位将被置位。进入运行模式时,此位被初始化为 0。如果随后发生溢出,必须手工清除此位。

多段序列:在多段序列中,CPU 自动从 V 存储区的包络表中读取各脉冲序列段的特征。在此模式下仅使用特殊寄存器区的控制字节和状态字节。欲选择多段操作,必须装载包络表在 V 内存起始偏移地址(SMW168 或 SMW178)。可以微秒或毫秒为单位指定时间基准,但是,选择用于包络表内的全部周期时间必须使用一个时间基准,并且在包络表运行过程中不能改变。然后可执行 PLS 指令开始多段操作。

每段脉冲序列在包络表中的长度均为 8 个字节,由 16 位周期值、16 位周期增量值和 32 位脉冲计数值组成。包络表的格式见表 3.19。多段 PTO 操作的另一特征是能够以指定的周期增量自动增加或减少周期时间。在周期增量区输入一个正值将增加周期时间,在周期增量区输入一个负值将减少周期时间,若数值为零,则周期保持不变。

如果在许多脉冲后指定的周期增量值导致非法的周期值,则发生算术溢出错误,PTO 功能被终止,PLC 的输出变成由映象寄存器控制。另外,状态字节(SM66.4 或 SM76.4)内的增量计算错误位被置为 1。如果要人为地停止正在运行中的 PTO 包络,只需要把控制字节的允许位(SM67.7 或 SM77.7)置 0,重新执行 PLS 指令即可。当 PTO 包络执行时,当前启动的段数目存在 SMB166(SMB176)内。

② 计算包络表值

多段序列的特点是编程简单,能够通过指定脉冲的数量自动增加或减少周期,周期增量值

表 3.19　多段 PTO 操作的包络表格式

偏移量	段　数	说　　明
0		段数目(1～255);数 0 会生成非致使性错误,无 PTO 输出生成
1		初始周期时间(2～65 535 个时间基准单位)
3	#1	每个脉冲的周期增量(带符号数值)(—32 768～32 767 个时间基准单位)
5		脉冲数(1～4 294 967 295)
9		初始周期时间(2～65 535 个时间基准单位)
11	#2	每个脉冲的周期增量(带符号数值)(—32 768～32 767 个时间基准单位)
13		脉冲数(1～4 294 967 295)

Δ 为正值会增加周期;周期增量值 Δ 为负值会减少周期;若 Δ 为零,则周期不变。在包络表中的所有的脉冲串必须采用同一时基,在多段序列执行时,包络表的各段参数不能改变。多段序列常用于步进电机的控制。

(3) PTO/PWM 状态寄存器和控制寄存器

控制 PTO/PWM 操作的寄存器见表 3.20、表 3.21、表 3.22 和表 3.23 这几个表作参考,由 PTO/PWM 控制寄存器内存放的数值来确定启动脉冲输出所要求的操作。如果需要装载新的脉冲(SMD72 或 SMD82)、脉冲宽度(SMW70 或 SMW80)或周期时间(SMW68 或 SMW78),在执行 PLS 指令之前应装载这些数值以及控制寄存器。如果使用多段脉冲序列操作,在执行 PLS 指令之前还需要装载包络表的起始偏移量(SMW168 或 SMW178)以及包络表数值。

表 3.20　PTO/PWM 状态寄存器

Q0.0	Q0.1	PTO/PWM 状态寄存器		
SM66.4	SM76.4	PTO 包络由于增量计算错误而中止	0=无错误	1=中止
SM66.5	SM76.5	PTO 包络由于用户命令而中止	0=无错误	1=中止
SM66.6	SM76.6	PTO 脉冲序列上溢/下溢	0=无溢出	1=上溢/下溢
SM66.7	SM76.7	PTO 空闲	0=进行中	1=PTO 空闲

表 3.21　PTO/PWM 控制寄存器

Q0.0	Q0.1	PTO/PWM 控制寄存器		
SM67.0	SM77.0	PTO/PWM 更新周期时间数值	0=无更新	1=更新周期值
SM67.1	SM77.1	PWM 更新脉冲宽度时间数值	0=无更新	1=更新脉冲宽度
SM67.2	SM77.2	PTO 更新脉冲数值	0=无更新	1=更新脉冲数
SM67.3	SM77.3	PTO/PWM 时间基准选择	0=1 μs/时基	1=1 ms/时基
SM67.4	SM77.4	PWM 更新方法	0=异步更新	1=同步更新

Q0.0	Q0.1	PTO/PWM 控制寄存器		
SM67.5	SM77.5	PTO 操作	0＝单段操作	1＝多段操作
SM67.6	SM77.6	PTO/PWM 模式选择	0＝选择 PTO	1＝选择 PWM
SM67.7	SM77.7	PTO/PWM 允许	0＝禁止 PTO/PWM	1＝允许 PTO/PWM

表 3.22　其他 PTO/PWM 寄存器

Q0.0	Q0.1	其他 PTO/PWM 寄存器
SMW68	SMW78	PTO/PWM 周期时间数值(范围：2 至 65 535)
SMW70	SMW80	PWM 脉冲宽度数值(范围：0 至 65 535)
SMD72	SMD82	PTO 脉冲计数值(范围：1 至 4 294 967 295)
SMB166	SMB176	进行中的段数(只用于多段 PTO 操作中)
SMW168	SMW178	包络表的起始位置,以距 V0 的字节偏移量表示(只用于多段 PTO 操作中)

表 3.23　PTO/PWM 控制字节编程参考

控制寄存器 (十六进制数)	执行 PLS 指令的结果							
	允许	模式 选择	PTO 段 操作	PWM 更新 方法	时间 基准	脉冲数	脉冲 宽度	周期 时间
16♯81	是	PTO	单段	—	1 μs/周期	—	—	更新
16♯84	是	PTO	单段	—	1 μs/周期	更新	—	—
16♯85	是	PTO	单段	—	1 μs/周期	更新	—	更新
16♯89	是	PTO	单段	—	1 ms/周期	—	—	更新
16♯8C	是	PTO	单段	—	1 ms/周期	更新	—	—
16♯8D	是	PTO	单段	—	1 ms/周期	更新	—	更新
16♯A0	是	PTO	多段	—	1 μs/周期	—	—	—
16♯A8	是	PTO	多段	—	1 ms/周期	—	—	—
16♯D1	是	PWM	—	同步	1 μs/周期	—	—	更新
16♯D2	是	PWM	—	同步	1 μs/周期	—	更新	—
16♯D3	是	PWM	—	同步	1 μs/周期	—	更新	更新
16♯D9	是	PWM	—	同步	1 ms/周期	—	—	更新
16♯DA	是	PWM	—	同步	1 ms/周期	—	更新	—
16♯DB	是	PWM	—	同步	1 ms/周期	—	更新	更新

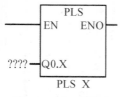

图 3.56　PLS 指令

（4）高速脉冲输出指令

高速脉冲输出指令的表示：脉冲输出指令由脉冲输出指令助记符 PLS、脉冲输出指令允许输入端 EN 和脉冲输出端 Q0.X 构成。其指令如图 3.56 所示。

高速脉冲输出指令的操作：当脉冲输出指令允许输入端 EN＝1 的时候，脉冲输出指令检测为脉冲输出端（Q0.0 或 Q0.1）所设置的特殊存储器位。然后激活由特殊存储器位定义的（PWM 或 PTO）操作。

数据范围：Q0.X 为 0 或 1。

（5）PTO/PWM 的初始化及操作步骤

① 利用 SM0.1 将输出初始化为 0，并调用子程序进行初始化操作。

② 在初始化子程序中设置控制字节。如将 16♯D3（时基微秒）或 16♯DB（时基毫秒）写入 SMB67 或 SMB77，则控制功能为允许 PTO/PWM 功能、选择 PWM 操作、设置更新脉冲宽度和周期数值、选择时基（微秒或毫秒）。

③ 将所需周期时间送 SMW68 或 SMW78。

④ 将所需脉宽值送 SMW70 或 SMW80。

⑤ 执行 PLS 指令，使 S7 - 200 编程为 PWM 发生器，并由 Q0.0 或 Q0.1 输出。

⑥ 可为下一输出脉冲预设控制字。在 SMB67 或 SMB77 中写入 16♯D2（微秒）或 16♯DA（毫秒）则将禁止改变周期值，允许改变脉宽。以后只要装入一个新的脉宽值，不用改变控制字节，直接执行 PLS 指令就可改变脉宽值。

3）S7 - 200 的子程序及调用

S7 - 200PLC 把程序分为 3 大类：主程序（OB1）、子程序（SBR_n）和中断程序（INT_n）。实际应用中，有些程序内容可能被反复使用，对于这些可能被反复使用的程序往往编成一个单独的程序块，存放在某一个区域，程序执行时可以随时调用这些程序块。这些程序块可以带一些参数，也可以不带参数，这类程序块被称为子程序。

子程序由子程序标号开始，到子程序返回指令结束。S7 - 200 的编程软件 Micro/WIN32 为每个子程序自动加入子程序标号和子程序返回指令。在编程时，子程序开头不用编程者另加子程序标号，子程序末尾也不需另加返回指令。

子程序的优点在于它可以对一个大的程序进行分段及分块，使其成为较小的更易管理的程序块。通过使用较小的子程序块，会使得对一些区域及整个程序检查及排除故障变得更简单。子程序只在需要时才被调用、执行。

在程序中使用子程序，必须完成下列 3 项工作：建立子程序；在子程序局部变量表中定义参数（如果有）；从适当的 POU（Program Organization Unit：程序组织单元，POU 指主程序、子程序或中断处理程序）调用子程序。

（1）子程序的建立

在 STEP 7 - Micro/Win 32 编程软件中，可采用下列方法之一建立子程序。

① 从"编辑"菜单，选择插入（Insert）→子程序（Subroutine）。

② 从"指令树"中，右击"程序块"图标，并从弹出的快捷菜单中选择插入（Insert）→子程序（Subroutine）。

③ 在"程序编辑器"窗口中右击，并从弹出的快捷菜单选择插入（Insert）→子程序（Subroutine）。

程序编辑器从显示先前的 POU 更改为新的子程序。程序编辑器底部会出现一个新标签（缺省标签为 SBR_0、SBR_1），代表新的子程序名。此时，可以对新的子程序编程，也可以双击子程序标签对子程序重新命名。如果为子程序指定一个符号名，如 USR_NAME，则该符号名会出现在指令树的"调用子程序"文件夹中。

（2）为子程序定义参数

如果要为子程序指定参数，可以使用该子程序的局部变量表来定义参数。S7 - 200 为每个 POU 都安排了局部变量表。必须利用选定该子程序后出现的局部变量表为该子程序定义局部变量或参数，一个子程序最多可具有 16 个输入/输出参数。

如 SBR_0 子程序是一个含有 4 个输入参数、1 个输入输出参数、1 个输出参数的带参数的子程序。在创建这个子程序时，首先要打开这个子程序的局部变量表，然后在局部变量表中为这 6 个参数赋予名称（如 IN1、IN2、IN3、IN4、INOUT1、OUT1），选定变量类型（IN 或者 IN/OUT 或者 OUT），并赋正确的数据类型（如 BOOL、BYTE、WORD、DWORD 等），局部变量的参数定义见表 3.24。这时再调用 SBR_0 时，这个子程序自然就带参数了。表 3.24 中地址一项（L 区）参数是自动形成的。

表 3.24　局部变量的参数定义

地　　址	名　　称	变量类型	数据类型
L0.0	IN1	IN	BOOL
LB1	IN2	IN	BYTE
L2.0	IN3	IN	BOOL
LD3	IN4	IN	DWORD
LD7	INOUT1	IN_OUT	DWORD
LD11	OUT1	OUT	DWORD

（3）子程序调用与返回指令

① 子程序调用与返回指令的梯形图表示。子程序调用指令由子程序调用允许端 EN、子程序调用助记符 SBR 和子程序标号 n 构成。子程序返回指令由子程序返回条件、子程序返回助记符 RET 构成。

② 子程序调用与返回指令的语句表表示。子程序调用指令由子程序调用助记符 CALL 和子程序标号 SBR_n 构成。子程序返回指令由子程序返回条件、子程序返回助记符 CRET 构成。

如果调用的子程序带有参数时，还要附上调用时所需的参数。子程序调用与返回指令的梯形图如图 3.57 所示，图 3.58 所示为带参数的子程序调用。

③ 子程序的操作。主程序内使用的调用指令决定是否去执行指定子程序。子程序的调用由调用指令完成。当子程序调用允许时，调用指令将程序控制转移给子程序

图 3.57　子程序调用与返回指令的梯形图

SBR_n，程序扫描将转到子程序入口处执行。当执行子程序时，将执行全部子程序指令直至满足返回条件而返回，或者执行到子程序末尾而返回。当子程序返回时，返回到原主程序出口的

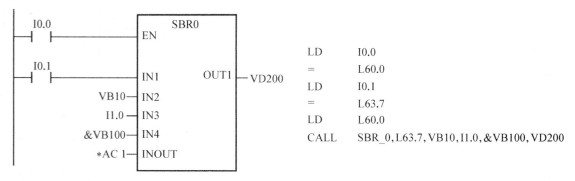

图 3.58　带参数的子程序调用

下一条指令执行,继续往下扫描程序。

④ 数据范围。n 为 0～63。

(4) 子程序编程步骤

① 建立子程序(SBR_n)。

② 在子程序(SBR_n)中编写应用程序。

③ 在主程序或其他子程序或中断程序中编写调用子程序(SBR_n)的指令。

4) 中断指令

中断指令有 4 条,分别为开、关中断指令,中断连接和分离指令。中断指令见格式表 3.25。

表 3.25　中断指令格式

STL	ENI	DISI	ATCH INT,EVNT	DTCH EVNT
LAD	—(ENI)	—(DISI)	ATCH EN ENO ????—INT ????—EVNT	DTCH EN ENO ????—EVNT
操作数及 数据类型	无	无	INT:常量 0～127 EVNT:常量 CPU 224:0～23,27～33 INT/EVNT 数据类型:字节	EVNT:常量 CPU 224:0～23,27～33 数据类型:字节

(1) 开、关中断指令

开中断(ENI)指令全局性允许所有中断事件,关中断(DISI)指令全局性禁止所有中断事件,中断事件出现后均须排队等候,直至使用全局开中断指令重新启用中断。

PLC 转换到 RUN(运行)模式时,中断是被禁用的,所有中断都不响应,可以通过执行开中断指令,允许 PLC 响应所有中断事件。

(2) 中断连接和分离指令

中断连接指令(ATCH)将中断事件(EVNT)与中断程序编号(INT)相连接,并启用该中断事件。中断分离指令(DTCH)取消某中断事件(EVNT)与所有中断程序之间的连接,并禁用该中断事件。

2. 分析控制要求

系统控制要求如下：

① 要求按下启动按钮，步进电机先反转左行，左行过程包括加速、匀速和减速 3 个阶段。在加速阶段，要求在 4 000 个脉冲内从 200 Hz 增到最大频率 1 000 Hz，匀速阶段持续 20 000 个脉冲，频率 1 000 Hz，减速阶段要求在 4 000 个脉冲从 1 000 Hz 减到 200 Hz；反转左行完成后再正转右反转左行完成后再正转右行，正转过程与反转过程相同。

② 在正转或反转过程中，如果按下停止按钮则停止运行；如果反转左行时碰到左限位开关，则停止左行并开始正转右行，若正转右行过程中碰到右限位开关则停止运行；如果按启动按钮时就在左限位开关处，则只进行右行过程，右行完成后，系统停止运行。

③ 系统停止运行后，再按启动按钮又会重复上述过程。

本设计采用 PLC 实现对步进电机的调速控制，其控制流程图如图 3.59 所示。

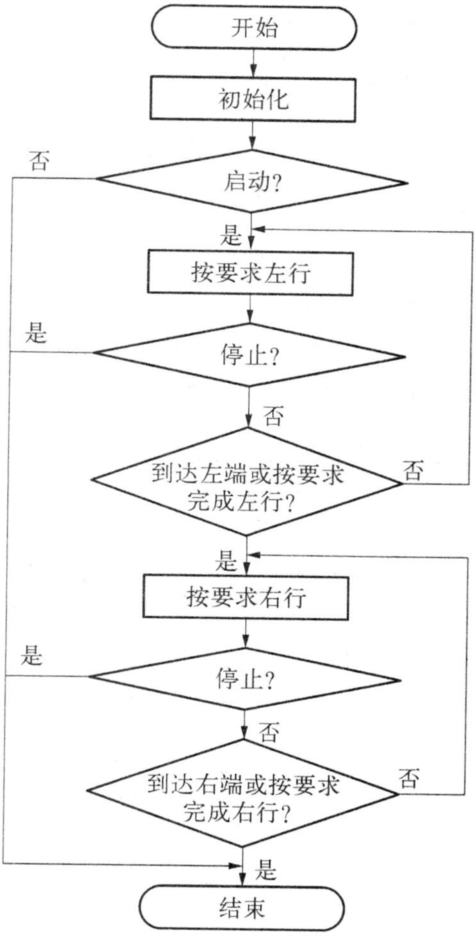

3. 设备选型

1）步进电机和驱动器选型

该控制系统中，步进电机选用 86BYG250A-0202 两相双极混合式步进电机，驱动器选用与之配套的SH-20504D两相混合式步进电机细分驱动器。

2）24 V 直流电源和变压器的选型

步进电机驱动器和 PLC 需要 DC24 V 电源供电。本系统选用输出电流为 10 A 的 S-350-24 开关电源。变压器选用 380 V/220 V 的 BK-1000 型单相隔离变压器。

3）低压电器的选型

系统需要一低压断路器作为交流电源的引入开关，选用 C65N-C10A/2P 的单相低压断路器，熔断器配 RT18-32，熔体额定电流选用 10 A。另外还需要两个低压断路器分别作为 PLC 供电电源开关和 DC24 V 开关电源供电开关。选用 C65N-C5A/2P 的单相低压断路器。

系统需要起动和停止按钮各 1 个，选用 LA20-11 复合型按钮(红色和绿色各 1 个)；左右限位开关各 1 个，选用 FSC1204-N 型接近开关，接近开关的输出接小型中间继电器的线圈，通过继电器的常开触点接 PLC 的输入；中间继电器可选用欧姆龙 LY1 系列一常开、一常闭触点的小型继电器和相应的安装插座，线圈电压为 DC 24 V。

4）PLC 的选型

该系统需要 4 个数字量输入点，3 个数字量输出点。故 PLC 可选用 S7-200，CPU 选 CPU 222 DC/DC/DC，该 PLC 带 10 个直流数字量输入点和 6 个晶体管数字量输出点，满足系统需求。因为驱动步进电机需要高速脉冲输出，所以此处不能选继电器输出的 CPU。

图 3.59　控制流程图

4. 分配I/O点

分配 PLC 的输入/输出点。绘制步进电机控制输入/输出分配见表 3.26。

表 3.26 步进电机输入/输出分配

输　入　点			输　出　点		
设　备	输入点		设　备		输出点
启动按钮	SB1	I0.0	脉冲输出	PLS	I0.0
停止按钮	SB2	I0.1	方向控制	DIR	I0.1
左限位输入	KA1	I0.6	脱机控制	FREE	I0.2
右限位输入	KA2	I0.7	—	—	—

5. 识读梯形图

本项目顺序功能图如图 3.60 所示。程序由主程序(如图 3.61 所示)、初始化子程序(如图 3.62 所示)以及 PTO 包络脉冲输出完成中断处理程序(如图 3.63 所示)组成。主程序采用顺控程序设计法进行设计。

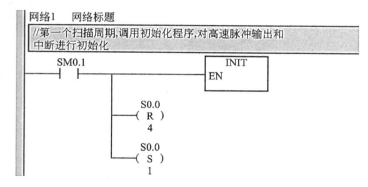

图 3.60 主程序顺序功能图

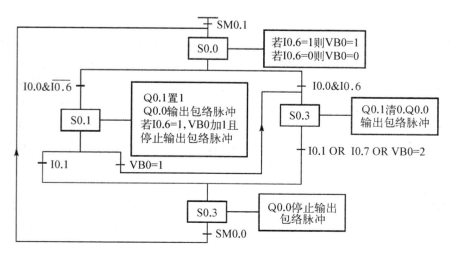

图 3.61 主程序梯形图

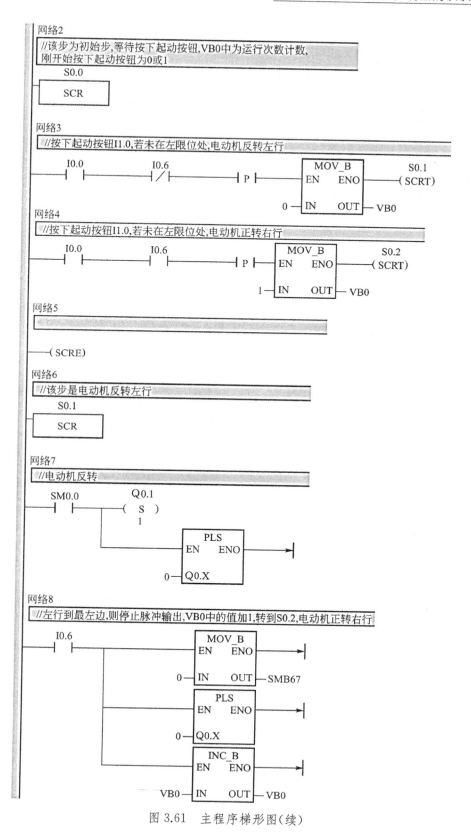

图 3.61　主程序梯形图（续）

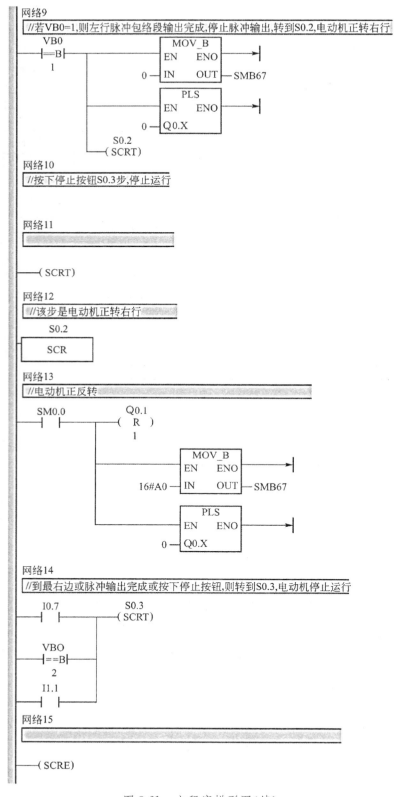

图 3.61　主程序梯形图(续)

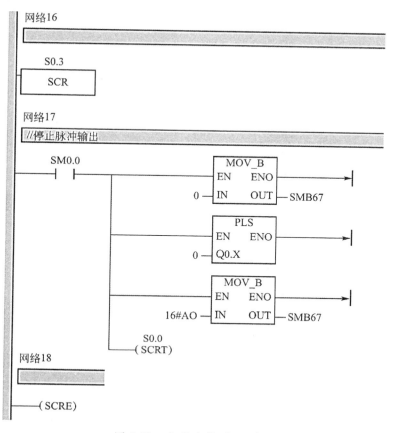

图 3.61　主程序梯形图(续)

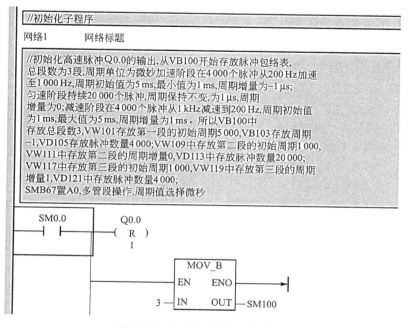

图 3.62　初始化子程序梯形图

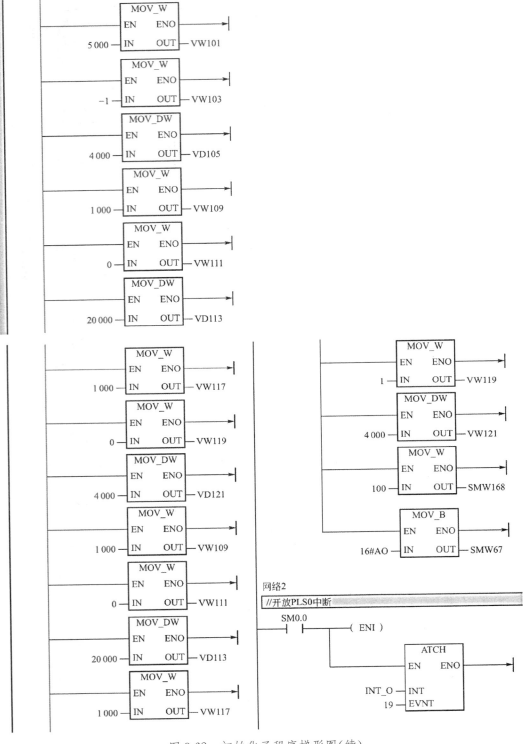

图 3.62 初始化子程序梯形图(续)

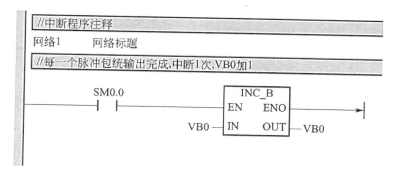

图 3.63　中断子程序梯形图

主程序负责步进电机的起停和正反转控制。初始化子程序负责初始化相关参数以及进行高速脉冲输出和中断的初始化。PTO 包络脉冲输出完成中断处理程序负责完成将包络脉冲输出次数计数器 VB0 加 1 计数操作。

在主程序中,Q0.0 为脉冲串输出端;Q0.1 为方向控制端,Q0.1＝1 电机反转左行,Q0.1＝0 电机正转右行;Q0.2 为 FREE 控制端,Q0.2＝1,FREE 有效,若刚开始按起动按钮时就在左边,则只正转向右运行,完成一次脉冲包络输出即停止,VB0 中为包络脉冲输出计数次数,每一个包络脉冲输出完成,中断 1 次,计数器的值加 1。

6. 识读电路图

该系统中主回路主要用于提供工作电源,主电路原理图如图 3.64 所示。

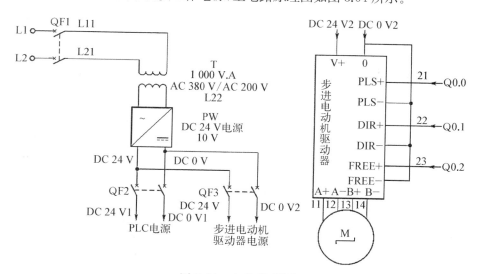

图 3.64　电路原理图

① 进线电源断路器 QF1 既可完成主电路的短路保护,同时起到分断交流电源的作用。
② 隔离变压器 T 起到降低干扰以及安全隔离的作用。
③ 开关电源 PW 为 PLC 以及步进电机驱动器提供直流 24 V 工作电源。
④ 断路器 QF2、QF3 分别作为 PLC 以及步进电机驱动器分断及保护器件。

7. 识读接线图

根据 PLC 选型及控制要求,设计控制电路和 PLC 输入/输出电路,如图 3.65 所示。

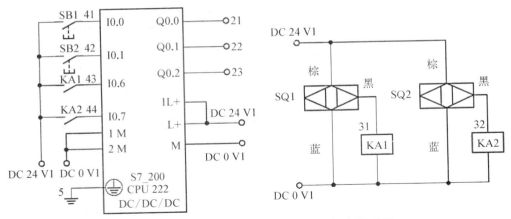

图 3.65　控制电路和 PLC 输入/输出电路原理图

8. 安装电路

按设计要求设计绘制电气控制盘电器元件布置图和操作控制面板电器元件布置图分别如图 3.66 和图 3.67 所示。

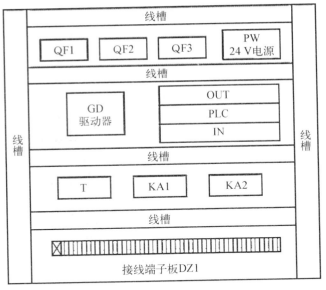

图 3.66　电器控制盘电器元件布置图

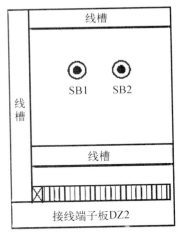

图 3.67　操作控制面板电器
元件布置图

至此,基本完成了步进电机运动控制系统要求的电气控制原理和工艺设计任务。根据设计方案选择的电器元件,可以列出实现本系统用到的电器元件、设备和材料明细表,见表 3.27。

9. 实验验证

本软件除了主程序外,还有子程序和中断处理程序,很难使用仿真软件进行调试,如果有相应的 PLC 模块,可以使用模拟调试法进行调试。在模拟调试时,数字量输入可以使用开关代替现场输入设备,数字量输出使用 PLC 上自带的输出指示灯观察,高速脉冲输出使用示波器进行观察。具体步骤不再详细讲述。

表 3.27　电器元件、设备、材料明细表

序号	文字符号	名　称	规格型号	数量	备　注
1	PLC	可编程控制器	S7－200 CPU 222 DC/DC/DC	1台	直流 24 V 供电，晶体管输出
2	SM	步进电动机	86BYG250A－0202	1台	两相混合步进电动机
3	GD	步进电动机驱动器	SH－20504D	1台	两相混合式步进电动机细分驱动器
4	PW	开关电源	S－350－24	1台	输入电压 AC 220 V，输出电压 DC 24 V，10 A
5	QF1	断路器	C65N－C10A/2P	1个	进线电源断路器
6	QF2	断路器	C65N－C5A/2P	1个	PLC 供电电源断路器
7	QF3	断路器	C65N－C5A/2P	1个	DI/DO/驱动器电源断路器
8	T	隔离变压器	BK－1000	1个	1 000 V·A，380 V/220 V
9	SB1	电动机起动按钮	XB2BA31C	1个	绿色(常开)
10	SB2	电动机停止按钮	XB2BA42C	1个	红色(常开)
11	SQ1、SQ2	接近开关	FSC1204－N	2个	左右限位开关
12	KA1、KA2	中间继电器	LY1	2个	线圈电压 24 V
13	—	电气控制柜		1个	1 200mm×800 mm×600 mm
14	—	接线端子板	UK5N	2个	20 端口
15	—	线槽	JDO	10 m	25 mm×25 mm
16	—	供电电源线	铜芯塑料绝缘线	5 m	1 mm²
17	—	PLC 地线	铜芯塑料绝缘线	1 m	2 mm²
18	—	控制导线	铜芯塑料绝缘线	30 m	0.75 mm²
19	—	线号标签或线号套管	—	若干	
20	—	包塑金属软管	—	10 m	Φ20 mm
21	—	钢管	—	5 m	Φ20 mm

五、质量评价标准

项目质量考核要求及评分标准见表3.28。

表 3.28　质量评价表

考核要求	参 考 要 求	配分	评 分 标 准	扣分	得分	备注
系统安装	1. 正确安装元件 2. 按图完整、正确及规范接线 3. 按要求正确编号	30	1. 元件松动一处扣2分,损坏一处扣4分 2. 错、漏线每处扣2分 3. 反圈、压皮、松动每处扣2分 4. 错、漏编号每处扣1分			
编程操作	1. 会输入梯形图 2. 正确保存文件 3. 会输入指令表 4. 掌握数据传输指令、中断指令等指令及其调用	30	1. 编写顺序功能图错误一处扣2分 2. 输入指令表错误一处扣2分 3. 使用数据传输、中断指令错误一处扣5分			
运行操作	1. 会操作运行系统,分析操作结果 2. 会监控梯形图 3. 会进行实验验证	30	1. 系统通电操作错误一步扣3分 2. 分析操作结果错误扣5分 3. 监控梯形图错误一处扣5分 4. 实验验证每错误一处扣5分			
安全生产	自觉遵守安全文明生产规程	10	1. 漏接接地线一处,扣2分 2. 每违反一项规定,扣3分 3. 安全事故,0分处理			

任务五　　PLC实现水箱水位控制

一、任务描述

采用S7-200PLC中的EM235模拟量输入/输出模块,实现一水箱水位控制任务。有一水箱的容积是600 L,当水量达到500 L的时候,进水泵停止进水,当水位低于500 L的时候,进水泵重新启动进水,水位的模拟信号通过压力传感器测量得到。任务包括简单的模拟量过程控制任务的设计与验证、控制方案的确定、设备和电路元器件的选择、程序编写和实验验证等工作。

二、学习目标

1. 了解S7-200 PLC的模拟量模块的使用方法。

2. 根据实例了解PLC模拟量输入输出程序设计的方法。

三、任务流程

具体的学习任务及学习过程如图 3.68 所示。

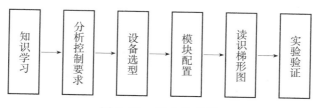

图 3.68 任务流程图

四、工作过程

西门子 S7 - 200 系列的模拟量模块主要有 EM231 模拟量输入模块、EM232 模拟量输出模块、EM235 模拟量混合模块、EM231 热电偶模块和 EM231 热电阻模块,可以根据实际情况来选择合适的转换模块。S7 - 200 系列的模拟量模块使用比较简单,只要正确选择了模块,了解接线方法并对模块正确地接线,不需要过多的准备与操作,就能够顺利地实现模拟量的输入与输出。下面介绍一下这些模拟量模块使用以及本任务的实现过程。

1. 知识学习

1) S7 - 200 系列 PLC 的模拟量扩展模块

S7 - 200PLC 的模拟量扩展模块提供了模拟量输入/输出的功能。在工业控制中,被控对象常常是温度、压力、流量等模拟量,而 PLC 内部执行的是数字量。S7 - 200 PLC 的模拟量输入扩展模块可以将 PLC 外部的模拟量转换为数字量送入 PLC 内。经 PLC 处理后,再由模拟量输出扩展模块将 PLC 输出的数字量转换为模拟量送给控制对象。模拟量扩展模块优点有:最佳适应性,可直接与传感器和执行器相连,适用于复杂的过程控制场合。例如 EM231 模块可直接与热敏电阻或热电偶相连用于温度的测量和控制。当实际应用变化时,PLC 可以相应的进行扩展,并可非常容易的调整用户程序。

S7 - 200 系列 PLC 的模拟量扩展模块主要有模拟量输入模块、模拟量输出模块以及模拟量输入/输出模块,模块名称及对应关系见表 3.29。

表 3.29 模块名称及对应关系

模块	EM231	EM232	EM235
通道数	4(或 8)路模拟量输入	2(或 4)路模拟量输出	4 路模拟量输入,1 路模拟量输出

(1) 模拟量输入模块 EM231

① EM231 结构及接线。

模拟量输入信号是一种连续变化的物理量,如电压、电流、温度、压力、位移、速度等,工业控制中,要对这些模拟量信号进行采集并送给 PLC 的 CPU 进行处理,必须先对这些模拟量进行模数(A/D)转换,模拟量输入模块就是用来将模拟量信号转换成 PLC 所能接受的数字信号的。生产过程的模拟信号是多种多样的,类型和参数大小也各不相同,所以一般先用现场信号变送器把它们变换成统一的标准信号(如,0~20 mA 的电流信号,0~5 V 的直流电压信号等),然后再送入模拟量输入模块将模拟量信号转换成数字量信号,以便 PLC 的 CPU 进行处理。模拟量输入模块一般由滤波、模/数(A/D)转换、光耦合器、内部电路等部分组成,如图 3.69 所示。光耦合器有效地防止了电磁干扰,对于多通道的模拟量输入单元,通常设置多路转换开关进行通道的切换,且在输出端设置信号寄存器。

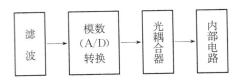

图 3.69　模拟量输入模块框图

　　模拟量输入模块设有电压信号和电流信号输入端。输入信号经滤波、放大、模/数(A/D)转换得到的数字量信号,再经光耦合器进入 PLC 内部。

　　模拟量输入模块 EM231 具有 4 个或 8 个模拟量输入通道,每个通道占用 AI 存储器区域的 2 个字节。该模块模拟量输入值为只读数据,电压输入范围:单极性 0～10 V 或 0～5 V,双极性 $-5～+5$ V,$-2.5～+2.5$ V。电流输入范围:0～20 mA。模拟量到数字量的最大转换时间为 250 μs,该模块需要 DC24V 供电。可由 CPU 模块的传感器电源 DC24V 供电,也可由用户提供外部 DC24V 电源。

　　EM231 模拟量输入模块(4 输入)接线图如图 3.70 所示。模块上部共有 12 个端子,每 3 个端子为 1 组(见图 3.71 中所示的 RA、A+、A-),可作为一路模拟量的输入通道,共 4 组。对于电压信号只用 2 个端子,(如图 3.70 中所示的 A+、A-),电流信号需用 3 个端子,如图 3.70 中

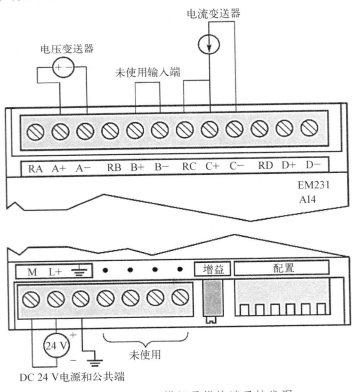

图 3.70　EM231 模拟量模块端子接线图

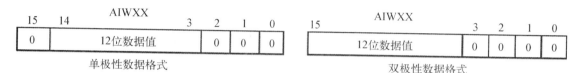

图 3.71　EM231 输入数据字格式

所示的 RC、C+、C−，且 RC 与 C+端子短接。对于未用的输入通道应短接，如图 3.70 中所示的 B+、B−。模块下部左端的 M、L+两端应接入 DC24V 电源，右端分别是校准电位器和配置设定开关。

② 单极性数据格式。

单极性数据对应电流输入或单极性电压输入信号，单极性数据存储单元的低 3 位为 0，数据值的 12 位存放在第 3～14 位区域，最高位为 0。这 12 位数据的最大值应为 32 760。EM231 模拟量输入模块 A/D 转换后的单极性数据格式的全量程范围为 0～32 000，差值 32 760−32 000＝760 用于偏置/增益调节，由系统完成。由于第 15 位为 0，表示是正值数据。

双极性数据格式。双极性数据对应双极性电压输入信号。双极性数据存储单元的低 4 位均为 0，数据值的 12 位存放在第 4～15 位区域。最高有效位是符号位，数据以二进制补码的形式存放，数据的全量程范围设置为−32 000～+32 000。

③ EM231 的配置。

EM231 能测量电流、电压等不同等级的模拟量，其测量转换由位于模块底部端子板上右侧的 DIP 开关配置，如图 3.72 所示。对于 4 输入 EM231，DIP 开关 1、2、3 选择模拟量输入范围。对于 8 输入 EM231，DIP 开关 3、4、5 选择模拟量输入范围，开关 1、2 分别用于设置通道 6、7 的输入信号类型，ON 为电流输入，OFF 为电压输入，当通道 6、7 的输入为电压信号时。其电压输入范围由开关 3、4、5 选择，与 0～5 通道相同。其设置方法具体见表 3.30。模块开关的设置应用于整个模块，一个模块只能设置为一种测量范围，即相同的输入量程和分辨率(8 输入的 6、7 通道除外)，而且开关设置只有在重新上电后才能生效。

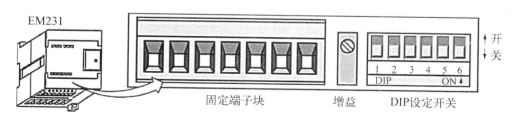

图 3.72　EM231DIP 配置开关

表 3.30　EM231 设置模拟量输入范围的开关表

单 极 性			满量程输入	分 辨 率
SW1(3)	SW2(4)	SW3(5)		
ON	OFF	ON	0～10 V	2.5 mV
	ON	OFF	0～5 V	1.25 mV
			0～20 mA	5 μA

双　极　性			满量程输入	分　辨　率
OFF	OFF	ON	±5 V	2.5 mV
	ON	OFF	±2.5 V	1.25 mV

（2）模拟量输出模块 EM232

① EM232 结构及接线

在工业控制中，有些现场设备需要用模拟量信号控制，例如电动阀门、液压电磁阀等执行机构，需要用连续变化的模拟电压或电流信号来控制或驱动，这就要求把 PLC 输出的数字量变换成模拟量，以满足这些设备的需求。模拟量输出模块的作用就是把 PLC 输出的数字量信号转换成相应的模拟量信号，以适应模拟量控制的要求。模拟量输出模块一般由光耦合器、数/模（D/A）转换器和信号驱动等环节组成，如图 3.73 所示，光耦合器可有效地防止电磁干扰。

PLC 输出的数字量信号由内部电路送至光耦合器的输入端。经光耦合后的数字信号，再经数/模（D/A）转换器转换成直流模拟量信号，经放大器放大后驱动输出。

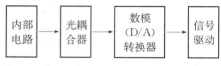

图 3.73　模拟量输出模块框图

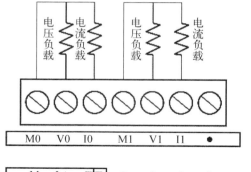

模拟量输出模块 EM232 具有两个或四个模拟量输出通道。每个输出通道占用存储器 AQ 区域 2 个字节。该模块输出的模拟量既可以是电压信号，也可以是电流信号，电压信号输出范围为 −10～+10 V，电流信号输出范围为 0～20 mA。用户程序无法读取模拟量输出值。

EM232 模拟量输出模块（2 输出）端子接线图如图 3.74 所示。模块上部有七个端子，左端起每 3 个端子为 1 组，作为 1 路模拟量输出，共两组。第一组 V0 端接电压负载，I0 端接电流负载，M0 为公共端。第二组 V1、I1、M1 的接法与第一组相同。该模块需要 DC24V 供电，输出模块下部 M、L+ 两端接 DC24V 供电电源。

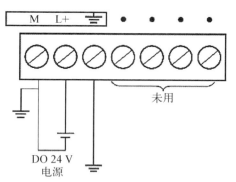

图 3.74　EM232 模拟量输出
模块端子接线图

② EM232 的输出数据字格式

模拟量输出模块的分辨率通常以 D/A 转换前待转换的二进制数字量的位数表示，PLC 无运算处理后的 12 位二进制数字量信号，在 PLC 内部存放格式如图 3.75 所示。

电流输出数据格式。对于电流输出的数据，其 2 字节的存储单元的低 3 位均为 0，数据值的 12 位是存放在第 3～14 位区域。电流输出数据范围为 0～+32 000，第 15 位为 0，表示是正值数据字。

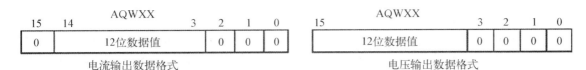

图 3.75　EM232 输出数据格式

电压输出格式数据。对于电压输出的数据格式,其 2 字节存储单元的低 4 位均为 0,数据值的 12 位是存放在 4~15 位区域。电压输出数据范围为−32 000~+32 000。

（3）模拟量输入输出模块 EM235

① EM235 的结构及接线

S7−200 还配有模拟量输入/输出模块 EM235。它具有 4 个模拟量输入通道和 1 个模拟量输出通道,其端子接线图如图 3.76 所示。

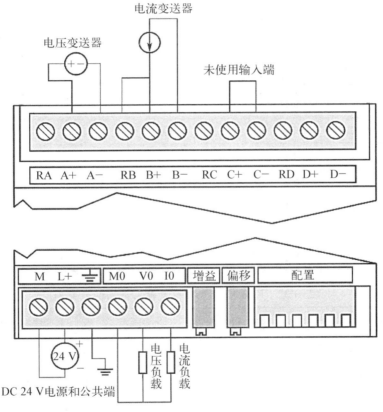

图 3.76　EM235 模拟量输入/输出模块端子接线图

该模块的模拟量输入功能同 EM231 模拟量输入模块,技术参数也基本相同。只是电压输入范围有所不同,单极性为 0~10 V、0~5 V、0~1 V、0~500 mV、0~100 mV、0~50 mV;双极性为−10~+10 V、−5~+5 V、−2.5~+2.5 V、−1~+1 V、−500~+500 mV、−250~+250 mV、−100~+100 mV、−50~+50 mV、−25~+25 mV。

该模块的模拟量输出功能同 EM232 模拟量输出模块,技术参数也基本相同。该模块需要 DC 24 V 电源供电。其输入/输出的数据字格式与 EM231 和 EM232 相同。

② EM235 的配置

如 EM231 一样，EM235 的配置也是由位于模块底部端子板右侧的 DIP 开关配置，如图 3.77 所示。开关 1～6 可设置模拟量输入范围和分辨率，具体设置方法见表 3.31 和表 3.32。开关设置应用于整个模块，一个模块只能设置为一种输入量程和分辨率，而且模块设置只有在重新上电后才能生效。

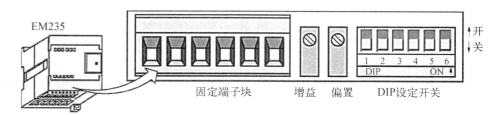

图 3.77　EM235 DIP 配置开关

表 3.31　EM235 设置模拟量输入范围的开关表

单 极 性						满量程输入	分辨率
SW1	SW2	SW3	SW4	SW5	SW6	—	
ON	OFF	OFF	ON	OFF	ON	0～50 mV	12.5 μV
OFF	ON	OFF	ON	OFF	ON	0～100 mV	25 μV
ON	OFF	OFF	OFF	ON	ON	0～500 mV	125 μV
OFF	ON	OFF	OFF	ON	ON	0～1 V	250 μV
ON	OFF	OFF	OFF	OFF	ON	0～5 V	12.5 mV
ON	OFF	OFF	OFF	OFF	ON	0～20 mA	5 μV
OFF	ON	OFF	OFF	OFF	ON	0～10 V	2.5 mV

表 3.32　EM235 设置模拟量输入范围的开关表

双 极 性						满量程输入	分辨率
ON	OFF	OFF	ON	OFF	OFF	±25 mV	12.5 μA
OFF	ON	OFF	ON	OFF	OFF	±50 mV	25 μV
OFF	OFF	ON	ON	OFF	OFF	±100 mV	50 μA
ON	OFF	OFF	OFF	ON	OFF	±250 mV	125 μV
OFF	ON	OFF	OFF	ON	OFF	±500 mV	250 μV
OFF	OFF	ON	OFF	ON	OFF	±1 V	500 μV
ON	OFF	OFF	OFF	OFF	OFF	±2.5 V	1.25 mV
OFF	ON	OFF	OFF	OFF	OFF	±5 V	2.5 mV
OFF	OFF	ON	OFF	OFF	OFF	±10 V	5 mV

③ EM231 和 EM235 的输入校准

模拟量模块 EM231 和 EM235 在出厂前已经进行了输入校准,如果 OFFSET 和 GAIN 电位器已被重新调整,需要重新进行输入校准。其步骤如下:

a. 切断模块电源,选择需要的输入范围。

b. 接通 CPU 和模块电源,使模块稳定 15 min。

c. 用一个变送器,一个电压源或一个电流源,将零值信号加到一个输入端。

d. 读取该输入通道在 CPU 中的测量值。

e. 调节 OFFSET(偏置)电位器,直到读数为零,或所需要的数字数据值。

f. 将一个满刻度值信号加到输入端。

g. 读取该输入通道在 CPU 中的测量值。

h. 调节 GAIN(增益)电位器,直到读数为 32 000 或所需要的数字数据值。

i. 必要时,重复偏置和增益校准过程直至数据稳定。

④ EM231 与 EM235 模拟量输入模块的外形如图 3.78 所示

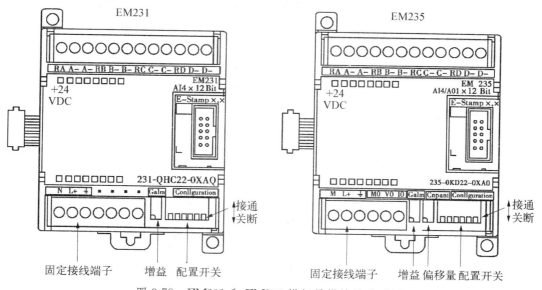

图 3.78 EM231 和 EM235 模拟量模块的外形图

(4) 模拟量值和 A/D 转换值的转换

假设模拟量的标准电信号是 $A_0 \sim A_m$(如:4~20 mA),A/D 转换后对应放入数值为 $D_0 - D_m$(如:6 400—32 000),设模拟量的标准电信号是 A、A/D 转换后的相应数值为 D,由于是线性关系,函数关系 $A = f(D)$ 可以表示为数学方程为

$$A = (D - D_0) \times (A_m - A_0)/(D_m - D_0) + A_0$$

根据该方程式,可以方便地根据 D 值计算出 A 值。将该方程逆变换。得出函数关系 $D = f(A)$ 可以表示为数学方程为

$$D = (A - A_0) \times (D_m - D_0)/(A_m - A_0) + D_0$$

根据该方程式,可以方便地根据 A 值计算出 D 值。

具体举一个实例加以说明,以 S7 - 200 和 4~20 mA 为例,经 A/D 转换后,我们得到的数值

是 $6\,400\sim32\,000$,即 $A_0 = 4$,$A_m = 20$,$D_0 = 6\,400$,$D_m = 32\,000$,代入公式,得出

$$A = (D - 6\,400) \times (20 - 4)/(3\,200 - 6) + 4$$

假设该模拟量与 AIWO 对应,则当 AIWO 的值为 12 800 时,相应的模拟电信号为

$$6\,400 \times 16/25\,600 + 4 = 8\ \text{mA}$$

2. 分析控制要求

EM235 具有 4 个输入通道和 1 个输出通道,4 个输入通道可以接入标准的电压信号或者电流信号,没有用到的通道需要用导线进行短接。1 个输出通道既可以用作电压输出,也可以用作电流输出,但是不能同时用作两种输出。水位的模拟信号通过压力传感器测量得到,信号接到 EM235 的一个输入通道,EM235 的一个输出通道接水泵,对水泵进行控制。

3. 设备选型

选用 EM235 模块,实现本任务的控制,将 EM235 安装到导轨上,通过总线接到 CPU226 上。这里要特别注意的是不同型号的 CPU 带负载能力不同,应该将 EM235 安装到合适的位置。

4. 模块配置

EM235 同样需要设置 DIP 开关来进行配置工作方式,见表 3.31 和表 3.32。SW6 为 ON,表示输入信号为单极性,OFF 为双极性。SW4、SW5 规定了增益,SW1、SW2、SW3 规定了衰减。这里选择单极性。0～5 V 的满量程输入,通过查表 3.31,正确配置 DIP 开关。

5. 读识梯形图

本任务的梯形图程序如图 3.79 所示。

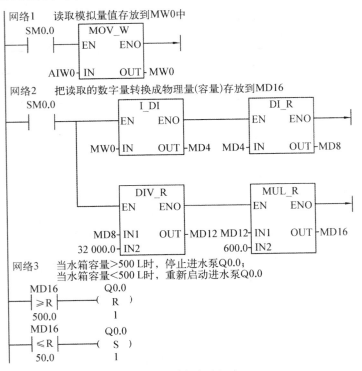

图 3.79　梯形图程序

为了能够准确地读取和输出模拟转换结果,设计者应该清楚每个转换通道与 CPU 内存的接口地址。模拟量模块转换通道与 CPU 的接口见表 3.33。

表 3.33　模拟量模块转换通道与 CPU 的接口

模拟量通道	Cl,U 内存地址	模拟量通道	Cl,U 内存地址
CHO(RA)	AIWO	CH3(RD)	AIW6
CH1(RB)	AIW2	OUT(V)	AQWO0
CH2(RC)	AIW4	OUT(I)	AQWZ2

为了使参与计算的数据更有实际意义,在网络 2 中对模拟量数据进行了归一化,因为 AI 转换的数据范围是 0～27 648(单极性)。在自动控制系统中,控制器一般都是对设定值和过程值的差值进行计算。设定值可以是实际的物理值,也可以是没有单位的比例值(如 0～100%),所以过程值必须归一化,使该值与设定值具有同等的意义。

6. 实验验证

由于本任务实现的控制比较简单,通过使用一个 0～5 V 的标准电压信号模拟压力传感器产生的模拟信号,另外通过一块万用表,用于测量输出端的电压情况来了解 EM235 的输出情况,通过以上方法简单、快捷地验证本任务的可行性、可操作性,同时教会学生自己动手验证程序可靠性的方法。

实验验证过程如下:

按照图 3.80 所示正确接线,未用通道同样用导线短接。

① 对 EM235 进行校准,校准的方法和步骤可以参照本任务知识学习的内容。

② 将 0～5 V 电源的两个线接到 RA 的 A＋和 A－端,未用的通道短接。

③ 准备一块万用表,用于测量输出端的电压变化情况。

④ 对得到的数据进行记录、整理,验证程序是否正确。

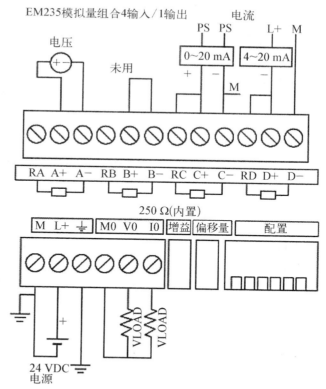

图 3.80　模拟量模块 EM235 接线图

五、质量评价标准

项目质量考核要求及评分标准见表 3.34。

表 3.34　质量评价表

考核要求	参 考 要 求	配分	评 分 标 准	扣分	得分	备注
系统安装	1. 正确安装元件 2. 按图完整、正确及规范接线 3. 完成 EM235 的接线	30	1. 元件松动一处扣 2 分,损坏一处扣 4 分 2. 错、漏线一处扣 2 分 3. 反圈、压皮、松动每处扣 2 分 4. 错、漏编号每处扣 1 分			
编程操作	1. 会建立程序新文件 2. 会输入梯形图 3. 正确配置 EM235 模块 4. 会转换梯形图	30	1. 不能建立程序新文件或建立错误扣 2 分 2. 输入梯形图错误一处扣 2 分 3. 配置 EM235 模块错误扣 8 分 4. 转换梯形图错误扣 4 分			
运行操作	1. 会操作运行系统,分析操作结果 2. 会监控梯形图 3. 会用万用表、电源等工具完成本任务实验验证	30	1. 系统通电操作错误一步扣 3 分 2. 分析操作结果错误扣 2 分 3. 监控梯形图错误一处扣 2 分 4. 实验验证每错误一处扣 5 分			
安全生产	自觉遵守安全文明生产规程	10	1. 漏接接地线一处,扣 2 分 2. 每违反一项规定,扣 3 分 3. 安全事故,0 分处理			

任务六　PLC 实现电机的变频调速控制

一、任务描述

设计一个由 S7 - 200PLC 和 MM440 变频器控制的电机多段速运行控制系统。S7 - 200PLC 通过自由端口通信和 USS 协议传输数据,将频率等信息输出到变频器以改变电机的转速。电机为 0.75 kW 的三相异步电机,要求能控制电机的起动、停止和正反转,有相应的保护和状态指示,停止方式有斜坡停止(限时 3 s)和快速停止。电机在运行过程中,变频器输出频率可在 15 Hz,25 Hz,35 Hz 和 50 Hz 中选择,以便电机可在不同转速下运行。要求设计、实现该控制系统,并形成相应的设计文档。

二、学习目标

1. 掌握 S7 - 200 系列 PLC 的 USS 通信协议及编程方法。
2. 掌握西门子 MM 系列变频器和 PLC 通过 USS 指令通信的连接和设置方法。
3. 能完成 S7 - 200PLC 通过网络通信控制 MM 系列变频器拉制系统的设计与实现,设备和电器元件的选择,电气原理图设计、电路安装、系统调试等。

三、任务流程

在实际应用中,经常需要由 PLC 控制来设置变频器的不同输出频率,从而控制电机的不同转速,以适应生产现场的不同生产状况。电机的多段速运行控制既可以通过 PLC 的数字量输出点控制变频器来实现,也可以由 PLC 通过网络通信方式向变频器传送控制命令和参数来实现,且后者使控制变得更为灵活、方便。通过编程可以实现任意段速的组合输出,在实际中得到了更为广泛的应用。

具体的学习任务及学习过程如图 3.81 所示。

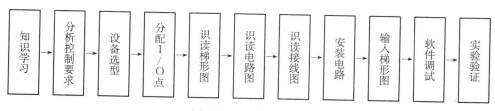

图 3.81　任务流程图

四、工作过程

该控制系统是一个通过网络通信控制变频器的 PLC 自动控制系统,功能相对比较简单。难点主要是通过网络通信和 USS 协议进行数据的传输以及变频器的设置。硬件主要包括控制部分的 PLC、控制电机的变频器、控制变频器通断电的接触器等。要进行该控制系统的设计,首先要对 MM4 系列变频器、S7-200 系列 PLC 的 USS 通信协议等有比较清楚的了解,下面重点就上述与本任务相关的知识进行讲解。

1. 知识学习

1) 西门子 MM440 系列变频器介绍

MM440 是西门子公司 MM4 系列变频器的一种,有多种型号。额定功率范围从 120 W 到 200 kW(恒定转矩(CT)控制方式)或者 250 kW(可变转矩(VT)控制方式)。与 MM420 相比,其主要特点为:具有多个继电器输出和多个模拟量输出(0~20 mA),6 个带隔离的数字输入,并可切换为 NPN/PNP 接线,2 个模拟输入:AIN1 范围为 0~10 V,0~20 mA 或−10~+10 V,AIN2 为 0~10 V 或 0~20 mA,2 个模拟输入还可以作为第 7 和第 8 个数字输入,具有详细的变频器状态信息显示功能。

另外,该变频器还有下列选件供用户选用:用于与 PC 通信的通信模块、基本操作面板(BOP)、高级操作面板(AOP)、用于进行现场总线通信的 PROFIBUS 通信模块等。具有过电压/欠电压保护、变频器过热保护、接地故障保护、短路保护、电机过热保护、PTC/KTY 电机保护等完善的保护特性。

(1) MM440 变频器结构

MM440 系列变频器由微处理器控制,并采用 IGBT 作为功率输出器件,内部结构如图 3.82 所示。它们具有很高的运行可靠性,能为变频器和电机提供良好的保护。

MM440 具有默认的出厂设置参数,是简单电机控制系统的理想变频驱动装置,在设置相关参数以后,它也可用于更高级的电机控制系统。MM440 既可用于单机驱动系统,也可集成到自动化系统中。

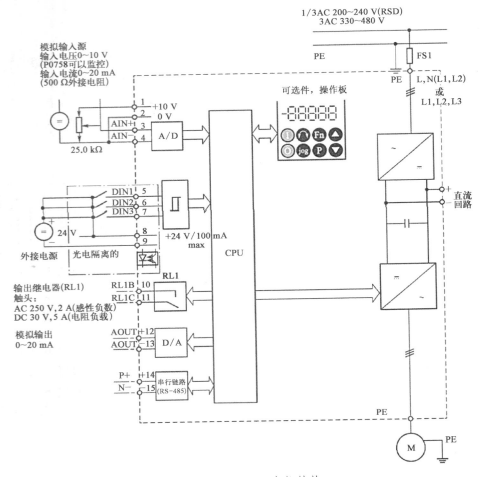

图 3.82　MM440 内部结构

其主要特点为：具有一个可编程的继电器输出和 1 个可编程的模拟量输出(0~20 mA)，3 个可编程的带隔离的数字输入，并可切换为 NPN/PNP 接线。1 个模拟输入用于设定值输入或 PI 控制器输入(0~10 V)，具有详细的变频器状态信息和全面的信息显示功能。

(2) MM420 的参数设置和调试

MM420 变频器在标准供货方式时装有状态显示板(SDP)，如图 3.83 所示。

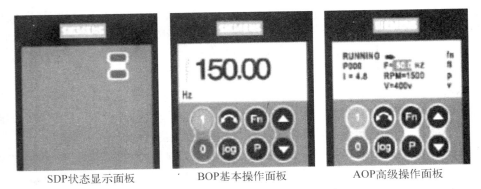

　SDP状态显示面板　　　BOP基本操作面板　　　AOP高级操作面板

图 3.83　MM440 变频器的操作面板

对于一般应用来说,利用 SDP 和出厂的默认设置值,就可以使变频器成功地投入运行。如果工厂的默认设置值不适合设备情况,可以利用基本操作面板(BOP)(参见图 3.83)或高级操作面板(AOP)(参见图 3.83)修改参数使之与实际应用匹配。用户还可以用 PC IPN 工具"Drive Monitor"或"START - ER"来调整工厂的设置值。

2) S7 - 200PLC 使用 USS 协议和变频器通信的方式

第一种是利用基本指令实现 USS 通信的编程。USS 协议是以字符信息为基本单元的协议,而 CPU 22X 的自由端口通信功能正好也是以 ASCII 码的形式来发送接收信息的。利用 PLC 的 RS - 485 串行通信口,由用户程序完成 USS 协议功能,可实现与 SIEMENS 传动装置简单而可靠的通信连接。

第二种是使用 USS 协议专用指令实现 USS 通信的编程。STEP7 - Micro/WIN 的指令库包括预先组态好的子程序和中断程序,这些子程序和中断程序都是专门通过 USS 协议与变频器通信而设计的。通过 USS 专用指令,可以控制物理变频器,并读/写变频器参数。用户可以在 STEP7 - Micro/WIN 指令树的库文件夹中找到这些指令。当选择一个 USS 指令时,系统会自动增加一个或多个相关的子程序,这些专用指令是西门子专为控制其通用变频器(MM3XX,MM4XX 等)而设计的。下面重点讲述第二种方法。

3) 使用 USS 协议专用指令的要求

STEP7 - Micro/WIN 指令库提供 17 个子程序和 8 条指令支持 S7 - 200 的 USS 通信。这些 USS 指令使用 S7 - 200 中的资源详见附录 C。

2. 分析控制要求

上面讲解了完成电机多段速运行控制系统所需要的相关知识,下面讲解实现该任务的具体方法和步骤。

本控制系统属于 PLC 网络通信控制系统,其控制流程如图 3.84 所示。

3. 设备选型

该控制系统中使用的电机是 380 V、750 W 的小功率三相异步电机,可以采用直接起动。电机通过变频器控制其运行,通过 1 个接触器来控制变频器的供电与否,因为 MM440 变频器本身自带短路和过载保护功能,所以电机不需要外加热继电器和熔断器进行保护。另外系统需要使用一个低压断路器作为三相电源的引入开关,加熔断器作为总短路保护。

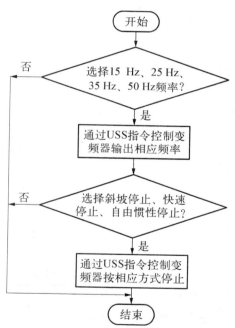

图 3.84　电机多段速运行控制系统流程

根据上述分析,列出如下所示的设备明细表见表 3.35。

表 3.35　电器元件、设备、材料明细表

序号	文字符号	名　称	规格型号	数量	备　注
1	PLC	可编程控制器	S7 - 200 CPU 226 AC/DC/Relay	1 台	AC 220 V 供电
2	VVVR	变频器	MM4,0.75 kW	1 台	三相

序号	文字符号	名　称	规格型号	数量	备　注
3	M	电动机	0.75 kW	1 台	三相
4	QF	低压断路器	DZ5 - 20	1 个	额定电流 3 A
5	KM1	交流接触器	CJ20 - 6.3	1 个	线圈电压 AC 220 V
6	FU1	熔断器	RT18 - 32	1 个	熔体 5 A
7	FU2、FU3	熔断器	RT18 - 32	2 个	熔体 2 A
8	T	隔离变压器	BK - 100	1 个	变比 1∶1,AC 220 V
9	HL1～HL4	指示灯	ND16	4 个	AC 220 V,绿色 3 个,红色 1 个
10	SB1～SB12	按钮	LA20 - 11	12 个	—
11	—	电气控制柜	—	1 个	1 000 mm× 600 mm×600 mm
12	DZ1、DZ2	接线端子板	JDO	2 个	50 端口
13	—	线槽	—	15 m	45 mm×45 mm
14	—	电源引线	铜芯塑料绝缘线	20 m	1.5 mm² (黄、绿、红、浅蓝、黄绿)各 20 m
15	—	PLC 供电电源线	铜芯塑料绝缘线	5 m	1 mm²
16	—	PLC 地线	铜芯塑料绝缘线	5 m	2 mm²
17	—	控制导线	铜芯塑料绝缘线	200 m	0.75 mm²
17	—	控制导线	铜芯塑料绝缘线	200 m	0.75 mm²
18	—	线号标签或线号套管	—	若干	—
19	—	钢管	—	15 m	Φ20 mm

4. 分配称 I/O 点

PLC 的输入/输出点分配见表 3.36。

表 3.36　输入/输出分配表

输　　入			输　　出		
设　备		输入点	设　备		输出点
变频器加电	SB1	I1.2	变频器运行在 50 Hz	SB9	I0.7
变频器起动	SB2	I0.0	变频器快速停止	SB10	I1.0
变频器停止	SB3	I0.1	电机反转	SB11	I1.1

续　表

输　入			输　出		
设　备		输入点	设　备		输出点
变频器斜坡停止	SB4	I0.2	变频器故障复位	SB12	I1.3
电机正转	SB5	I0.3	变频器加电接触器	KMI	Q0.2
变频器运行在 15 Hz	SB6	I0.4	运行指示灯	HL1	Q0.0
变频器运行在 25 Hz	SB7	I0.5	正反转指示灯	HL2	Q0.1
变频器运行在 35 Hz	SB8	I0.6	故障或禁止指示灯	HL3	Q0.3

5. 读识梯形图

本任务梯形图见图 3.85。

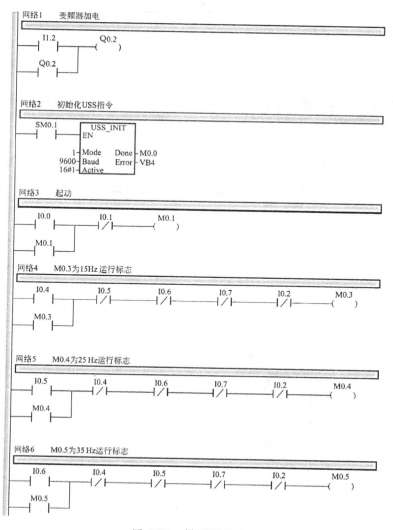

图 3.85　梯形图程序

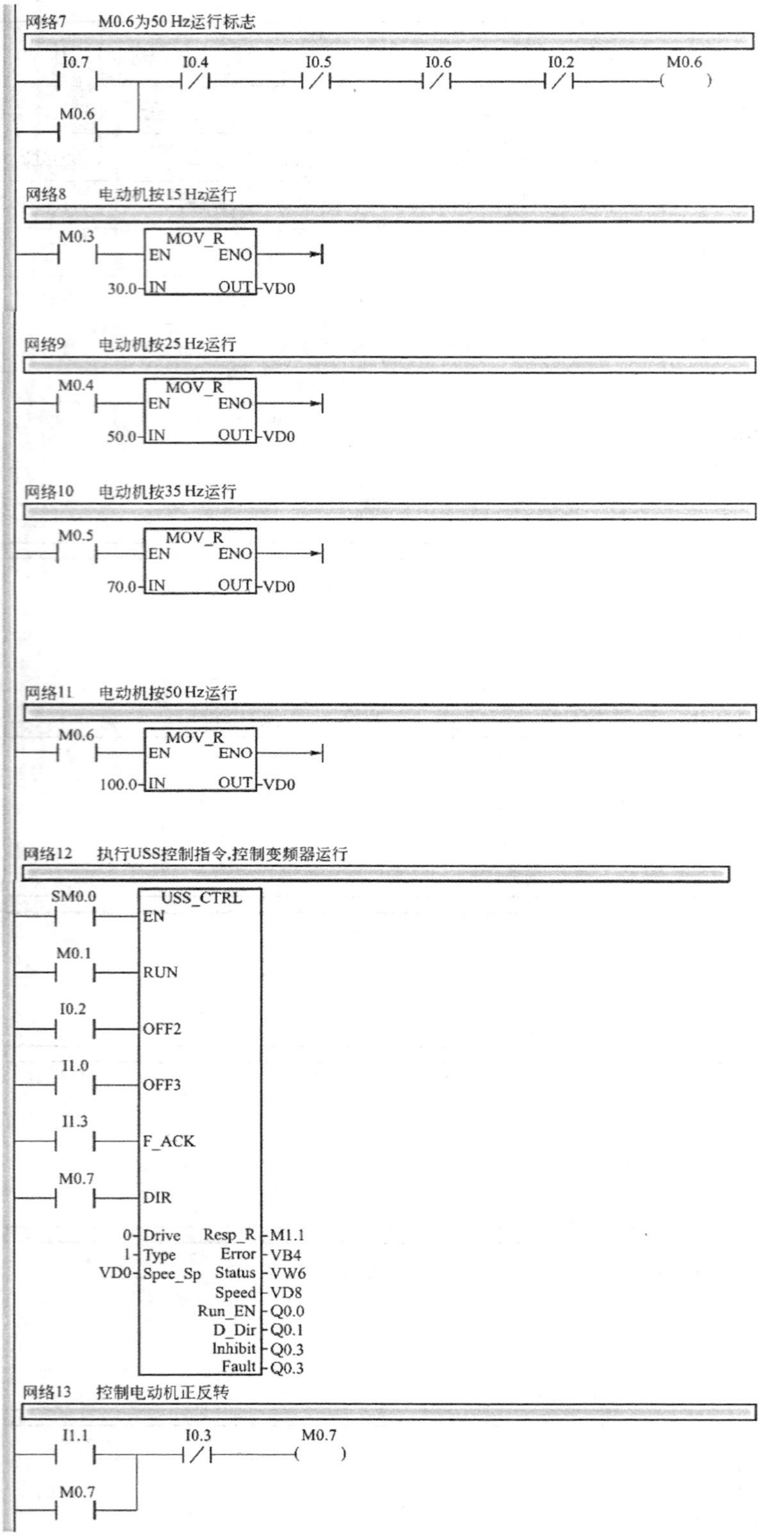

网络7　M0.6为50 Hz运行标志

```
  I0.7      I0.4     I0.5     I0.6     I0.2           M0.6
──┤ ├──┬──┤/├────┤/├────┤/├────┤/├─────────────( )──
  M0.6  │
──┤ ├──┘
```

网络8　电动机按15 Hz运行

```
  M0.3      ┌─────────────┐
──┤ ├───────┤EN  MOV_R  ENO├──┤
            │             │
      30.0──┤IN       OUT├──VD0
            └─────────────┘
```

网络9　电动机按25 Hz运行

```
  M0.4      ┌─────────────┐
──┤ ├───────┤EN  MOV_R  ENO├──┤
            │             │
      50.0──┤IN       OUT├──VD0
            └─────────────┘
```

网络10　电动机按35 Hz运行

```
  M0.5      ┌─────────────┐
──┤ ├───────┤EN  MOV_R  ENO├──┤
            │             │
      70.0──┤IN       OUT├──VD0
            └─────────────┘
```

网络11　电动机按50 Hz运行

```
  M0.6      ┌─────────────┐
──┤ ├───────┤EN  MOV_R  ENO├──┤
            │             │
     100.0──┤IN       OUT├──VD0
            └─────────────┘
```

网络12　执行USS控制指令,控制变频器运行

```
 SM0.0     ┌──────────────────┐
──┤ ├──────┤EN    USS_CTRL     │
           │                  │
 M0.1      │                  │
──┤ ├──────┤RUN               │
           │                  │
 I0.2      │                  │
──┤ ├──────┤OFF2              │
           │                  │
 I1.0      │                  │
──┤ ├──────┤OFF3              │
           │                  │
 I1.3      │                  │
──┤ ├──────┤F_ACK             │
           │                  │
 M0.7      │                  │
──┤ ├──────┤DIR               │
           │                  │
        0──┤Drive    Resp_R├──M1.1
        1──┤Type      Error├──VB4
      VD0──┤Spee_Sp  Status├──VW6
           │          Speed├──VD8
           │         Run_EN├──Q0.0
           │          D_Dir├──Q0.1
           │         Inhibit├──Q0.3
           │          Fault├──Q0.3
           └──────────────────┘
```

网络13　控制电动机正反转

```
  I1.1      I0.3      M0.7
──┤ ├──┬──┤/├────────( )──
  M0.7  │
──┤ ├──┘
```

图 3.85　梯形图程序(续)

6. 读识电路图

根据控制要求,设计主电路如图 3.86 所示。

① 主电路中 QF 为系统总供电电源开关,选用 DZS‐20,额定电压为 380 V,额定电流为 3 A;总熔断器 FUI 为系统短路保护,选用 RT18‐32,熔体额定电流为 5 A。

② 接触器 KMI 控制变频器的通电。KMI 选用 CJ20‐6.3,线圈额定电压选 AC220 V。

③ FU2,FU3 完成 PLC 供电回路和输出回路的短路保护任务,熔断器选用 RT18‐32,熔体额定电流为 2 A。

7. 读识接线图

1) PLC 与 MM440 变频器的连接

在做 MM440 变频器的电缆连接时,取下变频器的前盖板露出接线端子,将 RS‐485 电缆的一端与变频器的 USS 通信端子相连,在 S7‐200 上的 RS‐485 端口可使用标准 PROFIBUS 电缆和连接器,变频器接线终端的连接以数字标志,在 S7‐200 端使用 PROFIBUS 连接器。将连接

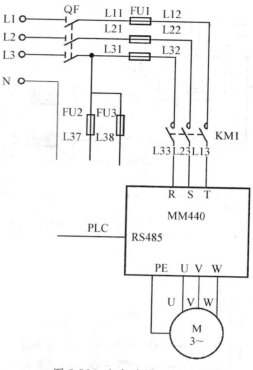

图 3.86　主电路原理图

器的 A(N—)端连至变频器端的 15(对 MM420 而言)或 30(对 MM440 而言),将 B(P+)端连到变频器端 14(MM420)或 29(MM440),如图 3.87 所示。

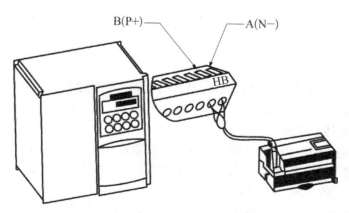

图 3.87　连接到 MM440 的连接终端

如果 57～200 是网络中的端点,或者是点到点的连接,则必须使用连接器的端子 A1 和 B1 而非 A2 和 B2,这样可以接通终端电阻。

2) MM440 变频器与电源和电机的连接

MM440 变频器与电源和电机的接线如图 3.88、图 3.89 所示方法进行,小功率的为单相电源供电,大功率的为三相电源供电,但所用电机均为三相电机。

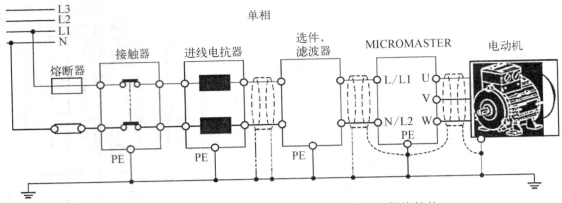

图 3.88　MM440 系列变频器与单相电源和电机的链接

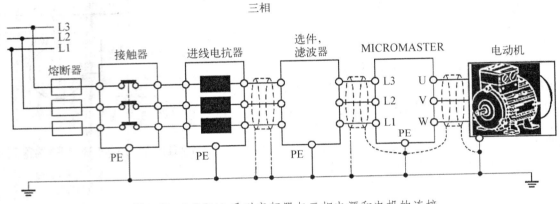

图 3.89　MM440 系列变频器与三相电源和电机的连接

8. 安装电路

按设计要求,设计、绘制电气装置总体配置图、电气控制盘电器元件布置图、操作控制面板电器元件布置图及相关电气接线图。

1) 绘制电气元件布置图

本系统除电气控制箱(柜)外,在设备现场设计安装的电器元件和动力设备还有电机。电气控制箱(柜)内安装的电器元件有:断路器、熔断器、隔离变压器、PLC、变频器、接触器等。在操作控制面板上设计安装的电器元件有按钮、指示灯。

本任务需要用到 1 个电气控制柜和 1 个操作控制面板。依据操作方便、美观大方、布局均匀对称等设计原则,绘制电气控制柜元件布置、操作控制面板元件布置分别如图 3.90 和图 3.91 所示。

2) 绘制电气接线图

与电气元件布置图相对应,在本系统中,电气接线图也分为操作控制面板接线图和电气控制柜接线图两部分,分别如图 3.92 和图 3.93 所示。图中线侧数字表示线号,线端数字表示导线连接的器件编号。

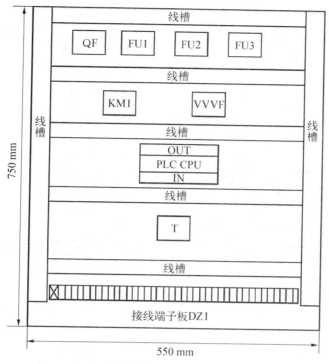

图 3.90 电气控制柜元件布置

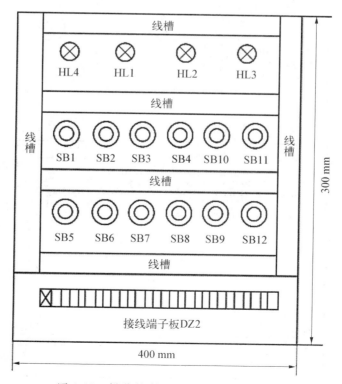

图 3.91 操作控制面板元件布置

189

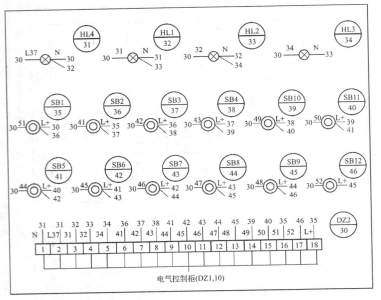

图 3.92　操作控制面板接线

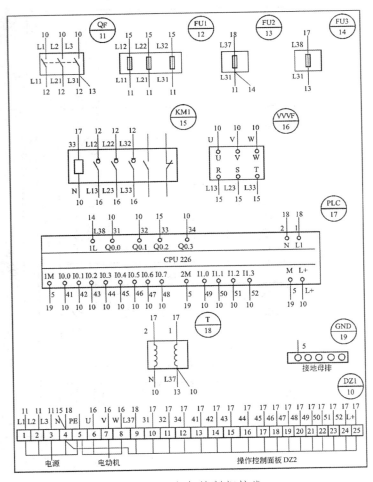

图 3.93　电气控制柜接线

3) 绘制电气互连图

本系统电气互连图如图 3.94 所示。

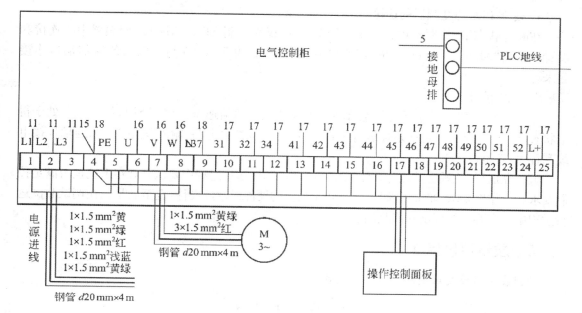

图 3.94　电气互连图

9. 软件调试

1) 软件程序

本系统的编程主要是根据输入按钮的不同选择,通过 USS 指令控制变频器输出相应的频率,根据输入输出点的分配和控制要求,编写梯形图程序。梯形图见图 3.85。

2) 编译修改程序

对上述程序进行编译,修改其中的语法错误,直至程序编译通过。

3) 调试程序

该程序因为使用了网络通信和 USS 指令,无法使用 S7 - 200 的仿真软件进行仿真调试。程序的模拟调试可以使用 PLC 无连接到 MM440 变频器来进行。

10. 学习指令

对梯形图进行软件调试后,可在软件中查看相应指令,由于指令较长,不在这里赘述。

11. 实验验证

1) 试验前的准备

为保证系统的可靠性,现场调试前还要在断电的情况下使用万用表检查一下各电源线路,保证交流电源的各相以及相线与地线之间不要短路,直流电源的正负极之间不要短路。

2) 建立 PLC 与 PC 的连接

在断电状态下通过 PC/PPI 电缆将 PLC 的 PORT1 和装有 STEP7 - Micro/WIN 软件的计算机连接好,打开计算机进入 STEP7 - Micro/WIN 软件,设置好通信参数,建立 PC 和 PLC 的连接。如果不能建立连接,应检查通信参数和 PC/PPI 电缆的情况。

3) 下载程序

在 STEP7 - Micro/WIN 打开中设计好的程序编译无误后,将程序连同相应的数据块

（此例可以不要）、系统块（此例可以不要）等一起下载到主 PLC 中,接通 QF,使 PI 无处于运行状态。

4) 建立 PLC 与变频器的连接

在断电状态下,按照本项目关于使用 USS 协议库控制 Micro Master 变频器中二连接和设置 4 系列"Micro Master 变频器"所讲方法将 PLC 的 PORT0 与变频器的通信端口连接起来。

5) 系统联调

接通 QF,使 PLC 处于运行状态,设置 PORTI 端口通信速率。按下 SB1,使变频器处于得电状态,按下相应按钮,观察系统运行是否正常,否则检查主电路、输入/输出电路、通信连接电缆和程序,直至运行正常。

调试完成后,让系统试运行。注意在系统调试和试运行过程中要认真观察系统是否满足控制要求和可靠性要求,如果不满足,则要修改相应的硬件或软件设计,直至满足。在调试和试运行过程中一定要做好调试和修改记录。

五、质量评价标准

项目质量考核要求及评分标准见表 3.37。

表 3.37　质量评价表

考核要求	参 考 要 求	配分	评 分 标 准	扣分	得分	备注
系统安装	1. 正确安装元件 2. 按图完整、正确及规范接线 3. 完成变频器于 PLC 之间的接线	30	1. 元件松动一处扣 2 分,损坏一处扣 4 分 2. 错、漏线每处扣 2 分 3. 反圈、压皮、松动每处扣 2 分 4. 错、漏编号每处扣 1 分			
编程操作	1. 会建立程序新文件 2. 会输入梯形图 3. 会使用 USS 协议专用指令 4. 会转换梯形图	30	1. 不能建立程序新文件或建立错误扣 2 分 2. 输入梯形图错误一处扣 2 分 3. 使用 USS 协议专用指令每错误一处扣 5 分 4. 转换梯形图错误扣 4 分			
运行操作	1. 会操作运行系统,分析操作结果 2. 会监控梯形图 3. 进行系统联调	30	1. 系统通电操作错误一步扣 3 分 2. 分析操作结果错误扣 2 分 3. 监控梯形图错误一处扣 2 分 4. 系统联调每错误一处扣 5 分			
安全生产	自觉遵守安全文明生产规程	10	1. 漏接接地线一处,扣 2 分 2. 每违反一项规定,扣 3 分 3. 安全事故,0 分处理			

本学习情境小结

学习情境内容

本学习情境三	工 作 任 务	教 学 载 体
任务一	1. 了解S7-200系列PLC的基本结构,以及CPU模块的分类及技术指标,数字量输入/输出模块的类型、技术指标 2. 掌握CPU模块及数字量输入/输出模块的接线及使用,基本逻辑指令等知识 3. 设计并实现PLC三相异步电机启动-保护-停止控制系统	1. S7-200 CPU模块 2. 三相异步电机
任务二	设计并实现PLC三相异步电机基本运动控制系统	1. 鼠笼式三相异步电机 2. 接触器、熔断器、热继电器
任务三	1. 掌握S7-200系列PLC的定时器指令和计数器指令,程序控制类指令(循环、跳转、END、STOP、WDR等),移位和循环移位指令,顺序控制系统的概念及顺序功能图的画法 2. 了解顺序功能图转梯形图的方法等知识 3. 掌握PLC顺序控制系统,设计实现具有单步、单周期、自动连续运行等多种控制方式的较复杂的控制系统	1. S7-200,CPU 2. CPU 224 AC/DC/继电器
任务四	1. 掌握S7-200系列PLC的数据传送类指令、高速脉冲输出指令、子程序及调用等知识 2. 设计并实现PLC步进电机基本运动控制系统	1. PLC、步进电机 2. 步进电机驱动器
任务五	1. 了解并熟悉S7-200系列PLC的模拟量输入/输出类型、结构、技术指标、选用标准、接线、校准、模拟量输入输出通道的地址分配等知识 2. 设计并验证水箱水位控制系统	1. EM231模拟量输入输出模块 2. EM235模拟量混合模块 3. EM231热电偶和热电阻模块
任务六	1. 掌握S7-200系列PLC的USS通信协议及编程方法 2. 掌握西门子MM系列变频器和PLC通过USS协议通信的连接和设置方法等知识 3. 设计并实现S7-200PLC通过网络通信控制MM系列变频器的控制系统	MM440变频器

（可编程控制器的认识与应用）

本课程教学过程中使用的教学方法有：讲授法、案例教学法、情景教学法、讨论法和体验教学法。

1. 讲授法：讲授法是最基本的教学方法,对重要的理论知识的教学采用讲授的教学方法,直接、快速、精炼的让学生掌握,为学生在实践中能更游刃有余地应用打好坚实的理论基础。

2. 案例教学法：在教师的指导下,由学生对选定的具有代表性的典型案例,进行有针对性的分析、审理和讨论,做出自己的判断和评价。这种教学方法拓宽了学生的思维空间,增加了学习兴趣,提高了学生的能力。案例教学法在课程中的应用,充分发挥了它的启发性、实践性,开发了学生思维能力,提高了学生的判断能力、决策能力和综合素质。

3. 情景教学法：情景教学法是将本课程的教学过程安置在一个模拟的、特定的情景场合之中。通过教师的组织、学生的演练,在仿真提炼、愉悦宽松的场景中达到教学目标,既锻炼了学生的临场应变、实景操作的能力,又活跃了教学气氛,提高了教学的感染力。这种教学方法在本课程的教学中经常应用,因现场教学模式要受到客观条件的一些制约,因此,提高学生实践教学能力的最好办法就是采用此种情景教学法。学生们通过亲自参与环境的创设,开拓了视野,自觉增强了科学意识,提高了动手能力,取得了很好的教学效果。此外,在本门课程的教学中,这种教学方式的运用既满足了学生提高实践能力培养的需求,也体现了其方便、有效、经济的特点,能充分满足教学的需求。

4. 讨论法：在本课程的课堂教学中多处采用讨论法,学生通过讨论,进行合作学习,让学生在小组或团队中展开学习,让所有的人都能参与到明确的集体任务中,强调集体性任务,强调教师放权给学生。合作学习的关键在于小组成员之间相互依赖、相互沟通、相互合作,共同负责,从而达到共同的目标。通过开展课堂讨论,培养思维表达能力,让学生多多参与、亲自动手、亲自操作、激发学习兴趣、促进学生主动学习。

5. 体验学习教学法："体验学习"意味着学生亲自参与知识的建构,亲历过程并在过程中体验知识和体验情感。它的基本思想是：学生对知识的理解过程并不是一个"教师传授-学生聆听"的传递活动,学生获取知识的真实情况是学生在亲自"研究"、"思索"、"想象"中领悟知识,学生在"探究知识"中形成个人化的理解。

知识点矩阵图

学习情境　　　　任务	知识点	电机	PLC梯形图	PLC设备	PLC基本指令	软件使用	PLC高级指令	定时器、计数器	PLC系统设计	步进电机	PLC模拟量控制	PLC通信与网络
任务 1	三相交流异步电机起停的控制	☆	☆	☆	☆							
任务 2	PLC实现三相异步电机正反转控制	☆	☆	☆	☆	☆						
任务 3	PLC实现自动往返运行控制系统的设计	☆	☆	☆	☆	☆	☆	☆	☆			

续　表

学习情境 / 任务	知识点	电机	PLC梯形图	PLC设备	PLC基本指令	软件使用	PLC高级指令	定时器、计数器	PLC系统设计	步进电机	PLC模拟量控制	PLC通信与网络
任务4	PLC实现步进电机控制		☆	☆	☆	☆	☆		☆	☆		
任务5	PLC实现水位水箱控制		☆	☆	☆	☆	☆				☆	
任务6	PLC实现电机的变频调速的控制	☆	☆	☆	☆	☆	☆				☆	☆

参考文献

[1] 郭利霞.电气控制与PLC应用技术[M].重庆：重庆大学出版社,2014.

[2] 魏学业.PLC应用技术[M].武汉：华中科技大学出版社,2013.

[3] 赵安.电气控制与PLC项目化教程[M].上海：上海交通大学出版社,2012.

[4] 丁学恭.西门子S7-200PLC应用技术[M].北京：人民邮电出版社,2010.

[5] 陶亦亦.电气控制与PLC应用[M].北京：清华大学出版社,2010.

[6] 李伟.电气控制与PLC[M].北京：北京大学出版社,2009.

[7] 程子华.西门子S7-200PLC应用技术[M].北京：人民邮电出版社,2010.

[8] 章丽芙.PLC技术应用[M].浙江：浙江大学出版社,2010.

[9] 李金城.PLC模拟量与通信控制应用实践[M].北京：电子工业出版社,2011.

习　　题

1. 简述可编程的定义。

2. 可编程控制器的主要特点有哪些?

3. 小型PLC发展方向有哪些?

4. PLC由哪几部分组成?

5. S7系列PLC有哪些子系列?

6. CPU22X系列PLC有哪些型号?

7. S7-200 CPU的一个机器周期分为哪几个阶段? 各执行什么操作?

8. S7-200有哪几种寻址方式?

9. 梯形图程序能否转换成语句表程序? 所有语句表程序能否转换成梯形图程序?

10. PLC的主要技术指标有哪些。

11. S7-200PLC有哪些内部元器件? 各元件地址分配和操作数范围怎么定?

12. 用帮助系统查找STEP7-Micro/Win32编辑软件主要支持哪些快捷键?

13. 编译快捷键的功能是什么?

14. 简述 SIMATIC 指令与 IEC 指令的设置方法。

15. 简述网络段的拷贝方法。

16. 写出下面梯形程序对应的语句表指令。

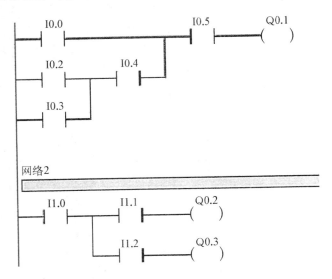

17. 根据下列语句表程序,写出梯形图程序。

        LD   I0.0

        AN   I0.1

        LD   I0.2

        A   I0.3

        O   I0.4

18. 设计周期为 5 s,占空比为 20% 的方波输出信号程序(输出点可以使用 Q0.0)。

19. 编写断电延时 5 s 后,M0.0 和 Q0.0 置位的程序。

20. 使用置位、复位指令,编写两套电机(两台)的控制程序,两套控制程序要求如下:

① 启动时,电机 M1 先启动,才能启动电机 M2;停止时,电机 M1、M2 同时停止。

② 启动时,电机 M1、M2 同时启动;停止时,只有在电机 M2 停止时,电机 M1 才能停止。

21. 用数据类型转换指令实现 100 英寸转换成厘米。

22. 编程输出字符 A 的七段显示码。

23. 编写一段输入输出中断程序:实现从 0 到 255 的计数,当输入端 I0.0 为上跳时,程序采用加计数;当输入端 I0.0 为下降沿时程序采用减计数。

24. S7 - 200PLC 有哪几种扩展模块? 最大可扩展的 I/O 地址范围是多大?

25. EM231 和 EM235 的输入校准步骤有哪些?

26. PLC 应用控制系统的硬件和软件的设计原则和内容是什么?

27. 选择 PLC 机型的主要依据是什么?

28. 编程实现将 VD100 中存储 ASCII 码字符串 37,42,44,32 转换成十六进制数,并存储到 VW200 中。

29. 数据通信方式有哪两种? 它们分别有什么特点?

30. 串行通信方式包含哪两种传输方式?

31. PLC采用什么方式通信? 其特点是什么?

32. 如何进行以下通信协议设置,要求:

从站设备地址为4,主站地址为0,用PC/PPI电缆连接到本计算机的COM2串行口,传送速度为9.6 kP/s,传送字符格式为默认值。

33. 带RS-232C接口的计算机如何与带RS-485接口的PLC连接?

学习情境四　PLC 在机床控制中的应用

情境导入——知道机床上也有可编程控制器(PLC)吗?

在情境三中介绍的可编程控制器(PLC),是能独立完成控制任务的控制器。在机床上也有 PLC,但却是在机床系统的控制下完成控制任务的。如图 4.a 所示为某普通车床的实物图,主要由床身、主轴变速箱、进给箱、挂轮箱、溜板箱、溜板与刀架、尾架、丝杠、光杠等组成,机床控制系统除了对伺服轴进行位置控制外,还要对诸如机床主轴的正/反转及停止,刀具的交换、工作台交换、工件的加紧/松开,冷却液的开/关,润滑系统的运行等进行顺序控制。如图 4.b 所示为普通车床的 PLC 控制梯形图程序,PLC 控制程序究竟是怎样控制机床运作的? 如何才能读懂并正确绘制车床的 PLC 控制梯形图程序? 答案就在本情境中。

图 4.a　普通车床实物图

图 4.b　普通车床的 PLC 控制梯形图程序

一、本情境学习目标与任务单元组成

建议学时		开课学期	
学习目标： 熟悉西门子S7-200系列PLC。 熟悉典型机床的结构及运动形式。 将PLC技术应用到典型机床中。 熟练掌握PLC对典型机床控制的梯形图		了解典型机床的结构、基本运动。 学会典型机床的电气和PLC控制电路	
学习内容： CAC6140普通车床电气控制与PLC控制电路。 C650卧式车床电气控制与PLC控制电路。 Z3040摇臂钻床电气控制与PLC控制电路。 M7130平面磨床电气控制与PLC控制电路。 组合机床电气控制与PLC控制电路		对典型机床进行I/O配置及接线。 分析机床的电路工作过程	

企业工作情境描述：

　　机电工程中主要以电动机作为动力源,用PLC控制电动机在现代工业控制中被大量应用。本情境以电动机为载体,构建具体任务,让学生学会以PLC为控制核心来实现电动机的起停、调速和远程控制,使学生在分析具体任务、绘制PLC接线图,程序编制等方面获得进一步的提高,通过看图、解图、动手接线等实际应用环节反复训练,让学生初步达到现代企业对控制技术人员的要求水平

教学资源：

　　教材、教学课件、动画视频文件、PPT演示文档、各类手册、各种电器元器件等。数控原理实验室、机电一体化实验室、电动机控制实训室、数控加工实训室

教学方法：

　　考察调研、讲授与演示、引导及讨论、角色扮演、传帮带现场学练做、展示与讲评等

考核与评价：

技能考核：1. 技术水平；2. 操作规程；3. 操作过程及结果。

方法能力考核：1. 制定计划；2. 实训报告。

职业素养：根据工作过程情况综合评价团队合作精神；根据团队成员的平均成绩。

总成绩比例分配：醒目功能评价40%,工作单位20%,期末40%

二、本情境的教学设计和组织

情境4	PLC在机床控制中的应用
重　点	了解不同车床的结构及运动形式。 掌握西门子S7-200系列PLC。 正确进行典型机床PLC的I/O配置及接线。 正确分析典型机床的控制电路图
难　点	能够正确地利用PLC对机床进行设计。 读懂并实现简单机床控制的电路图。 绘制典型机床的梯形图程序

学 习 任 务					
任务一	任务二	任务三	任务四	任务五	任务六
PLC 实现 CA6140 普通车床的控制	PLC 实现 C650 卧式车床的控制	PLC 实现 Z3040 摇臂钻床的控制	PLC 实现 M7130 平面磨床的控制	PLC 实现组合机床的控制	PLC 在数控机床中的工程应用

三、基于工作过程的教学设计和组织

学习情境	PLC 在机床控制中的应用		学时	
学习目标	通过本学习情境的学习,要求达到以下目标: 将 PLC 技术应用到常见几种机床中,并完成数字量输入/输出模块、梯形图、相关指令以及 PLC 控制系统的设计方法和设计步骤。 同时通过五个实例所对应的系统的设计与实现过程(包括 PLC 的 I/O 口配置接线、控制梯形图、工作过程分析)做了较详细的介绍,为以后从事相应的工作打下基础			
教学方法	采用以工作过程为等向的六步教学法,融"教、学、做"为一体			
教学手段	多媒体辅助教学、分组讨论、现场教学、角色扮演等			
教 学 实 施	工作过程	工 作 内 容	教 学 组 织	
	资讯	学生获取任务要求:获取与任务相关联的知识:S7-200 系列 PLC 的使用、相关的基本控制电路、电气原理图的识读与设计等	教师采用多媒体教学手段,向学生介绍情境的任务和相关联的元件、设备的功能和原理、PLC 控制电路及电气控制原理图的识读和设计,并为学生提供获取资讯的一些方法	
	决策	根据对 PLC 控制要求的分析、设计和选择合理的控制电路,并列出所选电气元件的种类、型号等。完成任务设计	学生分组讨论形成初步方案,教师听取学生的决策意见,提出可行性方面的质疑。帮助学生纠正不合理的决策	
	计划	根据 PLC 的控制要求,结合原理图,提出实施计划方案,并与教师讨论,确定实施方案	听取学生的实施计划安排,审核实施计划,根据其计划安排,制订进度检查计划	
	实施	根据已确定的方案,选择电气元件。并进行元件的布置、安装、接线,完成电路的安装与连接,程序编写、实验验证	组织学生领取相关的电气元件、工具、导线、仪表等,指导学生在实训室进行任务中设备的安装、接线和调试等工作	

续　表

	工作过程	工　作　内　容	教　学　组　织
教学实施	检查	学生通过自查,完成 PLC 系统的调试、故障排查,不断优化程序,教师再做系统功能和规范检查	组织学生自查互查电路,教师再对学生所接电路进行检查,考查学生元件安装
	评价	完成 PLC 系统的任务、调试后,写出实训报告,并进行项目功能和规范的评价	根据学生完成的实训报告,并结合其所完成任务的技术要求和规范,以及在工作过程中的表现进行综合评价

任务一　PLC 实现 CA6140 普通车床的控制

一、任务描述

1. 熟悉 CA6140 普通车床的特点、结构。
2. 设计 CA6140 普通车床的控制电路。

二、学习目标

1. 了解普通车床的结构和运动情况。
2. 利用 PLC 对普通车床控制电路进行设计。

三、任务流程图

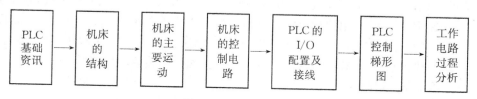

图 4.1　工作流程图

四、学习过程

1. 利用 PLC 对机床控制进行设计的思路

用 PLC 梯形图将机床中原有的"继电器-接触器"控制电路的功能置换可有两种思路。一种思路是套用继电器控制电路的结构设计梯形图,采用这种方式时,先进行电气元件的代换。具体代换方法为:按钮、传感器等主令传感设备用输入继电器代替,接触器等执行器件用输出继电器代替,原图中的中间继电器、计数器、定时器则用 PLC 内的同类功能的编程元件代替。这种思路转换的问题是转换出来的梯形图大多不符合梯形图的结构原则,还需要进行调整。另一种思路是根据"继电器-接触器"控制电路图上反映出来的电气元件中的控制逻辑要求,重新进行梯形图的设计。这种思路可以利用 PLC 中有许多辅助继电器的特点,将继电器控制电路图中的复杂结构化解为简单结构。

2. 普通车床的结构

车床是机械加工业中应用最广泛的一种机床,约占机床总数的 $25\%\sim50\%$。在各种车床中,使用最多的就是普通车床,普通车床主要用来车削外圆、内圆、端面和螺纹等,还可以安装钻头或铰刀等以进行钻孔和铰孔等加工。

普通车床的结构示意如图 4.2 所示,主要由床身、主轴变速箱、进给箱、挂轮箱、溜板箱、溜板与刀架、尾架、丝杠、光杠等组成。

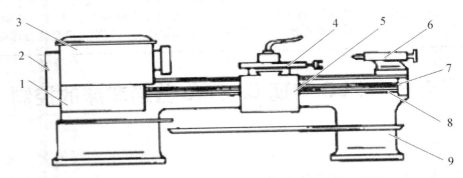

1—进给箱　2—挂轮箱　3—主轴变速箱　4—溜板与刀架
5—溜板箱　6—尾架　7—丝杠　8—光杠　9—床身

图 4.2　普通车床结构示意图

3. 车床的运动形式和控制特点

车床在加工各种旋转表面时必须具有切削运动和辅助运动。切削运动包括主运动和进给运动,而切削运动以外的其他运动皆称为辅助运动。

车床的主运动为工件的旋转运动,由主轴通过卡盘或顶尖去带动工件旋转,它承受车削加工时的主要切削功率。车削加工时,应根据被加工零件的材料性质、工件尺寸、加工方式、冷却条件及车刀等来选择切削速度,这就要求主轴能在较大的范围内调速,对于普通车床,调速范围 D 一般大于70。调速的方法可通过控制主轴变速箱外的变速手柄来实现。车削加工时,一般不要求反转,但在加工螺纹时,为避免乱扣,要求反转退刀、再纵向进刀继续加工,这就要求主轴能够正、反转。主轴旋转是由主轴电动机经传动机构拖动的,因此主轴的正、反转可通过操作手柄采用机械方法来实现。

车床的进给运动是指刀架的纵向或横向直线运动,其运动形式有手动和机动两种。加工螺纹时,工件的旋转速度与刀具的进给速度应有严格的比例关系,所以车床主轴箱输出轴经挂轮箱传给进给箱,再经光杠传入溜板箱,以获得纵、横两个方向的进给运动。

车床的辅助运动有刀架的快速移动和工件的夹紧与松开。图 4.3 所示为普通车床传动系统的框图。

其特点为:

1)主轴能在较大的范围内调速。

2)调速的方法可通过控制主轴变速箱外的变速手柄来实现。

3)加工螺纹时,要求反转退刀,这就要求主轴能够正、反转。主轴的正、反转可通过采用

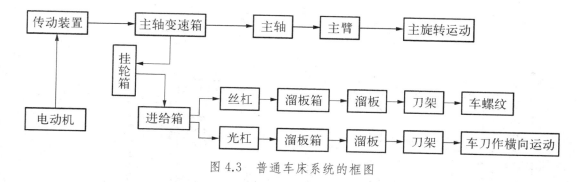

图 4.3　普通车床系统的框图

机械方法(如操作手柄)获得;也可通过按钮直接控制主轴电动机的正、反转。

4. CA6140 普通车床的结构外形图

CA6140 普通车床的机构外形图如图 4.4 所示。

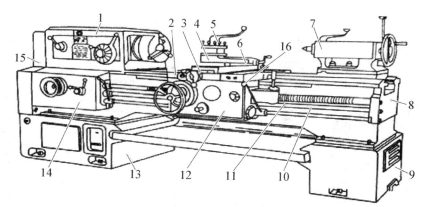

1—主轴箱　2—纵滑板　3—横滑板　4—转盘　5—方刀架　6—小溜板
7—尾架　8—床身　9—右床座　10—光杠　11—丝杠　12—溜板箱
13—左床座　14—进给箱　15—挂轮架　16—操作手柄

图 4.4　CA6140 型普通车床的结构示意图

5. CA6140 普通车床的"继电器-接触器"控制电路

CA6140 普通车床的电气控制电路如图 4.5 所示。

主电动机 M1:完成主轴旋转的主运动和刀具的纵/横向进给运动的驱动,电动机为三相笼型异步电动机,采用全压起动方式,主轴采用机械变速,正反转采用机械换向机构。

冷却泵电动机 M2:加工时提供切削液,防止刀具和工件的温升过高;采用全压起动和连续工作方式。

刀架快速移动电动机 M3:用于刀架的快速移动,可手动随时控制其起动和停止。

6. PLC 的 I/O 配置和 PLC 的 I/O 接线

由图 4.6 可知,要改为 PLC 控制,需要输入信号 4 个,输出信号 3 个,全部为开关量。PLC 可选用 CPU 221 AC/DC/继电器(AC100 - 230 V 电源/DC24 V 输入/继电器输出)。

输入/输出电器与 PLC 的 I/O 配置见表 4.1。

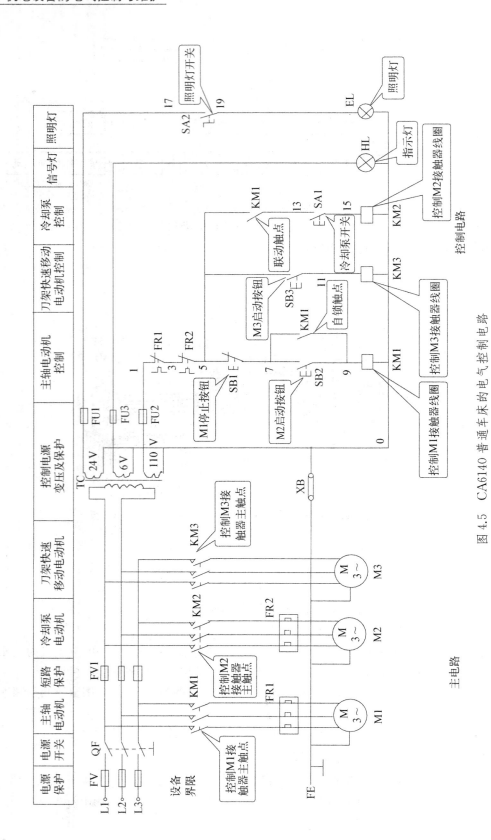

图 4.5 CA6140 普通车床的电气控制电路

表 4.1　输入/输出电器与 PLC 的 I/O 配置

输入设备		PLC 输入继电器	输出设备		PLC 输出继电器
符号	功能		符号	功能	
SB2	M1 起动按钮	I0.0	KM1	M1 接触器	Q0.0
SB1	M1 停止按钮	I0.1	KM2	M2 接触器	Q0.1
FR1	M1 热继电器	I0.2	KM3	M3 接触器	Q0.2
FR2	M2 热继电器	I0.3			
SA1	M2 转换开关	I0.4			
SA2	M3 点动按钮	I0.5			

　　PLC 的 I/O 接线如图 4.6 所示,图中输入信号使用 PLC 提供内部直流电源 24 V(DC);负载使用的外部电源为交流 220 V(AC);PLC 电源为交流 220 V(AC)。

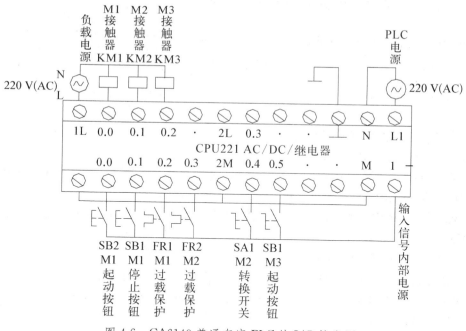

图 4.6　CA6140 普通车床 PLC 的 I/O 接线图

7. CA6140 普通车床 PLC 控制的梯形图程序

CA6140 普通车床 PLC 控制的梯形图程序如图 4.7 所示。

8. 电路工作过程分析

1) 主轴电动机 M1 的控制

① M1 运行:[加"◎"前缀表示动合(常开)触点]。

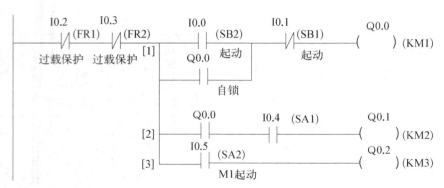

图 4.7　CA6140 型机床 PLC 控制的梯形图程序

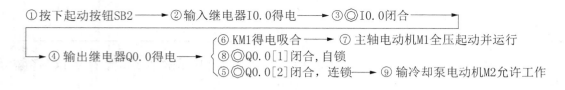

② M1 停止：[加"♯"前缀表示动断（常闭）触点]。

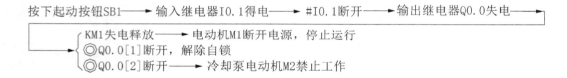

2) 冷却泵电动机 M2 的控制

◎Q0.0[2]闭合,冷却泵电动机 M2 允许工作,接下来按下面的顺序执行。

① M2 运行：合上转换开关 SA1→输入继电器 I0.4 得电→◎I0.4 闭合→输出继电器 Q0.1 得电吸合→KM2 得电吸合→冷却泵电动机 M2 全压起动后运行。

② M2 停止：断开转换开关 SA1→输入继电器 I0.4 失电→◎I0.4 断开→输出继电器 Q0.1 失电→KM2 失电释放→冷却泵电动机 M2 停止运行。

③ 刀架快速移动电动机 M3 控制

按下起动按钮 SB3→输入继电器 I0.5 得电→◎I0.5[3]闭合→输出继电器 Q0.2 得电→KM3 得电吸合→快速移动电动机 M3 点动运行。

④ 过载及断相保护

热继电器 FR1、FR2,分别对电动机 M1 和 M2 进行过载保护;由于快速移动电动机 M3 为短时工作制,不需要过载保护。

当发生过载或断相时，热继电器FR1或FR2动作──→FR1或FR2的常开触点闭合──→输入继电器I0.2或I0.3得电──→♯I0.2或I0.3断开──→输出继电器Q0.0失电──→

KM1失电释放──→电动机M1停止运转

◎Q0.0[2]断开──→输出继电器Q0.1失电──→KM2失电释放──→电动机M2停止运转

任务二　PLC实现C650卧式车床的控制

一、任务描述

1. 熟悉C650车床中电动机的选型。
2. 用电动机实现正反两个方向旋转点动控制、停车制动控制、刀架的快速移动控制、冷却泵电动机控制；
3. I/O的配置、接线，分析工作过程，绘制梯形图。

二、学习目标

1. 了解C650卧式车床的结构、运动形式。
2. 利用PLC对C650卧式车床控制电路进行设计。

三、任务流程图

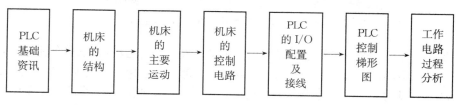

图4.8　工作流程图

四、学习过程

1. 利用PLC对机床控制进行技术设计的方法

利用PLC对机床控制进行技术设计，通常都采用移植设计法（翻译法）。

移植设计法主要是用来对原有机电设备的"继电器-接触器"控制系统进行设计。PLC控制取代"继电器-接触器"控制已是大势所趋，用PLC设计"继电器-接触器"控制系统，根据原有的"继电器-接触器"电路图来设计梯形图显然是一条捷径。这是由于原有的"继电器-接触器"控制系统经过了长期的使用和考验，已经被证明能完成系统要求的控制功能，而"继电器,接触器"电路图又与梯形图极为相似，因此就可以将"继电器-接触器"电路图经过适当的"翻译"，直接转化为具有相同功能的PLC梯形图程序，所以人们将这种设计方法称为"移植设计法"或"翻译法"。这种设计方法没有改变系统的外部特性，对于操作人员来说，除了控制系统的可靠性提高之外，设计前后的系统没有什么区别，他们不用改变长期形成的操作习惯，这种设计方法一般不需要改动控制面板及器件，因此可以减少硬件设计的费用和设计的工作量。

"继电器-接触器"电路图是一个纯粹的硬件电路图，将它改为PLC控制时，需要用PLC的外部接线图和梯形图来等效"继电器-接触器"电路图。可以将PLC想象成是一个控制箱，其外部接线图描述了这个控制箱的外部接线，梯形图是这个控制箱的内部"线路"图，梯形图中的输入位和输出位是这个控制箱与外部世界联系的"接口继电器"，这样就可以用分析继电器电路图的方法来分析PLC控制系统。在分析梯形图时，可以将输入位的触点想象成对应的外部输入器件的触点,将输出位的线圈想象成对应的外部负载的线圈。外部负载的线圈除了受梯形图的控制外,还能受外部触点的控制。

2. C650 卧式车床的机械结构、运动形式

C650 卧式车床的外形图如图 4.9 所示,主要由床身、主轴变速箱、尾座、进给箱、丝杠、光杠、刀架和溜板箱等组成。

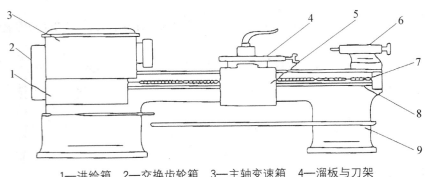

1—进给箱 2—交换齿轮箱 3—主轴变速箱 4—溜板与刀架
5—溜板箱 6—尾座 7—丝杠 8—光杠 9—床身
图 4.9 C650 卧式车床的外形图

车削加工的主运动是主轴通过卡盘或顶尖带动工件做旋转运动,它承受车削加工时的主要切削功率。进给运动是溜板带动刀架的纵向或横向运动。为了保证螺纹加工的质量,要求工件的旋转运动和刀具的移动速度之间具有严格的比例关系。为此,C650 卧式车床溜板箱和主轴变速箱之间通过齿轮传动来连接,同用一台电动机拖动。

在车削加工中,一般不要求反转,但加工螺纹时,为避免乱扣,加工完毕后要求反转退刀,以主电动机的正反转来实现主轴的正反转。当主轴反转时,刀架也跟着后退。车削加工时,工作点的温度往往很高,需要配备冷却泵及电动机。由于 C650 卧式车床的床身较长,为了减少辅助工作时间,特设置一台 2.2 kW 的电动机来拖动溜板箱快速移动,并采用点动控制。

一般车床的调速范围较大,常用齿轮变速机构来实现调速。在 C650 车床中,主电动机选用了 30 kW 的普通笼型三相异步电动机,采用反接制动。车削加工的主运动是由主轴通过卡盘带动工件旋转运动。

3. C650 卧式车床的电气控制

C650 卧式车床共配置 3 台电动机 M1、M2、M3,其电气控制电路图如图 4.10 所示。

主电动机 M1 完成主轴旋转主运动和刀具进给运动的驱动,采用直接起动方式,可正反两个方向旋转,并可进行正反两个旋转方向的电气反接制动停车。为加工调整方便,还具有点动功能。电动机 M1 控制电路分为 4 个部分。

① 由正转控制接触器 KM1 和反转控制接触器 KM2 的两组主触点构成电动机的正反转电路。

② 电流表 PA 经电流互感器 TA 接在主电动机 M1 的主电路上,以监视电动机绕组工作时的电流变化。为防止电流表被起动电流冲击损坏,利用时间继电器的常闭触点 KT(P - Q),在启动的短时间内将电流表暂时短接,等待电动机正常运行时再进行电流测量。

③ 串联电阻限流控制部分:接触器 KM3 的主触点控制限流电阻 R 的接入和切除,在进行

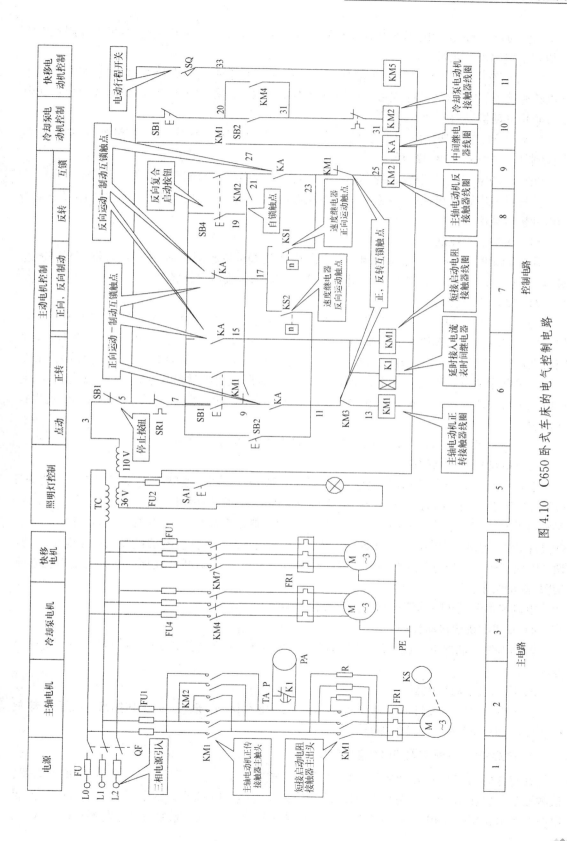

图 4.10 C650 卧式车床的电气控制电路

点动调整时,为防止连续的起动电流造成电动机过载和反接制动时电流过大,串入了限流电阻R,以保证电路设备正常工作。

④ 速度继电器KS的速度检测部分与电动机的主轴同轴相连,在停车制动过程中,当主电动机转速接近零时,其常开触点可将控制电路中反接制动的相应电路及时切断,既完成停车制动又防止电动机反向起动。

电动机M2提供切削液,采取直接起动/停止方式,为连续工作状态,由接触器KM4的主触点控制其主电路的接通与断开。

快速移动电动机由交流接触器KM5控制,根据使用需要,可随时手动控制起停。

为保证主电路的正常运行,主电路中还设置了采用熔断器的短路保护环节和采用热继电器的电动机过载保护环节。

1) M1 的点动控制

调整刀架时,要求M1点动控制。合上隔离开关QS,按起动按钮SB2,接触器KM1得电,M1串接电阻低速转动,实现点动,松开SB2,接触器KM1失电,M1停转。

2) M2 的正反转控制

合上隔离开关QS,按正向按钮SB3,接触器KM1得电,中间继电器KA、时间继电器KT,接触器KM1得电,电动机M1短接电阻R正向起动,主电路中电流表A被时间继电器KT的常闭触点短接,延时 t s后KT延时断开的常闭触点断开,电流表A串接于主电路,监视负载情况。

主电路中通过电流互感器TA接入电流表PA,为防止起动时起动电流对电流表的冲击,起动时利用时间继电器KT的常闭触点将电流表短接,起动结束,KT的常闭触点断开,电流表投入使用。

反转起动的情况与正转时类似,KM1与KM2得电,电动机反转。

3) M3 的停车制动控制

假设停车前为正向转动,当速度大于或等于120 r/min时,速度继电器正向常闭触点KS(17~23)闭合。制动时,按下停止按钮SB1,使接触器KM3、时间继电器KT、中间继电器KA、接触器KM1均失电,主回路中串入电阻R(限制反接制动电流)。当SB1松开时,由于M1仍处在高速状态,速度继电器的触点KS(17~23)仍闭合,使KM2得电,电动机接入反序电源制动,使M1快速减速。当速度降低到小于100 r/min时,KS(17~23)断开,使得失电,反接制动电源切除,制动结束。

电动机M1反转时的停车制动情况与此类似。

4) 刀架的快速移动控制

转动刀架手柄按下,点动行程开关SQ使接触器KM5得电。电动机M3转动,刀架实现快速移动。

5) 冷却泵电动机控制

按下冷却泵起动按钮SB4,接触器KM4得电,电动机M2转动、提供切削液。按下冷却泵停止按钮SB5,KM4失电,M2停止。

4. PLC 的 I/O 配置及 PLC 的 I/O 接线

在将继电器控制电路设计为PLC控制时,原控制系统的各个按钮、热继电器、速度继电器、接触器都还要使用,并需要分别与PLC的I/O接口连接。PLC的I/O配置见表4.2,PLC控制电路的主电路同图4.10,PLC的I/O接线图如图4.11所示。机床原配的热继电器采用PLC机外与接触器线圈连接方式,这样的安排可使过载保护更加可靠。快速移动电动机的控制十分简单,为节省接口也不通过PLC,将KM3与行程开关SQ串接后直接接入电源。另安排定时器T37代替原来电路中的时间继电器KT。

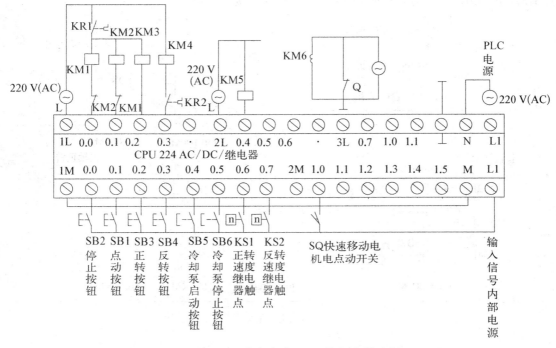

图 4.11 C650 卧式车床 PLC 的 I/O 接线图

表 4.2 PLC 的 I/O 配置

输 入 设 备		PLC输入继电器	输 出 设 备		PLC输出继电器
代 号	功 能		代 号	功 能	
SB1	停止按钮	I0.0	KM1	主轴正转接触器	Q0.0
SB2	点动按钮	I0.1	KM2	主轴反转接触器	Q0.1
SB3	正转起动按钮	I0.2	KM3	切断电阻接触器	Q0.2
SB4	反转起动按钮	I0.3	KM4	冷却泵接触器	Q0.3
SB5	冷却泵停止	I0.4	KM5	快速电动机接触器	Q0.4
SB4	冷却泵起动	I0.5	KM6	保护电流表接触器	Q0.5
KS1	速度继电器正转触点	I0.6			
KS2	速度继电器反转触点	I0.7			

5. C650 卧式车床 PLC 控制的梯形图程序

由于继电接触器电路中主轴电动机无论正转还是反转,切除限流电阻接触器 KM3 都是首先动作,在梯形图中,安排第一个支路为切除电阻控制支路。在正转及反转接触器控制支路中,综合了自保持、制动两种控制逻辑关系,正转控制中还加有手动控制。在如图 4.12 所示的梯形图中,用定时器 T37 代替图 4.12 中的时间继电器 KT,并且通过 T37 控制 Q0.5→KM4 的常闭触点 KM4(P - Q)。在启动的短时间内将电流表暂时短接。

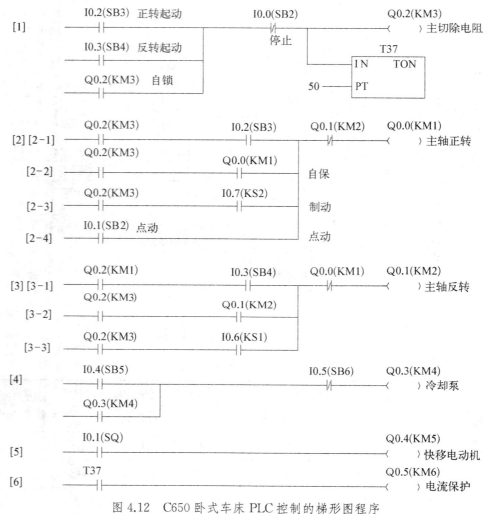

图 4.12　C650 卧式车床 PLC 控制的梯形图程序

6. 电路工作过程分析

1) 主轴电动机 M1 正转点动控制

按下起动按钮SB2→输入继电器I0.1得电→◎I0.1[2-4]闭合

→ Q0.0[2]得电→KM1得电吸合 → 电动机M1正转启动

松开正转点动按钮SB2→输入继电器I0.1失电→◎I0.0[2-4]断开

→ Q0.0[2]失电→KM1失电释放 → 电动机M1正转停止

2）主轴电动机 M1 正转控制

主轴电动机 M1 正转控制扫描周期顺序如图 4.13 所示。

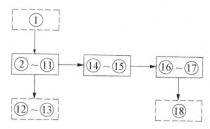

图 4.13　主轴电动机 M1 正转控制扫描周期顺序

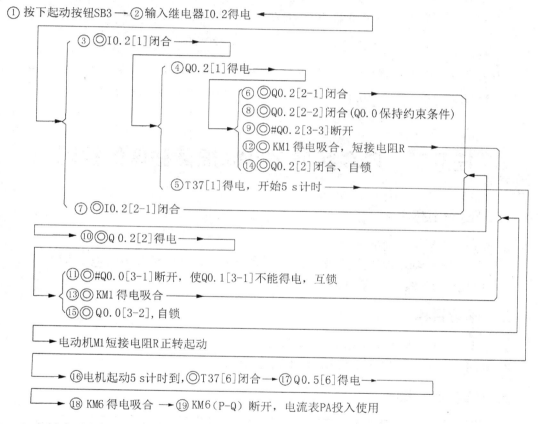

3）主轴电动机 M1 正转停车制动

主轴电动机 M1 正转停车扫描周期顺序如图 4.14 所示。

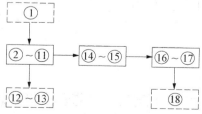

图 4.14　主轴电动机 M1 正转停车制动扫描周期顺序

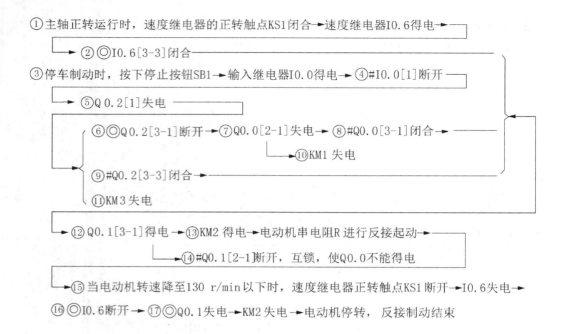

①主轴正转运行时，速度继电器的正转触点KS1闭合→速度继电器I0.6得电→
→②◎I0.6[3-3]闭合

③停车制动时，按下停止按钮SB1→输入继电器I0.0得电→④#I0.0[1]断开→

⑤Q0.2[1]失电

⑥◎Q0.2[3-1]断开→⑦Q0.0[2-1]失电→⑧#Q0.0[3-1]闭合→
→⑩KM1失电

⑨#Q0.2[3-3]闭合

⑪KM3失电

⑫Q0.1[3-1]得电→⑬KM2得电→电动机串电阻R进行反接起动→
→⑭#Q0.1[2-1]断开，互锁，使Q0.0不能得电

⑮当电动机转速降至130 r/min以下时，速度继电器正转触点KS1断开→I0.6失电→

⑯◎I0.6断开→⑰◎Q0.1失电→KM2失电→电动机停转，反接制动结束

任务三　PLC实现Z3040摇臂钻床的控制

一、任务描述

1. 熟知机床结构、运动情况。
2. 主轴、摇臂升降电动机控制，立柱、主轴箱的松开和夹紧控制，冷却泵电动机的控制。
3. I/O配置及接线，设计摇臂钻床的梯形图。

二、学习目标

1. 了解Z3040摇臂钻床的结构、运动形式。
2. 利用PLC对Z3040摇臂钻床控制电路进行设计。

三、任务流程图

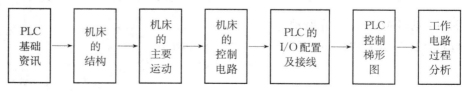

图4.15　工作流程图

四、学习过程

1. 将机床电路图转换成为功能相同的PLC的外部接线图和梯形图的步骤

将机床"继电器-接触器"电路图转换成为功能相同的PLC的外部接线图和梯形图的步骤

如下：

① 详细了解和熟悉被控机床设备的机械结构组成、工作原理、生产工艺过程和机械动作情况，根据"继电器-接触器"电路图分析和掌握被控机床设备控制系统的工作原理。

② 确定 PLC 控制的输入信号和输出负载，"继电器-接触器"电路图中的交流接触器和电磁阀等执行机构，如果改用 PLC 的输出位来控制，它们的线圈在 PLC 的输出端；按钮、操作开关和行程开关、接近开关等提供 PLC 的数字量输入信号；"继电器-接触器"电路图中的中间继电器、时间继电器、机械或电子计数器等的功能用 PLC 内部的存储器件、定时器和计数器来完成，它们由 PLC 内部的电子电路构成，与 PLC 的输入位、输出位无关。

③ 选择 PLC 的型号，根据系统所需要的功能和规模选择 CPU 模块、电源模块、数字量输入和输出模块，对硬件进行组态，确定输入/输出模块在机架中的安装位置和它们的起始地址。

④ 确定 PLC 各数字量输入信号与输出负载对应的输入位和输出位的地址，画出 PLC 的外部接线图。各输入和输出在梯形图中的地址，取决于它们模块的起始地址和模块中的接线端子号。

⑤ 确定与"继电器-接触器"电路图中的中间继电器、时间继电器、机械或电子计数器等对应的梯形图中的存储器、定时器、计数器的地址。

⑥ 根据上述的对应关系，画出梯形图。

⑦ 将编制好的用户 PLC 控制程序通过编辑工具下载到所使用的 PLC 中。

⑧ 进行 PLC 控制系统的调试。

⑨ 编制有关设计和使用说明文件。

2. Z3040 摇臂钻床的机械结构

Z3040 摇臂钻床主要由底座、内立柱、外立柱、摇臂、主轴箱及工作台等部分组成，Z3040 摇臂钻床的结构示意如图 4.16 所示。

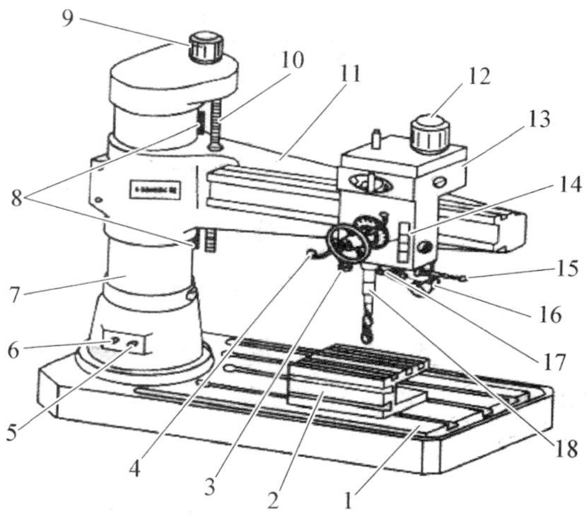

摇臂钻床利用旋转的钻头对工件进行加工。它由底座、内外立柱、摇臂、主轴箱和工作台构成，主轴箱固定在摇臂上，可以沿摇臂径向运动；摇臂借助于丝杠，可以作升降运动；也可以与外立柱固定在一起，沿内立柱旋转。钻削加工时，通过夹紧装置，主轴箱紧固在摇臂上，摇臂紧固在外立柱上，外立柱紧固在内立柱上。

1—底座　2—工作台　3—进给量预置手轮　4—离合器操纵杆　5—电源自动开关　6—冷却泵自动开关　7—外立柱　8—摇臂上下运动极限保护行程开关触杆　9—摇臂升降电动机　10—升降传动丝杠　11—摇臂　12—主轴驱动电动机　13—主轴箱　14—电气设备操作按钮盒　15—组合阀手柄　16—手动进给小手轮　17—内齿离合器操作手柄　18—主轴

图 4.16　Z3040 摇臂钻床的结构示意图

3. Z3040 摇臂钻床的主要运动

摇臂钻床的内立柱固定在底座的一端，在它的外面套有外立柱，外立柱可绕内立柱回转 340°。摇臂的一端为套筒，它套装在外立柱上，并借助丝杠的正反转可沿外立柱作上下移动；由于该丝杠与外立柱连成一起，且升降螺母固定在摇臂上，所以摇臂不能绕外立柱转动，只能与外立柱一起绕内立柱转动。主轴箱是一个复合部件，它由主轴驱动电动机、主轴和主轴传动机构、进给和变速机构以及机床的操作机构等部分组成，主轴箱安装在摇臂的水平导轨上，可通过手轮操作使其在水平导轨上沿摇臂移动。当进行加工时，由特殊的夹紧装置将主轴箱紧固在摇臂导轨上，外立柱紧固在内立柱上，摇臂紧固在外立柱上，然后进行钻削加工。钻削加工时，钻头一面进行旋转切削,一面进行纵向进给。

Z3040 摇臂钻床的主运动为主轴旋转(产生切削)运动。进给运动为主轴的纵向进给。辅助运动包括摇臂在外立柱上的垂直运动(摇臂的升降),摇臂与外立柱一起绕内立柱的旋转运动及主轴箱沿摇臂长度方向的运动。对于摇臂在立柱上升降时的松开与夹紧,Z3040 摇臂钻床则是依靠液压推动松紧机构自动进行的。Z3040 摇臂钻床的结构与运动情况示意如图 4.17 所示。

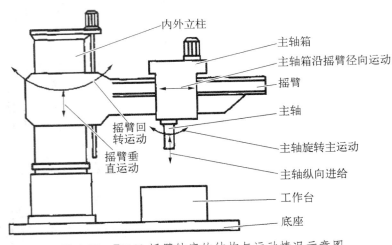

图 4.17　Z3040 摇臂钻床的结构与运动情况示意图

4. Z3040 摇臂钻床的"继电器-接触器"控制电路

Z3040 摇臂钻床的电气控制电路如图 4.18 所示,它主要包括主轴电动机 M1、摇臂升降电动机 M2、液压泵电动机 M3 和冷却泵电动机 M4 的控制以及立柱主轴箱的松开和夹紧控制等。

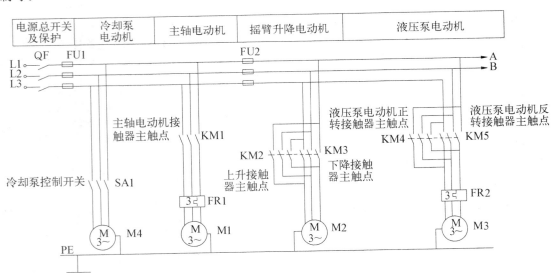

图 4.18　Z3040 摇臂钻床的电气控制电路

主轴电动机 M1 提供主轴转动的动力,是钻床加工主运动的动力源;主轴应具有正反转功能,但主轴电动机只有正转工作模式,反转由机械方法实现。摇臂升降电动机提供摇臂升降的动力,需要正反转。液压泵电动机提供液压油,用于摇臂、立柱和主轴箱的夹紧和松开,也需要正、反转。冷却泵电动机用于提供切削液,只需正转。

　　Z3040摇臂钻床的操作主要通过手轮及按钮实现手轮用于主轴箱在摇臂上的移动,这是手动的。按钮用于主轴的起动/停止、摇臂的上升/下降、立柱主轴箱的夹紧/松开等操作,再配合限位开关实现对钻床的调控。

1) 主轴电动机 M1 的控制

　　按下起动按钮 SB2,接触器 KM1 得电吸合并自锁,主轴电动机 M1 启动运转,指示灯 HL3 亮,按下停止按钮 SB1,接触器 KM1 失电释放,M1 失电停止运转。热继电器 FR1 起过载保护作用。

2) 摇臂升降电动机 M2 和液压泵电动机 M3 的控制

　　按下按钮 SB3(或 SB4)时,断电延时时间继电器 KT 导电吸合,接触器 KM4 和电磁铁 YA 得电吸合。液压泵电动机 M3 启动运转,供给液压油,液压油经液压阀进入摇臂松开油腔,推动活塞和菱形块使摇臂松开。同时限位开关 SQ2 被压住,SQ2 的常闭触头断开,接触器 KM4 失电释放,液压泵电动机 M3 停止运转。SQ2 的常开触头闭合,接触器 KM2(或 KM3)得电吸合,摇臂升降电动机 M2 启动运转,使摇臂上升(或下降)。若摇臂未松开,SQ2 的常开触头不闭合,接触器 KM2(或 KM3)也不能得电吸合,摇臂就不可能升降。摇臂升降到所需位置时松开按钮 SB3(或 SB4),接触器 KM2(或 KM3)和时间继电器 KT 失电释放,电动机 M2 停止运转,摇臂停止升降。时间继电器 KT 延时闭合的常闭触头经延时闭合,使接触器 KM5 吸合,液压泵电动机 M3 反方向运转,供给液压油。经过机械液压系统,压住限位开关 SQ3 使接触器 KM5 释放。同时,时间继电器 KT 的常开触头延时断开,电磁铁 YA 释放。液压泵电动机 M3 停止运转。

　　KT 的作用是控制 KM5 的吸合时间,保证 M2 停转、摇臂停止升降后再进行夹紧。摇臂的自动夹紧升降由限位开关 SQ3 来控制。压合 SQ3,使 KM2 或 KM3 失电释放,摇臂升降电动机 M2 停止运转。摇臂升降限位保护由上下限位开关 SQ1C 或 SQ1D 实现。上升到极限位置后,常闭触头 SQ1C 断开,摇臂自动夹紧,与松开上升按钮动作相同;下降到极限位置后,常闭触头 SQ1D 断开,摇臂自动夹紧,与松开下降按钮动作相同;SQ1 的两对动合触头需调整"在同时"接通位置,动作时一对接通、一对断开。

3) 立柱、主轴箱的松开和夹紧控制

　　按下松开按钮 SB5(或夹紧按钮 SB6)、KM4(或 KM5)吸合、起动、供给液压油,通过机械液压系统使立柱和主轴箱分别松开(或夹紧),指示灯亮。主轴箱、摇臂和内外立柱 3 部分的夹紧均由 M3 带动的液压泵提供液压油,通过各自的液压缸使其松开和夹紧。

4) 冷却泵电动机 M4 的控制

冷却泵电动机 M4 由转换开关 SA1 控制。

5. PLC 的 I/O 配置及 PLC 的 I/O 接线

PLC 的 I/O 配置表 4.3,PLC 控制电路的主电路同图 4.19,I/O 接线图如图 4.20 所示。

6. Z3040 摇臂钻床 PLC 控制的梯形图程序

Z3040 摇臂钻床 PLC 控制的梯形图程序如图 4.21 所示。

7. 电路工作过程分析

1) 主电动机 M1 的控制

按下起动按钮 SB2→输入继电器 I0.1 得电→◎I0.1[1]闭合→输出继电器 Q0.0[1]得电闭合

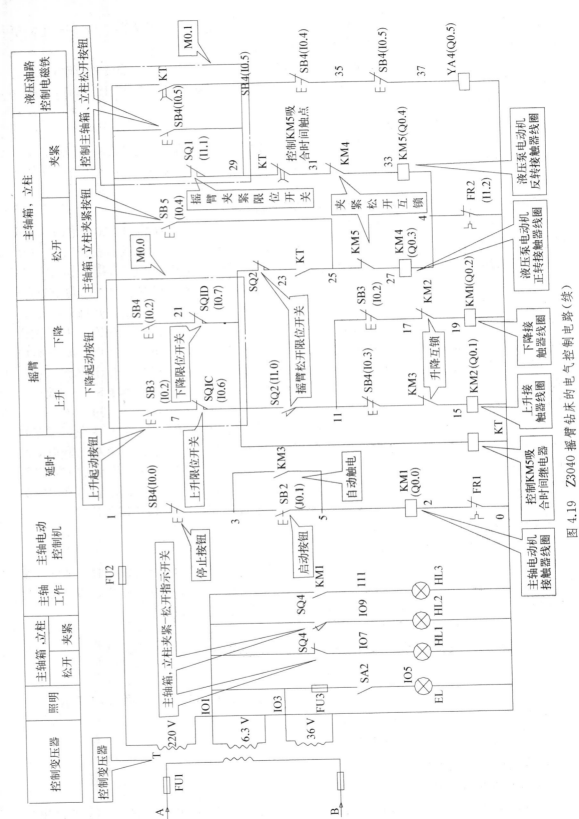

图 4.19 Z3040 摇臂钻床的电气控制电路（续）

表4.3　PLC的I/O配置表

输 入 设 备		PLC输入继电器	输 出 设 备		PLC输出继电器
代 号	功 能		代 号	功 能	
SB1	主轴点动按钮	I0.0	KM1	主轴电动机接触器	Q0.0
SB2	主轴停止按钮	I0.1	KM2	摇臂上升接触器	Q0.1
SB3	摇臂上升按钮	I0.2	KM3	摇臂下降接触器	Q0.2
SB4	摇臂下降按钮	I0.3	KM4	液压电动机正转接触器	Q0.3
SB5	主轴箱、立柱松开按钮	I0.4	KM5	液压电动机反转接触器	Q0.4
SB6	主轴箱、立柱夹紧按钮	I0.5	YA	液压油控制电磁铁	Q0.5
SQ1C	摇臂上升限位开关	I0.6			
SQ1D	摇臂下降限位开关	I0.7			
SQ2	摇臂松开限位开关	I1.0			
SQ3	摇臂夹紧限位开关	I1.1			
FR	热继电器	I1.2			

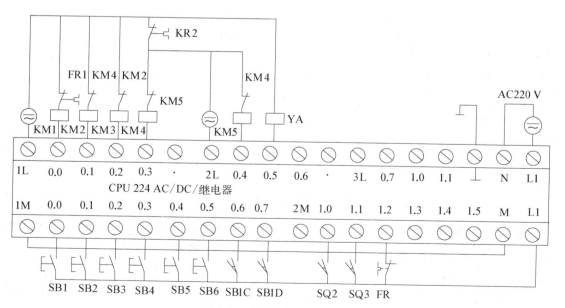

图4.20　PLC的I/O接线图

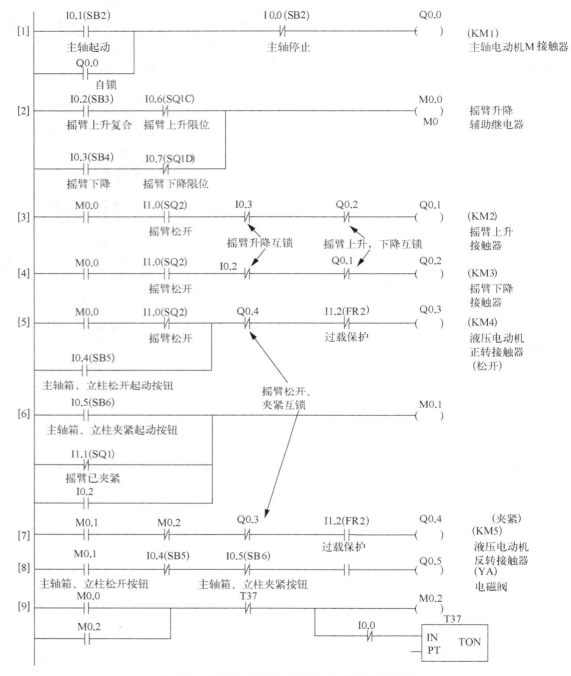

图 4.21 Z3040 摇臂钻床 PLC 控制的梯形图程序

并自锁→KM1 得电吸合→主轴电动机 M1 启动运转。按下起动按钮 SB1→输入继电器 I0.1 得电→#I0.0 得电[1]断开→Q0.0[1]失电→KM1 失电释放→电动机 M1 停转。

2)摇臂的工作

预备状态(摇臂钻床平常或加工工作时),SQ1 受压→I1.1 得电→#I1.1[4]断开,SQ2 未受压→I1.0 未得电→◎I1.0[3]断开、#I1.0[5]闭合。

（1）摇臂松开

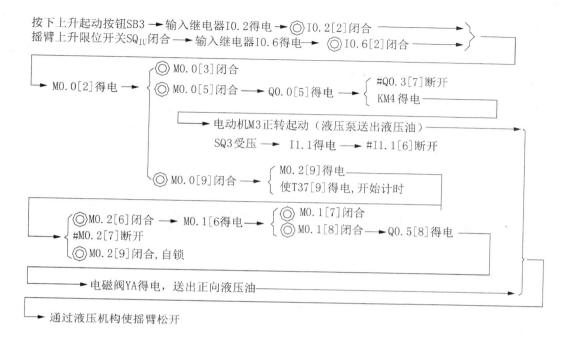

按下上升起动按钮SB3 → 输入继电器I0.2得电 → ◎I0.2[2]闭合 ──────┐
摇臂上升限位开关SQ₁ᵤ闭合 → 输入继电器I0.6得电 → ◎I0.6[2]闭合 ──┘

├→ M0.0[2]得电 →
　　◎M0.0[3]闭合
　　◎M0.0[5]闭合 → Q0.0[5]得电 →
　　　　　　　　　　#Q0.3[7]断开
　　　　　　　　　　KM4得电
　　　→ 电动机M3正转起动（液压泵送出液压油）
　　　SQ3受压 → I1.1得电 → #I1.1[6]断开
　　◎M0.0[9]闭合 →
　　　　M0.2[9]得电
　　　　使T37[9]得电，开始计时

├→ ◎M0.2[6]闭合 → M0.1[6]得电 →
　　　　◎M0.1[7]闭合
　　　　◎M0.1[8]闭合 → Q0.5[8]得电
　　#M0.2[7]断开
　　◎M0.2[9]闭合，自锁

├→ 电磁阀YA得电，送出正向液压油

├→ 通过液压机构使摇臂松开

（2）摇臂上升

当摇臂完全松开时，压下行程开关SQ2，其常开触点（◎I1.0）[3]、[4]闭合，常闭触点（#I1.0）[5]断开。

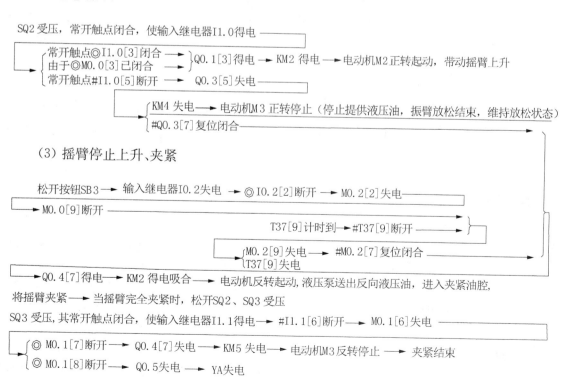

SQ2受压，常开触点闭合，使输入继电器I1.0得电 ──────┐
　├ 常开触点◎I1.0[3]闭合 ──
　│ 由于◎M0.0[3]已闭合 ── → Q0.1[3]得电 → KM2得电 → 电动机M2正转起动，带动摇臂上升
　└ 常开触点#I1.0[5]断开 ── Q0.3[5]失电 ──
　　　　KM4失电 → 电动机M3正转停止（停止提供液压油，振臂放松结束，维持放松状态）
　　　　#Q0.3[7]复位闭合

（3）摇臂停止上升、夹紧

松开按钮SB3 → 输入继电器I0.2失电 → ◎I0.2[2]断开 → M0.2[2]失电 ─┐
├→ M0.0[9]断开 ─────────────────────
　　　　　　T37[9]计时到 → #T37[9]断开 ──
　　　　　　　M0.2[9]失电 → #M0.2[7]复位闭合
　　　　　　　T37[9]失电
├→ Q0.4[7]得电 → KM2得电吸合 → 电动机反转起动，液压泵送出反向液压油，进入夹紧油腔，
将摇臂夹紧 → 当摇臂完全夹紧时，松开SQ2、SQ3受压
SQ3受压，其常开触点闭合，使输入继电器I1.1得电 → #I1.1[6]断开 → M0.1[6]失电 ─
├ ◎M0.1[7]断开 → Q0.4[7]失电 → KM5失电 → 电动机M3反转停止 → 夹紧结束
└ ◎M0.1[8]断开 → Q0.5失电 → YA失电

3）立柱和主轴箱的松开与夹紧控制

按下SB5 → 输入继电器I0.4得电

    ◎I0.4[5]闭合 → Q0.3[5]得电 → KM4得电 → M3起动，供给液压油，通过机械液压系统使立柱和主轴箱放松

    #I0.4[8]断开 → Q0.5[8]不能得电，电磁阀YA失电

按下SB6 → 输入继电器I0.5得电

    ◎I0.5[6]闭合 → M0.1[6]得电 → ◎M0.1[7]闭合 → KM5得电 → M3起动，供给液压油 →

                  ◎M0.1[8]闭合 → Q0.5[8]得电 → YA得电 →

→ 通过机械液压系统使立柱和主轴箱夹紧

任务四　PLC 实现 M7130 平面磨床的控制

一、任务描述

1. 熟悉 M7130 平面磨床主要组成、运动情况。
2. 设计 M7130 磨床的控制电路。
3. PLC I/O 的配置和接线、设计梯形图程序、砂轮和液压泵控制、过载保护。

二、学习目标

1. 了解 M7130 平面磨床的结构、运动形式。
2. 利用 PLC 对 M7130 平面磨床控制电路进行设计。

三、任务流程图

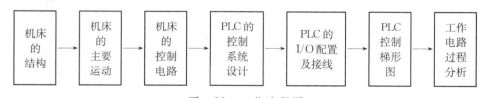

图 4.22　工作流程图

四、学习过程

磨床是用砂轮的端面或周边对工件的表面进行磨削加工的精密机床。通过磨削，使工件表面的形状、精度和光洁度等达到预期的要求。磨床的种类很多，按其工作性质可分为平面磨床、外圆磨床、内圆磨床、工具磨床以及一些专用磨床，如螺纹磨床、齿轮磨床、球面磨床、花键磨床、导轨磨床与无心磨床等，其中尤以平面磨床应用最为广泛。平面磨床根据工作台的形状和砂轮轴与工作台的关系，又可分为卧轴矩台平面磨床、立轴矩台平面磨床、卧轴圆台平面磨床、立轴圆台平面磨床等。本节将以 M7130 卧轴矩台平面磨床为例，对它的电气控制电路进行 PLC 技术设计。

1. M7130 平面磨床的结构组成

M7130 型平面磨床是卧轴矩形工作台式，其结构示意如图 4.23 所示，主要有床身、工作台、

电磁吸盘、砂轮箱(又称磨头)、滑座、立柱、工作台换向撞块、往返运动换向手柄、砂轮箱垂直进刀手轮、活塞杆等部分组成。

2. M7130 平面磨床的主要运动

如图 4.23 所示,在箱形床身中装有液压传动装置,工作台通过活塞杆由油压推动作往复运动,床身导轨有自动润滑装置进行润滑。工作台表面有 T 形槽,用以固定电磁吸盘,再由电磁吸盘来吸持被加工工件。工作台的行程长度可通过调节装往工作台正面槽中的撞块位置来改变;通过换向撞块碰撞工作台往复运动换向手柄,以改变油路来实现工作台的往复运动。

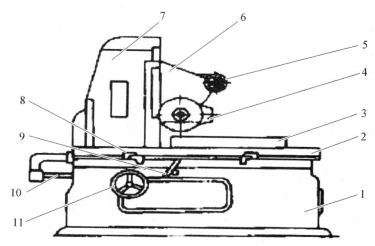

1—床身　2—工作台　3—电磁吸盘　4—砂轮箱　5—砂轮箱横向移动手柄
6—滑台　7—立柱　8—工作台换向撞块　9—往返运动换向手柄
10—活塞杆　11—砂轮箱垂直进刀手轮

图 4.23　M7130 卧式矩台平面磨床结构示意图

在床身上固定有立柱,沿立柱的导轨上装有滑座,砂轮箱能沿其水平导轨移动。砂轮轴由装入式电动机直接拖动。在滑座内部往往也装有液压传动机构。

滑座可以在立柱导轨上作上下移动,并可由垂直进刀手轮操作。砂轮箱的水平轴向移动可由横向移动手轮操作,也可由液压传动作连续或间接移动,前者用于调节运动或修整砂轮,后者用于进给。

矩形工作台平面磨床工作图如图 4.24 所示,砂轮的旋转运动是主运动。进给运动有垂直进给,即滑座在立柱导轨上的上下运动;横向进给,即砂轮箱在滑座上的水平运动;纵向进给,即工作台沿床身的往复运动。工作台每完成一次往复运动时,砂轮箱作一次间断性的横向进给;当加工

图 4.24　矩形工作台平面磨床工作图

完整个平面时,砂轮箱作一次间断性的垂直进给。辅助运动有工作台及砂轮架的快速移动等。

总之,磨床作为机床加工的主要磨削工具。其主要的运动形式可归纳如下。

① 主运动:砂轮的旋转运动。

② 进给运动:包括有:垂直进给,滑座在立柱上的上下运动;横向进给,砂轮箱在滑座上的水平运动;纵向进给,工作台沿床身的往复运动。

③ 辅助运动:工作台及砂轮架的快速移动。

3. M7130 平面磨床的"继电器-接触器"控制电路

M7130 平面磨床的"继电器-接触器"电气控制电路如图 4.25 所示。

M7130 平面磨床对"继电器-接触器"电气控制有以下几项控制要求。

① 砂轮电动机 M1:要求单方向旋转,无调速要求。

② 液压泵电动机 M2:为了保证加工精度,减小往复运动产生的惯性冲击,采用液压传动。

③ 冷却泵电动机 M3:为了减少磨削加工时工件的热变形,需采用切削液冷却;冷却泵电动机与砂轮电动机具有顺序联锁关系,即只有起动砂轮电动机后,才能起动冷却泵电动机。

上述 3 台电动机只需单方向旋转,都没有调速要求,因此全部选用笼型异步电动机,采用全压起动。

4. M7130 平面磨床的 PLC 控制系统设计

当磨床采用 PLC 控制时,控制程序可用经验法进行设计;该控制系统的梯形图程序可以通过继电器控制电路转化得到。磨床在加工时使用电磁吸盘固定工件,为了防止电磁吸盘吸力不足造成事故或影响工件的加工质量,在电磁吸盘电路中安装了欠电流继电器,进行失磁保护;同时为了能够加工非导磁材料的工件和设备调试,使用转换开关选择工作方式。

5. 输入/输出电器与 PLC 的 I/O 配置、接线

根据控制要求可知,需要输入的信号有 8 个;需要输出的信号有 2 个;全部为开关量。按照输入/输出信号的类型和数量,PLC 选用 CPU 222 AC/DC/继电器(AC 100~230 V 电源/DC 24 V输入/继电器输出)。

输入/输出电器的 I/O 配置如表 4.4。PLC 的控制电路的主电路图 4.25,M7130 平面磨床

表 4.4　输入/输出电器与 PLC 的 I/O 配置表

输 入 设 备		PLC输入继电器	输 出 设 备		PLC输出继电器
符 号	功 能		符 号	功 能	
SB1	M1 起动按钮	I0.0	KM1	M1 接触器	Q0.0
SB2	M1 停止按钮	I0.1	KM2	M2 接触器	Q0.1
SB3	M2 起动按钮	I0.2			
SB4	M2 停止按钮	I0.3			
SA1	工作方式选择开关	I0.4			
KA	欠电流继电器	I0.5			
FR1	M1 热继电器	I0.4			
FR2	M2 热继电器	I0.7			

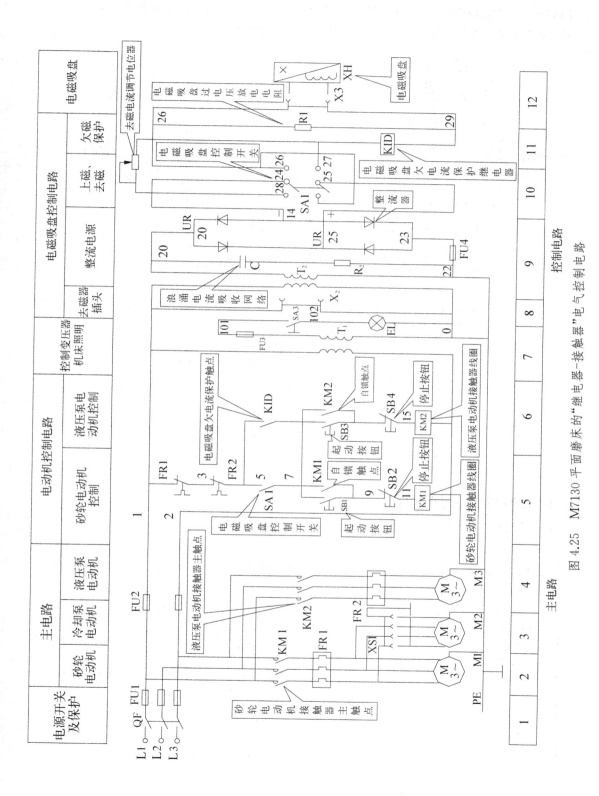

图 4.25 M7130 平面磨床的"继电器-接触器"电气控制电路

的 PLC 的 I/O 接线如图 4.26 所示。输入信号使用 PLC 提供的内部直流电源 24 V(DC);负载使用的外部电源为交流 220 V(AC);PLC 的电源为交流 220 V(AC)。

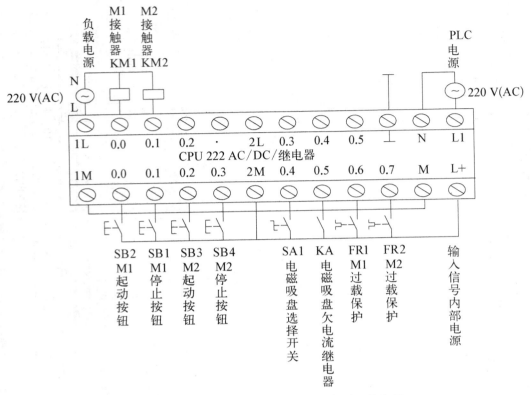

图 4.26　M7310 平面磨床的 PLC 的 I/O 接线图

6. PLC 控制的梯形图程序

PLC 控制的梯形图程序如图 4.27 所示。

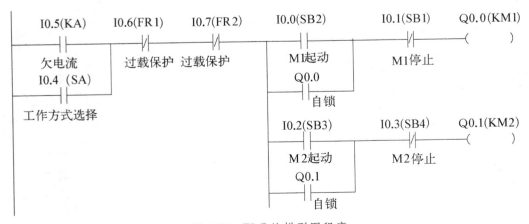

图 4.27　PLC 的梯形图程序

7. 电路工作过程分析

1）砂轮电动机 M1 的控制

（1）起动。

按下起动按钮SB2 → 输入继电器I0.0得电 → 常开触点◎I0.0闭合 → 输入继电器Q0.0得电 ←

┌ KM1得电吸合 → 电动机M1全压起动并运行

└ 常开触点◎Q0.0闭合、自锁

（2）停止

按下停止按钮SB1 → 输入继电器I0.1得电 → 常闭触点#I0.1断开 → 输出继电器Q0.0失电 ←

┌ KM1失电释放 → 发动机M1断开电源，电动机停止

└ 常开触点◎Q0.0断开、取消自锁

2）液压泵电动机 M2 的控制

（1）起动。

按下起动按钮SB3 → 输入继电器I0.2得电 → 常开触点◎I0.2闭合 → 输入继电器Q0.1得电 ←

┌ KM2得电吸合 → 电动机M2全压起动并运行

└ 常开触点◎Q0.1闭合、自锁

（2）停止

按下停止按钮SB4 → 输入继电器I0.3得电 → 常闭触点#I0.3断开 → 输出继电器Q0.1失电 ←

┌ KM2失电释放 → 发动机M2断开三相电源，电动机停止

└ 常开触点◎Q0.1断开、取消自锁

3）冷却泵电动机 M3 及电磁吸盘的控制

冷却泵电动机采用插拔插头，手动控制；电磁吸盘也是采用插拔插头，手动控制。为了确保使用电磁吸盘时能够可靠吸持工件，在电磁吸盘电路中串联了欠电流继电器 KA，当电磁吸盘吸力不足时，KA 释放，使磨床停止工作；当不使用电磁吸盘进行加工或机床调试时，可将转换开关 SA 置于去磁位置，则磨床电路仍能正常工作。

4）过载保护

热继电器 FR1、FR2 分别对电动机 M1 和 M2 进行保护；对冷却泵电动机 M3，没有设置单独的过载保护。

当发生过载或断相时：① 热继电器 FR1 或 FR2 动作→② FR1 或 FR2 常开触点闭合→③ 输入继电器 I0.6 或 I0.7 得电→④ 常断触点＃I0.6 或 ＃I0.7 断开→⑤ 输出继电器 Q0.0 和 Q0.1 失电→⑥ KM2 和 KM1 线圈失电释放→⑦ 电动机 M1、M2 停止运转。

任务五　PLC 实现组合机床的控制

一、任务描述

1. 熟悉组合机床的组成、特点。

2. 组合机床电动机选型及控制电路设计。

3. 双头钻床的控制要求、PLC 的 I/O 配置及接线、深孔钻削梯形图程序、工作过程分析。

二、学习目标

1. 了解组合机床的结构、工作特点。

2. 利用 PLC 对组合机床控制电路进行设计。

三、任务流程图

图 4.28　工作流程图

四、学习过程

通用机床的控制加工中工序只能一道一道地进行,不能实现多道、多面同时加工。其生产效率低,加工质量不稳定,操作频繁。为了改善生产条件,满足生产发展的专业化、自动化要求,人们经过长期生产实践的不断探索、改进和创造,逐步形成了各类专用机床。专用机床是为完成工件某一道工序的加工而设计制造的,可采用多刀加工,具有自动化程度高、生产效率高、加工精度稳定、机床结构简单、操作方便等优点。但当零件结构与尺寸改变时,须重新调整机床或重新设计、制造,因而专用机床又不利于产品的更新换代。

为了克服专用机床的不足,在生产中又发展了一种新型的加工机床。它以通用部件为基础,配合少量的专用部件组合而成,具有结构简单、生产效率和自动化程度高等特点。一旦被加工零件的结构与尺寸改变,能较快地进行重新调整,组合成新的机床。这一特点有利于产品的不断更新换代,目前在许多行业得到了广泛的应用。本章主要介绍这种组合机床。

1. 组合机床的组成结构

组合机床是由一些通用部件及少量专用部件组成的高效自动化或半自动化专用机床。可以完成钻孔、扩孔、铰孔、镗孔、攻丝、车削、铣削及精加工等多道工序,一般采用多轴、多刀、多工序、多面、多工位同时加工,适用于大批量生产,能稳定地保证产品的质量。图 4.29 所示为单工位三面复合式组合机床结构示意图。它由底座、立柱、滑台、动力头、变速箱等通用部件,多轴箱、夹具等专用部件以及控制、冷却、排屑、润滑等辅助部件组成。

通用部件是经过系列设计、试验和长期生产实践考验的,其结构稳定、工作可靠,由专业生

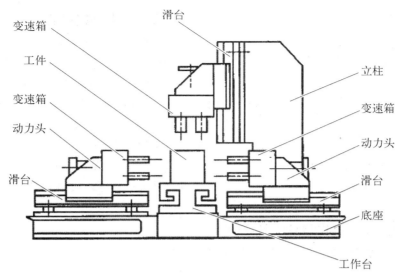

图 4.29 单位三面复合式组合机床结构示意图

产厂成批制造,经济效果好、使用维修方便。一旦被加工零件的结构与尺寸改变时,这些通用部件可根据需要组合成新的机床。在组合机床中,通用部件一般占机床零部件总量的 70% ~ 80%;其他 20% ~ 30% 是专用部件由被加工件的形状、轮廓尺寸、工艺和工序决定。

组合机床的通用部件主要包括以下几种:

1) 动力部件

动力部件用来实现主运动或进给运动,有动力头、变速箱、各种切削头。

2) 支承部件

支承部件主要为各种底座,用于支承、安装组合机床的其他零部件,它是组合机床的基础部件。

3) 输送部件

输送部件用于多工位组合机床,用来完成工件的工位转换,有直线移动工作台、回转工作台、回转鼓轮工作台等。

4) 控制部件

用于组合机床完成预定的工作循环程序。它包括液压元件、控制挡铁、操纵板、按钮盒及电气控制部分。

5) 辅助部件

辅助部件包括冷却、排屑、润滑等装置,以及机械手、定位、夹紧、导向等部件。

2. 组合机床的工作特点

组合机床主要由通用部件装配组成,各种通用部件的结构虽有差异,但它们在组合机床中的工作却是协调的,能发挥较好的效果。

组合机床通常是从几个方向对工件进行加工的,它的加工工序集中,要求各个部件的动作顺序、速度、起动、停止、正向、反向、前进、后退等均应协调配合,并按一定的程序自动或半自动地进行。加工时应注意各部件之间的相互位置,精心调整每个环节,避免大批量加工生产中造成严重的经济损失。

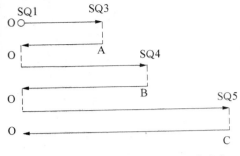

图 4.30 深孔钻削时刀具进退与
行程开关示意图

3. 深孔钻组合机床的控制要求

深孔钻组合机床进行深孔钻削时,为利于钻头排屑和冷却,需要周期性地从工作中退出钻头,刀具进退与行程开关的示意如图 4.30 所示,在起始位置 O 点时,行程开关 SQ1 被压合,按下点动按钮 SB2,电动机正转起动,刀具前进。退刀由行程开关控制,当动力头依次压在 SQ3、SQ4、SQ5 上时电动机反转,刀具会自动退刀,退刀到起始位置时,SQ1 被压合,退刀结束。接着刀具又自动进刀,直到 3 个工作过程全部完成时结束。

4. PLC的I/O配置和PLC的I/O接线

PLC 的 I/O 配置表见表 4.5,PLC 的 I/O 接线图如图 4.31 所示。

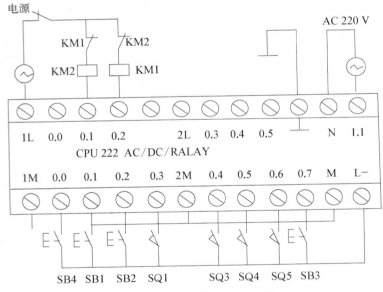

图 4.31 PLC 的 I/O 接线图

表 4.5 PLC 的 I/O 配置表

输入设备		PLC输入继电器	输出设备		PLC输出继电器
代 号	功 能		代 号	功 能	
SB1	停止按钮	I0.1	KM1	钻头前进接触器线圈	Q0.1
SB2	起动按钮	I0.2	KM2	钻头后退接触器线圈	Q0.2
SQ1	原始位置行程开关	I0.3			
SQ3	退刀行程开关	I0.4			
SQ4	退刀行程开关	I0.5			

续　表

输　入　设　备		PLC输入继电器	输　出　设　备		PLC输出继电器
代　号	功　能		代　号	功　能	
SQ5	退刀行程开关	I0.4			
SB3	正向调整点动按钮	I0.7			
SB4	反向调整点动按钮	I0.0			

5. 深孔钻削顺序功能图和控制梯形图程序

深孔钻削控制的顺序功能图如图 4.32 所示,其控制梯形图程序如图 4.33 所示。

钻头进刀和退刀是由电动机正转和反转实现的,电动机的正反转切换是通过两个接触器 KM1(正转)和 KM2(反转)切换三相电源线中的任意两相来实现的。为防止由于电源换相引起的短路事故,软件上采用了换相延时措施。梯形图中的 T33、T44 的延时时间通常设定为 0.1~0.5 s。同时在硬件电路上也采用了互锁措施。PLC 的 I/O 接线图中 FR 用于过载保护。点动调整时应注意:若在系统启动后再进行调整,需先按下停止按钮(即使工件加工完毕停在原位)。

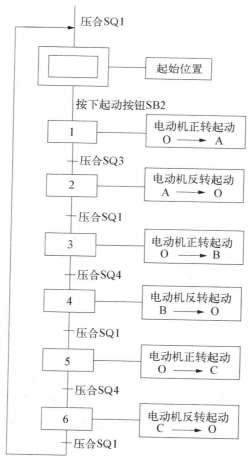

图 4.32　顺序功能图

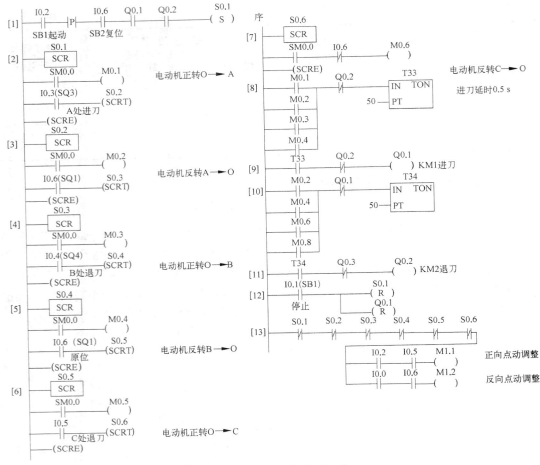

图 4.33　控制梯形图程序

6. 电路工作过程分析

1) 运行

按下起动按钮SB2 → 输入继电器I0.2得电 → ◎ I0.2[1]得电 ┐
原始位置行程开关SQ1闭合 → 输入继电器I0.6得电 → ◎ I0.6[1]闭合 ┘

└→ ◎ I0.2[1]的上升沿使S0.1[1]置位并保持，系统进入步S0.1，#S0.1[13]断开，不能进行点动调整

（1）步 S0.1

◎ SM0.0[2]闭合 → M0.1[2]得电 → ◎ M0.1[8]闭合 → 启动定时器T33，开始计时 ┐

└→ T33计时5 s后，◎ T33[9]闭合 → Q0.1[9]得电 ┐

┌→ KM1得电 → 主触点闭合 → 进刀
└ #Q0.1[10]断开，使T34不能得电，进而使Q0.2[11]不能得电，互锁 ┐

└→ 当进刀到A处（见图4.31），压合行程开关SQ3 → 输入继电器I0.3得电 → ◎ I0.3[2]闭合 S0.2[2]置位 ┐

┌ 系统转到步S0.2，#S0.2[13]断开，不能进行点动调整
└ 步S0.1变为不活动步 → M0.1[2]失电 → T33[8]失电 → Q0.1[9]失电

（2）步 S0.2

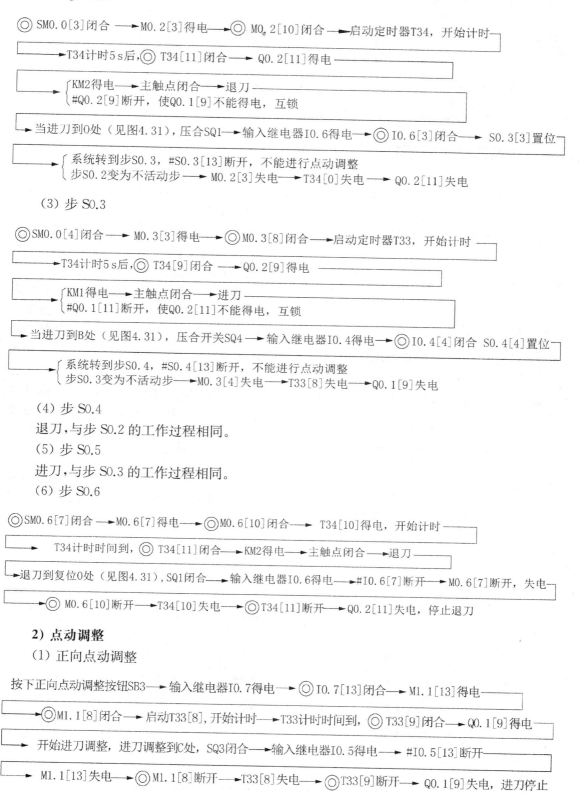

◎ SM0.0[3]闭合 ──→ M0.2[3]得电 ──→ ◎ M0.2[10]闭合 ──→ 启动定时器T34，开始计时 ──→

──→ T34计时5 s后，◎ T34[11]闭合 ──→ Q0.2[11]得电 ──→

──→ { KM2得电 ──→ 主触点闭合 ──→ 退刀 ──→
      { #Q0.2[9]断开，使Q0.1[9]不能得电，互锁

──→ 当进刀到0处（见图4.31），压合SQ1 ──→ 输入继电器I0.6得电 ──→ ◎ I0.6[3]闭合 ──→ S0.3[3]置位 ──→

──→ { 系统转到步S0.3，#S0.3[13]断开，不能进行点动调整
      { 步S0.2变为不活动步 ──→ M0.2[3]失电 ──→ T34[0]失电 ──→ Q0.2[11]失电

（3）步 S0.3

◎ SM0.0[4]闭合 ──→ M0.3[3]得电 ──→ ◎ M0.3[8]闭合 ──→ 启动定时器T33，开始计时 ──→

──→ T34计时5 s后，◎ T34[9]闭合 ──→ Q0.2[9]得电 ──→

──→ { KM1得电 ──→ 主触点闭合 ──→ 进刀 ──→
      { #Q0.1[11]断开，使Q0.2[11]不能得电，互锁

──→ 当进刀到B处（见图4.31），压合开关SQ4 ──→ 输入继电器I0.4得电 ──→ ◎ I0.4[4]闭合 S0.4[4]置位 ──→

──→ { 系统转到步S0.4，#S0.4[13]断开，不能进行点动调整
      { 步S0.3变为不活动步 ──→ M0.3[4]失电 ──→ T33[8]失电 ──→ Q0.1[9]失电

（4）步 S0.4

退刀，与步 S0.2 的工作过程相同。

（5）步 S0.5

进刀，与步 S0.3 的工作过程相同。

（6）步 S0.6

◎ SM0.6[7]闭合 ──→ M0.6[7]得电 ──→ ◎ M0.6[10]闭合 ──→ T34[10]得电，开始计时 ──→

──→ T34计时时间到，◎ T34[11]闭合 ──→ KM2得电 ──→ 主触点闭合 ──→ 退刀 ──→

──→ 退刀到复位0处（见图4.31），SQ1闭合 ──→ 输入继电器I0.6得电 ──→ #I0.6[7]断开 ──→ M0.6[7]断开，失电 ──→

──→ ◎ M0.6[10]断开 ──→ T34[10]失电 ──→ ◎ T34[11]断开 ──→ Q0.2[11]失电，停止退刀

2）点动调整

（1）正向点动调整

按下正向点动调整按钮SB3 ──→ 输入继电器I0.7得电 ──→ ◎ I0.7[13]闭合 ──→ M1.1[13]得电 ──→

──→ ◎ M1.1[8]闭合 ──→ 启动T33[8]，开始计时 ──→ T33计时时间到，◎ T33[9]闭合 ──→ Q0.1[9]得电 ──→

──→ 开始进刀调整，进刀调整到C处，SQ3闭合 ──→ 输入继电器I0.5得电 ──→ #I0.5[13]断开 ──→

──→ M1.1[13]失电 ──→ ◎ M1.1[8]断开 ──→ T33[8]失电 ──→ ◎ T33[9]断开 ──→ Q0.1[9]失电，进刀停止

（2）反向电动调整

按下反向点动调整按钮SB4 → 输入继电器I0.0得电 → ◎I0.0[13]闭合 → M1.2[13]得电 →

→ ◎M1.2[10]闭合 → 启动T34[10]，开始计时 → T34计时时间到，◎T34[11]闭合 → Q0.2[11]得电 →

→ 开始退刀调整，退刀调整到0处，SQ1闭合 → 输入继电器I0.6得电 → #I0.6[13]断开 →

→ M1.2[13]失电 → ◎M1.2[10]断开 → T34[10]失电 → Q0.2[11]失电，进刀停止

7. 双头钻床的控制要求

待加工工件放在加工位置后,操作人员按下起动按钮 SB,两个钻头同时开始工作。首先将工件夹紧,然后两个钻头同时向下运动,对工件进行钻孔加工,达到各自的加工深度后,分别返回原始位置,待两个钻头全部回到原始位置后,释放工件,完成一个加工过程。

钻头的上限位置固定,下限位置可调整,由 4 个限位开关 SQ1~SQ2 给出这些位置的信号。工件的夹紧与释放由电磁阀 YV 控制,夹紧信号来自继电器 KP。

两个钻头同时开始动作,但由于各自的加工深度不同,所以停止和返回的时间不同。对于初始的起动条件可以视为一致,即夹紧压力信号到达、两个钻头在原始位置和起动信号到来,则具备加工的基本条件。因加工深度不同,需要设置对应的下限位开关,分别控制两个钻头的返回。

8. 双头钻床控制 PLC 的 I/O 配置和 PLC 的 I/O 接线

PLC 的 I/O 配置表见表 4.6,其 I/O 接线图如图 4.34 所示。

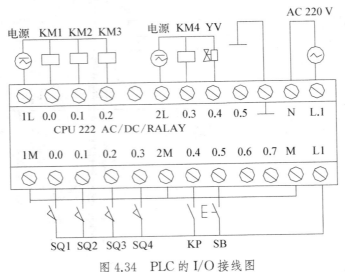

图 4.34 PLC 的 I/O 接线图

表 4.6 双头钻床控制 PLC 的 I/O 配置

输　入　设　备		PLC 输入继电器	输　出　设　备		PLC 输出继电器
符　号	功　能		符　号	功　能	
SQ1	1# 钻头上限位开关	I0.0	KM1	1# 钻头上升控制	Q0.0
SQ2	1# 钻头下限位开关	I0.1	KM2	1# 钻头下降控制	Q0.1
SQ3	2# 钻头上限位开关	I0.2	KM3	2# 钻头上升控制	Q0.2
SQ4	2# 钻头下限位开关	I0.3	KM4	2# 钻头下降控制	Q0.3
KP	压力继电器信号	I0.4	YV	夹紧控制	Q0.4
SB	启动按钮	I0.5			

9. 深孔钻削控制的梯形图程序

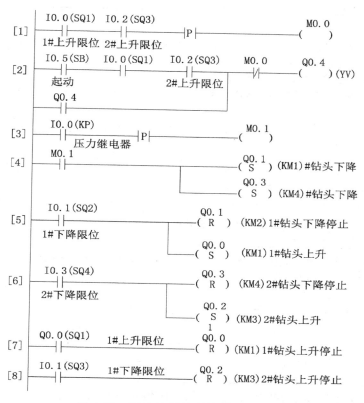

图 4.35　深孔钻削控制的梯形图程序

10. 电路工作过程分析

两个钻头同时在原始位置，SQ1和SQ3被压 —— 输入继电器I0.0、I0.2得电

◎I0.0[1]、◎I0.2[1]闭合 —— 其上升沿使M0.0[1]闭合1个扫描周期

—— #M0.0[2]断开 —— 在下一个扫描周期，M0.0[1]失电

—— #M0.0[2]闭合

◎I0.0[1]、◎I0.2[1]闭合

按下起动按钮SB —— 输入继电器I0.5得电 —— ◎I0.5[2]闭合

—— Q0.4[2]得电 —— YV得电 —— 机床对工件进行夹紧

—— ◎Q0.4[2]闭合、自锁

—— 工件夹紧，到达设定压力后，压力继电器KP动作 —— 输入继电器I0.4得电

—— ◎Q0.4[2]闭合，其上升沿使M0.1[3]得电1个扫描周期 —— ◎M0.1[4]闭合

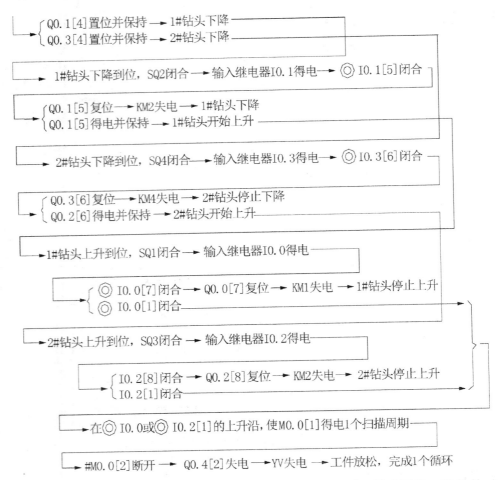

设计过程中应注意梯形图与"继电器-接触器"电路图的区别。梯形图是一种软件,是 PLC 图形化的程序,PLC 梯形图是不断循环扫描串行工作的,而在"继电器-接触器"电路图中,各电器可以同时动作并行工作。

根据"继电器-接触器"电路图设计 PLC 的外部接线图和梯形图时应注意以下问题:

① 应遵守梯形图语言中的语法规定。由于工作原理不同,梯形图不能照搬"继电器-接触器"电路图中的某些处理方法。例如在"继电器-接触器"电路中,触点是可以放在线圈两侧的,但是在梯形图中,线圈必须放在电路的最右边。

② 适当地分离"继电器-接触器"电路图中的某些电路。设计"继电器-接触器"电路图时的一个基本原则是尽量减少图中使用的触点的个数,因为这意味着成本的节约,但是这往往会使某些线圈的控制电路交织在一起。在设计梯形图时首要的问题是设计的思路要清楚,设计出的梯形图容易阅读和理解,并不是特别在意是否多用几个触点,因为这不会增加硬件的成本,只是在输入程序时需要多花一些时间。

③ 尽量减少 PLC 的输入和输出端子。PLC 的价格与 I/O 端子数有关,因此减少输入、输出信号的点数是降低硬件费用的主要措施。在 PLC 的外部输入电路中,各输入端可以接常开触点或常闭触点,也可以接触点组成的串、并联电路。PLC 不能识别外部电路的结构和触点类型,只能识别外部电路的通断。

④ 代换时间继电器。物理时间继电器有通电延时型和断电延时型两种。通电延时型时间继电器的延时动作的触点有通电延时闭合和通电延时断开两种；断电延时型时间继电器的延时动作的触点有断电延时闭合和断电延时断开两种。在用PLC控制时，时间继电器可以用PLC的定时器、计数器或者是二者的组合来代替。

⑤ 设置中间单元。在梯形图中，若多个线圈都受某触点串、并联电路的控制，为了简化电路，在梯形图中可以设置中间单元，即用该电路来控制某存储位，在各线圈的控制电路中使用其常开触点。这种中间元件类似于"继电器-接触器"电路中的中间继电器。

⑥ 设立外部互锁电路。控制三相异步电动机正反转的交流接触器如果同时动作，将会造成三相电源短路。为了更安全可靠，杜绝出现这样的事故，除了在PLC软件中设计互锁控制外，还应在PLC外部设置硬件互锁电路。

⑦ 重新确定外部负载的额定电压。双向晶闸管输出模块一般只能驱动额定电压AC 220 V的负载，如果系统原来的交流接触器的线圈电压为380 V，应换成220 V的线圈，或是设置外部中间继电器。

任务六　PLC在数控机床中的工程应用

一、任务描述

1. 理解数控机床中S、T、M功能。
2. 掌握CNC与机床之间信号传送。
3. 用PLC设计及编制控制程序，实现机床主轴运动。

二、学习目标

1. 了解数控机床与PLC之间的信号传输。
2. 了解PLC在数控机床中的应用。

三、任务流程图

图4.36　工作流程图

四、学习过程

1. 数控机床中PLC的主要功能

数控机床中的PLC主要是用来代替传统机床中继电器逻辑控制的，利用PLC的逻辑运算功能实现各种开关量的控制。应用形式主要有独立型和内装型两种。独立型PLC又称为通用型PLC，它不属于CNC装置，可以独立使用，具有完备的硬件和软件结构；内装型PLC从属于

CNC 装置,PLC 与 CNC 之间的信号传送在 CNC 装置内部实现,PLC 与机床间则通过 CNC 输入/输出接口电路实现信号传输。数控机床中的 PLC 多采用内装式,它已成为 CNC 装置的一个部件。数控机床中的 PLC 主要实现 S、T、M 等辅助功能。

主轴转速 S 功能用 S00 二位代码或 S0000 四位代码指定,如用四位代码,则可用主轴速度直接指定;如用二位代码,应首先制定二位代码与主轴转速的对应表,通过 PLC 处理可以比较容易地用 S00 二位代码指定主轴转速。如 CNC 装置送出 S 代码(如二位代码)进入 PLC,经过电平转换(独立型 PLC)、译码、数据转换、限位控制和 D/A 转换,最后输出给主轴电动机伺服系统。其中,限位控制是:当 S 代码对应的转速大于规定的最高转速时,限定在最高转速;当 S 代码对应的转速小于规定的最低速度时,限定在最低转速。为了提高主轴转速的稳定性,增大转矩,调整转速范围,还可增加 1~2 级机械变速挡,通过 PLC 的 M 功能实现。

刀具功能 T 由 PLC 实现,给加工中心自动换刀的管理带来了很大的方便。自动换刀控制方式有固定存取换刀方式和随机存取换刀方式,它们分别采用刀套编码制和刀具编码制。对于刀套编码的 T 功能处理过程是:CNC 装置送出 T 代码指令给 PLC,PLC 较过译码,在数据表内检索,找到 T 代码指定的新刀号所在的数据表的表地址,并与现行刀号进行判别、比较,如不符合,则将刀库回转指令发送给刀库控制系统,直至刀库定位到新刀号位置时,刀库停止回转,并准备换刀。

PLC 完成的 M 功能是很广泛的。根据不同的 M 代码,可控制主轴的正反转及停止;主轴齿轮箱的变速;切削液的开、关;卡盘的夹紧和松开;自动换刀装置机械手取刀、归刀等运动。

PLC 给 CNC 的信号,主要有机床各坐标基准点信号,S、T、M 功能的应答信号等。PLC 向机床传递的信号,主要是控制机床执行元位的执行信号,如电磁铁、接触器、继电器的动作信号以及确保机床各运动部件状态的信号及故障指示。

2. CNC 装置与机床间信号传送

1) CNC 装置向机床传送信号

在信息传递过程中,PLC 处于 CNC 装置和机床之间。CNC 装置和机床之间的信号传送处理包括 CNC 装置向机床传送信号和机床向 CNC 装置传送信号两个过程。

CNC 装置向机床传送信号的处理如下:

① CNC 装置控制程序将输出数据写入到 CNC 装置的 RAM 中。

② CNC 装置的 RAM 数据传送到 PLC 的 RAM 中。

③ 由 PLC 的软件进行逻辑运算处理。

④ 处理后的数据仍在 PLC 的 RAM 中。对内装型 PLC 而言,存在 PLC 存储器 RAM 中已处理好的数据再传回 CNC 装置的 RAM 中,通过 CNC 装置的输出接口送至机床;对独立型 PLC 而言,其 RAM 中已处理好的数据通过 PLC 的输出接口送至机床。

2) 机床向 CNC 装置传送信号

对于内型型 PLC,信号传送处理如下:

① 从机床输入开关量数据,送到 CNC 装置的 RAM。

② 从 CNC 装置的 RAM 传送给 PLC 的 RAM。

③ PLC 的软件进行逻辑运算处理。

④ 处理后的数据仍在 PLC 的 RAM 中,并被传送到 CNC 的 RAM 中。

⑤ CNC 装置软件读取 RAM 中的数据。

对于独立型 PLC,输入的第①步是数据通过 PLC 的输入接口送到 PLC 的 RAM 中,然后进行上述的第③步,以下均相同。

3. 编制控制程序的步骤

数控机床中 PLC 的程序编制是指控制程序的编制。在编制程序时,主要根据被控对象控制流程的要求和 PLC 的型号及配置条件编制控制程序,编制控制程序的步骤如下:

1) 编制 CNC 装置 I/O 接口文件

CNC 装置的主要 I/O 接口文件有 I/O 地址分配表和 PLC 所需数据表,这些文件是设计梯形图程序的基础资料之一。梯形图所用到的数控机床内部和外部信号、信号地址、名称、传输方向,与功能指令等有关的设定数据,与信号有关的电气元件等都反映在 I/O 接口文件中。

2) 设计数控机床的梯形图

用前面介绍的 PLC 程序设计方法设计数控机床的梯形图程序。若控制系统比较复杂,可采用"化整为零"的方法,待每一个控制功能梯形图设计出来后,再"积零为整"完善相互关系,使设计出的梯形图实现其根据控制任务所确定的顺序的全部功能。完善的梯形图程序除了能满足数控机床(被控对象)控制要求外,还应具有最小的步数、最短的顺序处理时间和容易理解的逻辑关系。

3) 数控机床中 PLC 控制程序的调试

编好的控制程序需要经过运行调试,以确认是否满足数控机床控制的要求。一般来说,控制程序要经过"仿真调试"(或称模拟调试)和"联机调试"合格后,并制作成程序的控制介质,才算编程完毕。

下面以数控机床的主轴控制为例,介绍内装型 PLC 在数控机床控制中的应用程序设计。

4. PLC 在数控机床主轴中的控制程序设计

数控机床的主轴控制是数控机床中重要部件的控制,其控制的好坏直接关系到数控机床的性能数。数控机床的主轴控制包括主轴运动控制和定向控制两方面。

1) 主轴运动控制

数控机床的主轴运动控制包括启/停控制、速度控制、顺时针和逆时针等旋向控制、手动控制和自动控制等形式,还有主轴错误等。在分析清楚主轴运动控制的基础上,根据数控机床中 PLC 的配置和主轴控制的相关地址,编制 I/O 接口文件;根据 I/O 接口分配和控制要求,结合硬件连接,进行程序设计。下面就以 PLC 控制系统代替某数控机床主轴运动的"继电器-接触器"控制系统的局部梯形图程序为例,分析该梯形图程序控制原理,为相关控制系统设计提供思路和示范。

数控机床主轴运动控制的局部梯形图如图 4.37 所示。图中包括主轴旋转方向控制(顺时针旋转或逆时针旋转)、主轴齿轮换挡控制(低速挡或高速挡)和主轴错误等,控制方式分手动和自动两种工作方式。

下面就该梯形图进行工作过程分析。

当数控机床操作面板上的工作方式开关选在手动位置时,I0.3(HSM)信号为 1,M1.Q (HAND)接通,使网络中 M1.0 的常开触点闭合,线路自保,从而处于手动工作方式。

当工作方式开关选在自动位置时,I0.2(ASM)=1,使系统处于自动方式。在自动方式下,通过程序给出主轴顺时针旋转指令 M03,或逆时针旋转指令 M04,或主轴停止旋转指令 M05,分别控制主轴的旋转方向和停止。梯形图中 DECO 为译码功能指令。当零件加工程序中有

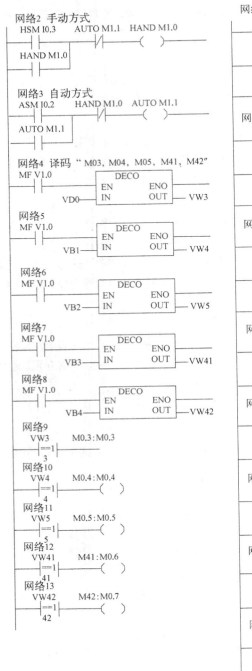

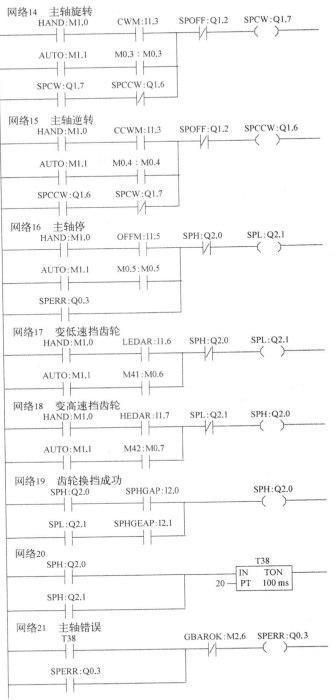

图 4.37　数控机床主轴运动控制的局部梯形图

M03 指令,在输入执行时经过一段时间延时(约几十毫秒),V1.0(MF=1),开始执行 DECO 指令,译码确认为 M03 指令后,M0.3(M03)接通,其接在"主轴顺转"中的 M0.3 常开触点闭合,使输出位寄存器 Q1.7(SPCW)接通(即为 1),主轴顺时针(在自动控制方式下)旋转。若程序上有 M04 指令或 M05 指令,控制过程与 M03 指令类似。由于手动、自动方式网络中,输出位寄存器的常闭触点互相连接在对方的控制线路中,使手动和自动工作方式之间互锁。

在"主轴顺时针旋转"网络中,M1.0(HAND)=1,当主轴旋转方向旋钮置于主轴顺时针旋转位置时,I1.3(CWM)顺转开关信号=1,又由于主轴停止旋钮开关 I1.5(OFFM)没接通,Q1.2(SPOPF)常闭触点为1,使主轴手动控制顺时针旋转。

当逆时针旋钮开关置于接通状态时,与顺时针旋转分析方法相同,使主轴逆时针旋转。由于主轴顺转和逆转输出位寄存器的常闭触点 Q1.7(SPCW)和 Q1.4(SPCCW)互相连接在对方的自保线路中,再加上各自的常开触点闭合,使之自保并互锁。同时 I1.3(CWM)和 I1.4(CCWM)是一个旋钮的两个位置也起互锁作用。

在"主轴停"网络中,手动时,如果把主轴旋钮开关接通(即 I1.5=1),则 Q1.2(SPOFF)通电,其常闭触点(分别接在主轴顺转和主轴逆转网络中)断开,主轴停止转动(顺转和逆转)。自动时,如果 CNC 装置得到 M05 指令,PLC 译码使 M0.5=1,则 Q1.2(SPOFF)通电,主轴停止。

在机床运行的程序中,需执行主轴齿轮换挡时,零件加工程序上应给出换挡指令。M41 代码为主轴齿轮低速挡指令,M42 代码为主轴齿轮高速挡指令。下面以变低速挡齿轮为例,分析自动换挡的控制过程。

带有 M41 代码的程序输入执行,经过延时,V1.0(MF)=1,DECO 码功能指令执行,译出 M41 后,使 M0.4 接通,其接在"变低速挡齿轮"网络中的常开触点 M0.4 闭合,从而使输出位寄存器 Q2.1(SPL)接通,齿轮箱齿轮换在低速挡。Q2.1 的常开触点接在延时网络中,此时闭合,定时器 T38 开始工作。定时器 T38 延时结束后,如果齿轮换挡成功,I2.1(SPLGEAR)=1,使换挡成功 M2.4(CEAROK)接通(即为 1),Q0.3(SPERK)为 0,没有主轴换挡错误。如果主轴齿轮换挡不顺利或出现卡住现象时,I2.1(SPLGEAR)为 0,则 M2.4(GEAROK)为 0,GEAHOK 为 0,经过 T38 延时后,延时常开触点闭合,使"主轴错误"输出位寄存器 Q0.3(SPERR)接通,通过常开触点保持闭合,显示"主轴错误"信号,表示主轴换挡出错。此外,主轴停止旋钮开关接通,即 I1.5(0FFM)=1,使主轴停止转动(顺转或逆转),属于硬件自动停止主轴。

处于手动工作方式时,也可以进行手动主轴齿轮换挡。此时,把机床操作面板上的选择开关 LGEAR 置 1(手动换低速齿轮挡开关),就可以手动完成将主轴齿轮换为低速挡;同样,也可由"主轴错误"显示来表明齿轮换挡是否成功。

2) 主轴定向控制

数控机床进行工件自动加工、自动交换刀具或键孔加工时,有时要求主轴必须停在一个固定准确的位置,保证加工准确性或换刀,称为主轴定向;完成主轴定向功能的控制,称主轴定向控制。主轴定向控制梯形图如图 4.38 所示。

M06(M1.6)是换刀指令,M19(M2.2)是主轴定向指令,这两个信号并联作为主轴定向控制的主指令信号。M3.1(AUTO)为自动工作状态信号,手动时 AUTO 为 0,自动时为 1。I2.0(RST)为 CNC 系统的复位信号。Q2.0(ORCM)为主轴定向输出位寄存器,其触点输出到机床控制主轴定向。I2.3(ORAR)为从数控机床侧输入的"定向到位"信号。

在 CNC 装置中,为了检测主轴定向是否在规定时间内完成,设置了定时器 T40 功能。整定时限为 4.5 s(视需要而定)。当在 4.5 s 内不能完成定向控制时,将发出报警信号,R1 为报警继电器。

在梯形图中应用了功能指令 T40 进行定时操作。4.5 s 的延时数据可通过手动数据输入面

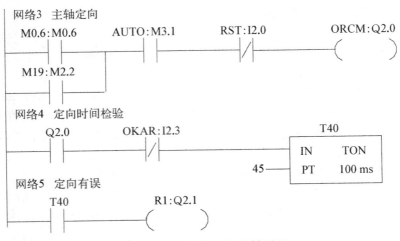

图 4.38　主轴定向控制梯形图

板 MDI 在 CRT 上预先设定，并存入数据存储单元。

以上是 PLC 在数控机床主轴控制中的应用设计，其程序设计思路值得借鉴。

本学习情境小结

学习情境内容

学习情境四		工 作 任 务	教学载体
PLC 在 机 床 控 制 中 的 应 用	任务一	理清利用 PLC 对机床控制进行设计的思路。 掌握 CA6140 普通车床的运动形式及控制特点。 正确进行 CA6140 普通车床 PLC 的 I/O 配置及接线。 熟练分析 CA6140 普通车床的电路工作过程	CA6140 型普通车床
	任务二	掌握利用 PLC 对机床控制进行技术设计的方法。 掌握 C650 卧式车床的结构及运动形式。 实现 C650 卧式车床的电气控制。 正确进行 C650 卧式车床 PLC 的 I/O 配置及接线。 熟练分析 C650 卧式车床的电路工作过程	C650 卧式车床
	任务三	掌握将机床电路图转换成 PLC 控制的方法。 掌握 Z3040 摇臂钻床的结构及主要运动。 正确进行 Z3040 摇臂钻床 PLC 的 I/O 配置及接线。 熟练分析 Z3040 摇臂钻床的电路工作过程	Z3040 摇臂钻床
	任务四	掌握 M7130 平面磨床的组成及运动。 设计 M7130 平面磨床的"继电器-接触器控制电路"。 正确进行 M7130 平面磨床 PLC 的 I/O 配置及接线。 熟练分析 M7130 平面磨床的电路工作过程	M7130 平面磨床

学习情境四		工　作　任　务	教学载体
PLC 在机床控制中的应用	任务五	掌握组合机床的结构及工作特点。 熟悉深孔钻组合机床的控制要求。 正确进行深孔钻组合机床及双头钻床 PLC 的 I/O 配置及接线。 熟练分析组合机床的电路工作过程	组合机床
	任务六	了解数控机床中 PLC 的主要功能。 熟悉 CNC 装置与机床间的信号传送。 编制控制程序的步骤。 PLC 在数控机床主轴中的控制程序设计	无

本情境采用 S7-200 系列 PLC,综合了机床设备、电气控制和 PLC 应用技术,实现了机械加工、工业生产、科学研究的综合,其目的无疑就是使学生掌握典型机床加工设备的机械结构组成、生产工艺过程、对电气控制要求以及传统机床设备电气控制特点,并了解传统机电技术上的落后,从而采用先进的 PLC 技术加以改造和研发创新。

CA6140 普通车床、C450 卧式车床、Z3040 摇臂钻床、M7130 平面磨床及组合机床的 PLC 设计,了解机床结构、运动形式、控制特点,设计其"继电器-接触器"控制电路,绘制梯形图进而分析工作过程。

PLC 在数控机床中应用的传统的教学方法是单纯理论教学和单纯实训教学,这样难以激发学生的兴趣,甚至造成理论与实践脱节,本情境将教学课程的理论知识与实践相结合,有循序渐进的过程,要求学生运用新学习的知识、技能,解决实际问题。其目的在于促进学习者职业能力的发展,核心在于把行动过程与学习过程相统一,通过布置任务→提出工程实例项目→讲解相关知识→分析解决方案→设计控制系统→模拟工业环境上机调试→讨论总结经验等环节,以项目教学法、案例教学法、实验法、角色扮演法、头脑风暴、任务设计法等教学方法,课堂注重师生交流,方式灵活多变,充分发挥学生的主体作用,活跃课堂气氛,引导学生循问题而思考,提高对知识的领悟力,加强对关键内容的理解,促进学生自主思考提出问题,解答问题,激发学生潜能,集"教、学、做"与"反思、改进"为一体教学。

知识点矩阵图

学习情境　任务	知识点	按钮	热继电器	接触器	输入/输出继电器	电磁铁	电动机	转换开关	限位开关	时间继电器	工作方式选择开关	电磁阀
任务1	CA6140 普通车床 PLC 技术设计	☆	☆	☆	☆	☆	☆	☆				
任务2	C650 卧式车床 PLC 技术设计	☆	☆	☆	☆	☆	☆	☆				

续　表

学习情境　任务	知识点	按钮	热继电器	接触器	输入/输出继电器	电磁铁	电动机	转换开关	限位开关	时间继电器	工作方式选择开关	电磁阀
任务3	Z3040摇臂钻床PLC技术设计	☆	☆	☆	☆	☆	☆		☆	☆		
任务4	M7130平面磨床PLC技术设计	☆	☆	☆	☆	☆	☆		☆	☆	/	
任务5	组合机床的PLC技术设计	☆	☆	☆	☆	☆	☆	☆	☆	☆		☆

参考文献

[1] 王芹,藤今朝.可编程控制器技术与应用(西门子S7-200系列)[M].天津:天津大学出版社,2008

[2] 廖常初.S7-200 PLC基础教程[M].2版.北京:机械工业出版社,2009.

[3] 姜建芳.西门子S7-200 PLC工程应用技术教程[M].北京:机械工业出版社,2010.

[4] 李艳杰等.S7-200 PLC原理与实用开发指南[M].北京:机械工业出版社,2009.

[5] 向晓汉.西门子S7 PLC高级应用实例精解[M].北京:机械工业出版社,2009.

[6] 杨后川等.西门子S7-200 PLC应用100例[M].北京:电子工业出版社,2009.

[7] 求是科技.PLC应用开发技术与工程实践[M].北京:人民邮电出版社,2005

[8] 姜大源.论高等职业教育课程的系统化设计:关于工作过程系统化课程开发解读[J].中国高教研究,2009(4):66-70.

[9] 姜大源.职业教育学研究新论[M].北京:教育科学出版社,2007.

[10] 姜大源.工作过程系统化:中国特色的现代职业教育课程开发[J].顺德职业技术学院学报,2014(3):1-12.

习　　题

1. 将机床中原有的"继电器-接触器"控制电路功能置换为PLC控制通常有哪两种思路?

2. 为什么利用PLC对机床控制进行技术设计通常都采用移植设计法(翻译法)?

3. 如何将"继电器-接触器"电路图转换成为功能相同的PLC的外部接线圈和梯形图?

4. 识读和分析PLC梯形图和语句表程序的方法和步骤有哪些?

5. C6140普通车床的机械结构由哪些部件组成?其主要运动有哪些?

4. CA6140普通车床的"继电器-接触器"控制电路由哪些基本控制环节组成?

7. 如何进行CA6140普通车床的PLC技本设计?

8. C650卧式车床的机械结构由哪些部件组成？其主要运动有哪些？

9. C650卧式车床的"继电器-接触器"控制电路由哪些基本控制环节组成？

10. 如何进行C650普通车床的PLC技术设计？

11. Z3040摇臂钻床的机械结构由哪些部件组成？其主要运动有哪些？

12. Z3040摇臂钻床的"继电器-接触器"控制电路由哪些基本控制环节组成？

13. 如何进行Z3040摇臂钻床的PLC技术设计？

14. M7130平面磨床的机械结构由哪些部件组成？其主要运动有哪些？

15. M7130平面磨床的"继电器-接触器"控制电路由哪些基本控制环节组成？

16. 如何进行M7130平面磨床的PLC技术设计？

17. 组合机床的机械结构由哪些部件组成？其工作有什么特点？

18. 如何进行深孔钻组合机床的PLC控制系统设计？

19. 如何进行双头钻床的PLC控制系统设计？

20. 在数控机床中PLC的主要功能有哪些？

21. PLC与机床之间是如何进行信号处理的？

22. 如何编制数控机床中的PLC控制程序？

学习情境五　机电设备电气维护与保养

情境导入

作为一名技术全面的机电设备人才,不但要懂得加工,懂得编写加工程序,还要能对机电设备进行维护与保养。在对机电设备的电气故障检修时要讲究思路和方法,同时要对其控制原理十分熟悉。据统计,操作者对设备疏于维护与保养的情况主要源于操作者缺乏机电设备的维护保养方面的知识,因此不知道如何去做,本情境针对车床、钻床、铣床和桥式起重机这几种典型的机电设备,进行电气故障的维护与保养的案例分析,帮助学习者更快地掌握这部分知识。

一、本情境学习目标与任务单元组成

建议学时		开课学期	
学习目标: 了解机床电气故障检修的基本要求。 读懂实现简单控制的电路图。 能对机床电气故障进行检修。 熟悉电气检修的安全知识		熟练应用试电笔法、校灯法等电气故障检修方法。 掌握典型车床、钻床、铣床电路工作原理。 掌握典型车床、钻床、铣床电气故障分析方法。 采用正确检修步骤排除机床设备的电气故障	
学习内容: 机床电路故障检修的步骤、方法及技巧。 常用的机床电路故障检修方法。 典型车床、钻床、铣床、桥式起重机的电气控制电路分析。 典型车床、钻床、铣床、桥式起重机的电气典型故障分析,桥式起重机的结构和运动形式。 电气检修安全知识。 机床的电气设备保养维护		各控制电路的应用实例: CA6140 型车床电气控制线路的故障分析与处理。 Z3050 型摇臂钻床电气控制线路的故障分析与处理。 X62W 型万能铣床电气控制线路的故障分析与处理。 20/5 t 桥式起重机电气故障检修及控制装置的调试	

企业工作情境描述:

正确分析机床电气原理是电气维修维护人员必备的素质,能够依靠电气原理图和现场实际测试结果实现对机床控制部件故障分析及处理更是一种能力的表现。本情境围绕学生看图、解图、实际故障检测等环节进行展开,构建具体任务,让学生在实际任务中学会常用机电设备的检修和维护方法,通过逐步训练,使学生可以独立分析机床故障,充分锻炼其动手排除故障的能力

使用工具:试电笔、电工刀、尖嘴钳、剥线钳、螺钉旋具、活扳手和烙铁等。

仪表:万用表、兆欧表、钳形电流表。

器材:CA6140 型普通车床电气控制模拟装置。Z3050 摇臂钻床电气控制模拟装置。X62W 型万能铣床电气控制模拟装置。

化学用品:无

教学资源:

教材、教学课件、动画视频文件、PPT演示文档、各类手册、各种电器元器件等。数控原理实验室、机电一体化实验室、电动机控制实训室、数控加工实训室

教学方法:

考察调研、讲授与演示、引导及讨论、角色扮演、传帮带现场学练做、展示与讲评等

考核与评价:

技能考核: 1. 技术水平;2. 操作规程;3. 操作过程及结果。

方法能力考核: 1. 制定计划;2. 实训报告。

职业素养: 根据工作过程情况综合评价团队合作精神;根据团队成员的平均成绩。

总成绩比例分配: 醒目功能评价40%,工作单位20%,期末40%

二、本情境的教学设计和组织

情境5	机电设备电气维护与保养
重 点	掌握典型机床电路工作原理及故障。 掌握常用机床电路故障检修方法。 机床的电气设备保养维护
难 点	读懂实现简单控制的电路图。 对典型机床电气控制电路的故障进行排查。 对典型机床电气故障进行检修

学 习 任 务			
任务一	**任务二**	**任务三**	**任务四**
CA6140型车床电气故障检修	Z3050型摇臂钻床电气故障检修	X62W型万能铣床电气故障分析	20/5 t桥式起重机电气控制原理分析

三、基于工作工程的教学设计和组织

学习情境	PLC在机床控制中的应用	学时	
学习目标	通过本学习情境的学习,要求达到以下目标: 了解机床电气故障检修的基本要求;掌握机床电气故障检修的步骤、方法和技巧; 熟练应用电阻法、电压法等测试方法,检测电气故障;熟悉电气检修的安全知识		
教学方法	采用以工作过程为导向的八步教学法,融"教、学、做"为一体		
教学手段	多媒体辅助教学,分组讨论,现场教学、角色扮演等		

工作过程	工作内容	教学组织
资讯	获取与任务相关联的知识：机床电气故障检修步骤；常用机床电气故障检修方法；电气检修的安全知识	教师采用多媒体教学手段,向学生介绍情境的任务和相关联的典型机床电气故障及检修方法,并为学生提供获取资讯的一些方法
决策	根据对机床电气故障检修的步骤、方法及原理图的掌握,排除各典型机床电气故障	学生分组讨论形成初步方案,教师听取学生的决策意见,提出可行性方面的质疑,帮助学生纠正不合理的决策
计划	根据电气故障检修的要求,结合典型机床的电气故障提出实施计划方案,并与教师讨论,确定实施方案	听取学生的实施计划安排。审核实施计划,并根据其计划安排,制订进度检查计划
实施	根据已确定的方案,选择不同的典型机床电气控制模拟装置进行故障分析和处理	组织学生学习相关典型机床控制模拟装置,指导学生在实训室根据各故障现象,进行检查与排故
检查	学生通过自查互查,完成各典型电气故障的检查和排除,教师再做系统功能和规范检查	组织学生对处理的故障进行自查互查。教师再对学生所处理的故障进行检查,考查学生分析与排除故障的能力,并考查其规范操作和安全意识,做好记录
评价	完成对各典型机床电气故障检修,写出实训报告,并进行项目功能和规范的评价	根据学生完成的实训报告,并结合其所完成任务的技术要求和规范以及在工作过程中的表现进行综合评价

（教学实施）

任务一　CA6140 型车床电气故障检修

一、任务描述

本工作任务是掌握 CA6140 型车床电路工作原理及故障的分析方法,采用正确的检修步骤,可以排除 CA6140 型车床的电气故障。在此基础上,掌握机床电气故障检修的基本方法和安全知识。

二、学习目标

1. 熟练掌握机床电路故障检修的一般步骤、方法及技巧。

2. 掌握 CA6140 型车床电路工作原理、故障的分析方法。

3. 熟练掌握常用的机床电路故障检修方法。

4. 采用正确的检修步骤,排除 CA6140 型车床的电气故障。

5. 掌握 CA6140 型车床电气设备保养的基础知识。

三、工作流程

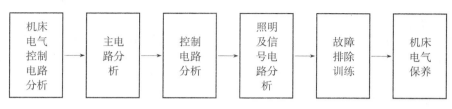

图 5.1　任务流程图

四、工作过程

1. 机床电路故障检修的一般步骤

1) 机床电气故障分类

机床电气故障是指由于各种原因使机床电气线路或电气设备损坏,造成其电气功能丧失的故障。由于机床电路故障的种类繁多,而同一种故障又有多种表现形式。因此,将机床电气故障分为以下几种类型。

（1）损坏性故障和预告性故障

损坏性故障是指电气线路或电气设备已经损坏的严重故障,如熔断器熔体熔断、电动机绕组断线等。对于这类故障在查明造成电气线路或电气设备损坏的原因之后,通过更换或修复才能排除。有些故障,如灯泡亮度下降、电动机温升偏高等,设备尚未损坏,还可继续使用,此类故障为预告性故障。这类故障若不及时处理,会演变成损坏性故障。

（2）内部故障和外部故障

有些电气故障是由于电气线路或电气设备内部因素造成的,如电弧、发热等,使设备结构损坏、绝缘材料的绝缘击穿等,称为内部故障。有些是由外部因素造成的,如电源电压、频率、三相不平衡、外力及环境条件等,使电气线路或电气设备形成故障,称为外部故障。

（3）显性故障和隐性故障

显性故障是指故障部位有明显的外表特征,容易被人发现,如继电器和接触器线圈过热、冒烟、发出焦味、触点烧熔、接头松脱、电器声音异常、振动过大、移动不灵、转动不活等。隐性故障是指没有外表特征,不易被人发现的故障,如绝缘导线内部断裂、热继电器整定值调整不当、触点通断不同步等。隐性故障由于没有外表特征,常常需要技术人员花费更多的时间和精力去分析和查找。

不管故障原因多么复杂,故障部位多么隐蔽,只要采取正确的方法和步骤,就一定能"快"且"准"地找出故障,并排除故障。

2) 机床电气故障检修的一般步骤

（1）观察和调查故障现象

电气故障现象是检修电气故障的基本依据,是电气故障检修的起点。因而要对故障现象进行仔细观察、分析,找出故障现象中最主要的、最典型的方面,搞清故障发生的时间、地点、环境等。

（2）分析故障原因

根据故障现象分析故障原因是电气故障检修的关键。经过分析初步确定故障范围、缩小故障部位。分析的能力是建立在对电气设备的构造、原理、性能的充分理解的基础上，要求理论与实际相结合。

（3）确定故障点

确定故障点是电气故障检修的最终目的和结果。如短路点、损坏的元器件等；也可理解成为确定某些运行参数的变异，如电压波动、三相不平衡等。确定故障部位往往要采用下面将要介绍的多种方法和手段。

3）电气故障检修的一般方法

（1）电气故障调查通过"问、看、听、摸、闻"来发现异常情况，从而找出故障电路和故障所在部位。

① 问：向现场操作人员了解故障发生前后的情况。如故障发生前是否过载、频繁启动和停止；故障发生时是否有异常声音和振动、有没有冒烟、冒火等现象。

② 看：仔细察看各种电器元件的外观变化情况。如看触点是否烧熔、氧化，熔断器熔体熔断指示器是否跳出，导线和线圈是否烧焦，热继电器整定值是否合适，整定电流是否符合要求等。

③ 听：仔细去听相关电器在故障发生前后声音是否不同。如电动机启动时"嗡嗡"响而不转，接触器线圈得电后噪声很大等。

④ 摸：故障发生后，断开电源，用手触摸或轻轻推拉导线及电器的某些部位，以察觉异常变化，比如摸电动机、自耦变压器和电磁线圈表面，感觉温度是否过高；轻拉导线，看连接是否松动；轻推电器活动机构，看移动是否灵活等。

⑤ 闻：故障出现后，断开电源，靠近电动机、自耦变压器、继电器、接触器、绝缘导线等处，闻闻是否有焦味。如有焦味，则表明电器绝缘层已被烧坏，主要原因则是过载、短路或三相电流严重不平衡等。

（2）状态分析法

发生故障时，根据电气设备所处的状态进行分析的方法，称为状态分析法。电气设备的运行过程总可以分解成若干个连续的阶段，这些阶段也可称为状态。任何电气设备都处在一定的状态下工作，如电动机工作过程可以分解成启动、运转、正转、反转、高速、低速、制动、停止等工作状态。电气故障总是发生于某一状态，而在这一状态中，各种元件又处于什么状态，这正是分析故障的重要依据。例如，电动机启动时，哪些元件工作，哪些触点闭合等，因而检修电动机启动故障时只需注意这些元件的工作状态。状态划分得越细，对检修电气故障越有利。

（3）测量法

用电气测量仪表测试参数，通过与正常的数值对比，确定故障部位和故障原因。

① 电压法测量：用万用表交流 500 V 挡测量电源、主电路电压以及各接触器和继电器线圈、各控制回路两端的电压。若发现所测处电压与额定电压不相符（10％以上），则为故障可疑处。

② 电流法测量：用钳形电流表或交流电流表测量主电路及有关控制回路的工作电流。若所测电流值与设计电流值不相符（10％以上），则该电路为故障可疑处。

③ 电阻法测量：断开电源，用万用表欧姆挡测量有关部位的电阻值。若所测电阻值与要求

的电阻值相差较大,则该部位极有可能就是故障点。一般来讲,触点接通时,电阻值趋近于 0,断开时电阻值为 ∞,导线连接牢靠时连接处的接触电阻也趋于 0,连接处松脱时,电阻值则为 ∞,各种绕组(或线圈)的直流电阻值也较小,往往只有几欧姆至几千欧姆,而断开后的电阻值为 ∞。

测量绝缘电阻法:即断开电源,用兆欧表测量电器元件和线路对地以及相间绝缘电阻值。电器绝缘层绝缘电阻规定不得小于 0.5 MΩ。绝缘电阻值过小,是造成相线与地,相线与相线,相线与中性线之间漏电和短路的主要原因,若发现这种情况,应认真检查。

4) 机床电气故障检修技巧

(1) 熟悉电路原理,确定检修方案

当一台设备的电气系统发生故障时,不要急于动手拆卸。首先要了解该电气设备产生故障的现象、经过、范围、原因,熟悉该设备及电气控制系统的工作原理,分析各个具体电路,弄清电路中各级之间的相互联系以及信号在电路中的来龙去脉,结合实际经验,经过周密思考,确定一个科学的检修方案。

(2) 先机械,后电路

电气设备都以电气、机械原理为基础,特别是机电一体化的设备,机械和电子在功能上有机配合,是一个整体的两个部分。往往机械部件出现故障,影响电气系统,许多电气部件的功能就不起作用。因此不要被表面现象迷惑。电气系统出现故障并不一定都是电气本身问题,有可能是机械部件发生故障所造成的。因此先检修机械系统所产生的故障,再排除电气部分的故障,往往会收到事半功倍的效果。

(3) 先简单,后复杂

检修故障要先用最简单易行、自己最拿手的方法去处理,再用复杂、精确的方法。排除故障时,先排除直观、显而易见、简单常见的故障,后排除难度较高、没有处理过的疑难故障。

(4) 先检修通病、后攻疑难杂症

电气设备经常容易产生相同类型的故障就是"通病"。由于通病比较常见,积累的经验较丰富,因此可快速排除,这样找可以集中精力和时间排除比较少见、难度高、古怪的疑难杂症,简化步骤,缩小范围,提高检修速度。

(5) 先外部调试、后进行内部处理

外部是指暴露在电气设备外壳或密封件外部的各种开关、按钮、插口及指示灯。内部是指在电气设备外壳或密封件内部的印制电路板、元器件及各种连接导线。先外部调试,后进行内部处理,就是在不拆卸电气设备的情况下,利用电气设备面板上的开关、旋钮、按钮等调试检查,缩小故障范围。首先排除外部部件引起的故障,再检修机内的故障,尽量避免不必要的拆卸。

(6) 先不通电测量,后通电测试

首先在不通电的情况下,对电气设备进行检修;然后再在通电情况下,对电气设备进行检修。对许多发生故障的电气设备检修时,不能立即通电,否则会人为扩大故障范围,烧毁更多的元器件,造成不应有的损失。因此,在故障机通电前,先进行电阻测量,采取必要的措施后,方能通电检修。

(7) 先公用电路、后专用电路

任何电气系统的公用电路出故障,其能量、信息就无法传送、分配到各具体专用电路,专用电路的功能、性能就不起作用。如一个电气设备的电源出故障,整个系统就无法正常运转,向各种专用电路传递的能量、信息就不可能实现。因此遵循先公用电路、后专用电路的顺序,就能快速、准确地排除电气设备的故障。

（8）总结经验，提高效率

电气设备出现的故障五花八门、千奇百怪。任何一台有故障的电气设备检修完，应该把故障现象、原因、检修经过、技巧、心得记录在专用笔记本上，学习掌握各种新型电气设备的机电理论知识、熟悉其工作原理、积累维修经验，将自己的经验上升为理论。在理论指导下，具体故障具体分析，才能准确、迅速地排除故障。只有这样才能把自己培养成为检修电气故障的行家里手。

2. CA6140 型车床电气控制电路

CA6140 普通车床的电气控制原理图如图 5.2 所示。

1）主电路分析

图 5.2 中 QF1 为电源开关。FU1 为主轴电动机 M1 的短路保护用熔断器，FR1 为其过载保护用热继电器。由接触器 KM1 的主触点控制主轴电动机 M1。图中 KM2 为接通冷却泵电动机 M2 的接触器，FR2 为 M2 过载保护用热继电器。KM3 为接通快速移动电动机 M3 的接触器，由于 M3 点动短时运转，故不设置热继电器。

2）控制电路分析

控制电路的电源由控制变压器 TC 的二次侧输出 110 V 电压提供。

① 主轴电动机 M1 的控制当按下启动按钮 SB2 时，接触器 KM1 线圈通电，KM1 主触点闭合，KM 自锁触头闭合，M1 启动运转。KM 常开辅助触头闭合为 KM2 通电做准备。停车时，按下停止按钮 SB1 即可。主轴的正反控制采用多片摩擦离合器来实现。

② 冷却泵电动机 M2 的控制主轴电动机 M1 与冷却电动机 M2 两台电动机之间实现顺序控制。只有当电动机 M1 启动运转后，合上旋钮开关 QS2，KM2 才会获电，其主触头闭合使电动机 M2 运转。

③ 刀架的快速移动电动机 M3 的控制刀架快速移动的电路为点动控制，刀架移动方向的改变，是由进给操作手柄配合机械装置来实现的。如需要快速移动，按下按钮 SB3 即可。

3）照明、信号电路分析

照明灯 EL 和指示灯 HL 的电源分别由控制变压器 TC 二次侧输出 24 V 和 6.3 V 电压提供。开关 SA 为照明开关。熔断器 FU3 和 FU4 分别作为 HL 和 EL 的短路保护。

3. 常用的机床电路故障检修方法

1）试电笔法

试电笔检修断路故障的方法如图 5.3 所示。按下按钮 SB2，用试电笔依次测试 1、2、3、4、5、6、0 各点，测量到哪一点试电笔不亮即为断路处。

［特别提示］

当测量一端接地的 220 V 故障电路时，要从电源侧开始，依次测量，且注意观察试电笔的亮度，防止因外部电场、泄漏电流引起氖管发亮，而误认为电路没有断路。

当检查 380 V 电路，判断变压器的控制电路中的熔断器是否熔断时，要防止由于电源电压通过另一相熔断器和变压器的一次线圈回到已熔断的熔断器的出线端，造成熔断器未熔断的假象。

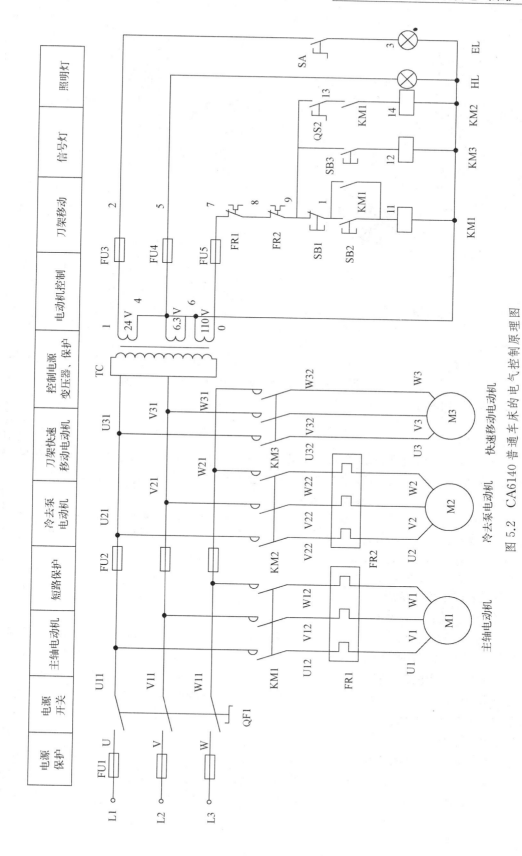

图 5.2　CA6140 普通车床的电气控制原理图

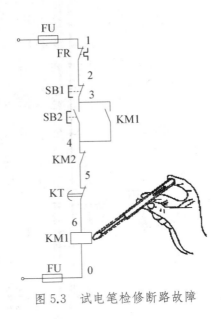

图 5.3 试电笔检修断路故障

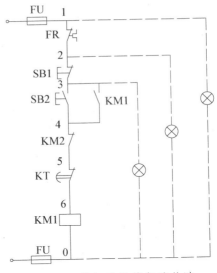

图 5.4 校灯法检修断路故障

2) 校灯法

校灯法检查断路故障的方法如图 5.4 所示。检修时将校灯一端接在 0 点线上,另一端依次 1、2、3、4、5、6 次序逐点测试,并按下按钮 SB2,若将校灯接到 2 号线上,校灯亮,接到 3 号线上,校灯不亮,说明按钮 SB1(2 - 3)断路。

[特别提示]

用校灯检修断路故障时,要注意灯泡的额定电压与被测电压应相适应。如被测电压过高,灯泡易烧坏;如电压过低,灯泡不亮。一般检查 220 V 电路时,用一只 220 V 灯泡;若检查 380 V 电路时,可用两只 220 V 灯泡串联。

用校灯检查故障时,要注意灯泡的功率,一般查找断路故障时使用小容量(10~60 W)的灯泡为宜;查找接触不良而引起的故障时,要用较大功率(150~200 W)的灯泡,这样就能根据灯的亮、暗程度来分析故障。

---

3) 万用表的电阻测量法

(1) 分阶测量法

电阻的分阶测量法如图 5.5 所示。按下 SB2,KM1 不吸合,说明电路有断路故障。首先断开电源,然后按下 SB2 不放,用万用表的电阻挡测量 1 - 7 两点间(或线号间)的电阻,若电阻为无穷大,说明 1 - 7 间电路断路。然后分阶测量 1 - 2、1 - 3、1 - 4、1 - 5、1 - 6 各两点间的电阻值。若某两点间的电阻值近似为 0 Ω,说明电路正常;如测量到某两点间的电阻值为无穷大,说明该触点或连接导线有断路故障。

(2) 分段测量法

电阻的分段测量法如图 5.6 所示。检查时,先断开电源,按下 SB2,然后依次逐段测量相邻两线号 1 - 2、2 - 3、3 - 4、4 - 5、5 - 6 间的电阻。若测量某两线号的电阻为无穷大,说明该触点或连接导线有断路故障。如测量 2 - 3 两线号间的电阻为无穷大,说明按钮 SB1 或连接 SB1 的导线有断路故障。

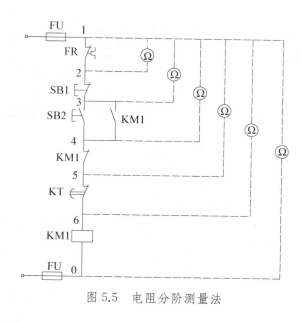

图 5.5　电阻分阶测量法

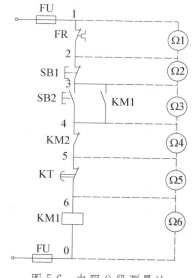

图 5.6　电阻分段测量法

[特别提示]

　　用电阻测量法检查故障时,必须要断开电源;若被测电路与其他电路并联时,必须将该电路与其他电路断开,否则所测得的电阻值误差较大。电阻测量法虽然安全,但测得的电阻值不准确时,容易造成误判。

---

4) 万用表的分阶电压测量法

　　使用万用表的交流电压挡逐级测量控制电路中各种电器的输出端(闭合状态)电压,往往可以迅速查明故障点。以图 5.7 所示的控制回路为例,其电压测量的操作步骤:

　　① 将万用表的转换开关置于交流挡500 V量程。

　　② 接通控制电路电源(注意先断开主电路)。

　　③ 检查电源电压,将黑表笔接到图 5.7中的端点 1,用红表笔去测量端点 0。若无电压或电压异常,说明电源部分有故障,可检查控制电源变压器及熔断器等;若电压正常,即可继续按以下步骤操作。

　　④ 按下 SB2,若 KMDL 正常吸合并自锁,说明该控制回路无故障,应顺序检查其主电路;若 KM1 不能吸合或自锁,则继续按以下步骤操作。

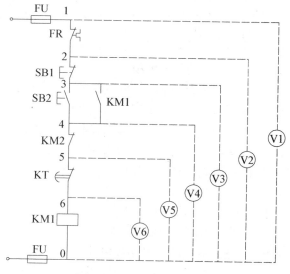

图 5.7　电压分阶测量法

　　⑤ 用黑表笔测量端点 2,若所测值与正常电压不相符,一般先考虑触头或引线接触不良;若无电压,则应检查热继电器是否已动作,必要时还应排除主电路中导致热继电器动作的原因。

⑥ 用黑表笔测量端点 3,若无电压,一般考虑按钮 SB1 触头未复位或是接线松脱。

⑦ 按下 SB2,来测量端点 4,若无电压,可考虑是触头接触不良或接线松脱。

⑧ 若电压值正常,用黑表笔测量端点 5,若无电压,可考虑是 KM2 触头接触不良或接线松脱。

⑨ 若电压值正常,用黑表笔测量端点 6,若无电压,可考虑是 KT 触头接触不良或接线松脱。

⑩ 若电压值正常,则考虑接触器 KM1 线圈可能有内部开路故障。

> [特别提示]
> 主令电器的常开触头,出线端在正常情况下应无电压,常闭触头的出线端在正常情况下,所测电压应与电源电压相符,若有外力使触头动作,则测量结果应与未动作状态的测量结果相反。对于各种耗能元件(如电磁线圈),仅用电压测量法不能确定其故障原因。

5) 短接法

短接法是利用一根绝缘导线,将所怀疑断路的部位短接。在短接过程中,若电路被接通,则说明该处断路。

> [特别提示]
> 由于短接法是用手拿着绝缘导线带电操作,因此一定要注意安全,以免发生触电事故。
> 短接法只适用于检查压降极小的导线和触点之间的断路故障。对于压降较大的电器,如电阻、接触器和继电器以及变压器的线圈、电动机的绕组等断路故障,不能采用短接法,否则就会出现短路故障。
> 对于机床的某些要害部位,必须确保电气设备或机械部位不会出现故障的情况下,才能采用短接法。

6) 检修电路注意事项

① 用兆欧表测量绝缘电阻时,低压系统用 500 V 兆欧表,而在测量前应将弱电系统的元器件(如晶体管、晶闸管、电容器等)断开,以免由于过电压而击穿、损坏元器件。

② 检修时若需拆开电动机或电气元件接线端子,应在拆开处两端标上标号,不要凭记忆记标号,以免出现差错。断开线头要作通电试验时,应检查有无接地、短路或人体接触的可能,尽量用绝缘胶布临时包上,以防止发生意外事故。

③ 更换熔断器熔体时,要按规定容量更换,不准用铜丝或铁丝代替,在故障未排除前,尽可能临时换上规格较小的熔体,以防止故障范围扩大。

④ 当电动机、磁放大器、继电器及继电保护装置等需要重新调整时,一定要熟悉调整方法、步骤,应达到规定的技术参数,并作好记录,供下次调整时参考。

⑤ 检查完毕后,应先清理现场,恢复所有拆开的端子线头、熔断器,以及开关手把、行程开关的正常工作位置,再按规定的方法、步骤进行试车。

4. CA6140 型车床典型故障分析

1) 按下主轴启动按钮,主轴电动机 M1 不能启动,KM1 不吸合

(1) 故障分析

从故障现象中可以判断出问题可能存在于主轴电动机 M1、主电路电源、控制电路 110 V 电源以及与 KM1 相关的电路上,可从以下几个方面进行分析检查。

①　首先检查主电路和控制电路的熔断器 FU1、FU2、FU5 是否熔断,若发现熔断,更换熔断器的熔体。

②　若未发现熔断器熔断,检查热继电器 FR1、FR2 的触头或接线是否良好,热保护是否动作过。如果热继电器已动作,则应找出工作的原因。

> **[特别提示]**
>
> 热继电器动作的原因是:有时是由于其规格选择不当;有时是由于机械部分被卡住;或频繁启动的大电流使电动机过载,而造成热继电器脱扣。热继电器复位后可将整定电流调大一些,但一般不得超过电动机的额定电流。

③　若热继电器未动作,检查停止按钮 SB1、启动按钮 SB2 的触头或接线是否良好。

④　检查接触器 KM1 的线圈或接线是否良好。

⑤　检查主电路中接触器 KM1 的主触头或接线是否良好。

⑥　若控制电路、主电路都完好,电动机仍然不能启动,故障必然发生在电源及电动机上,如电动机断线、电源电压过低,都会造成主轴电动机 M1 不能启动,KM1 不吸合。

(2) 故障检查

采用电压法,检查流程如图 5.8 所示。

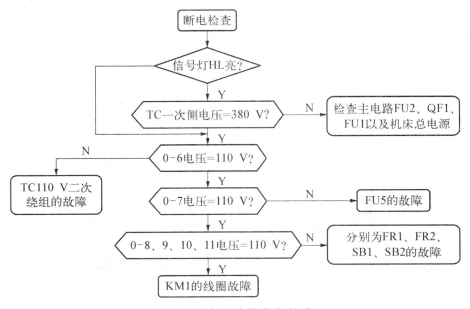

图 5.8　电压法检查流程图

> **[特别提示]**
>
> 为了确定故障是否在控制电路,最有效的方法是将主轴电动机接线拆下,然后合上电源开关,使控制电路带电,进行接触器动作实验。按下主轴启动按钮 SB2,若接触器不动作,那么故障必定在控制电路中。

2) 按下启动按钮 SB2,主轴电动机 M1 转动很慢,并发出嗡嗡响声

(1) 故障分析

从故障现象中可以判断出这种状态为缺相运行或跑单相,问题可能存在于主轴电动机 M1、主电路电源以及 KM1 的主触头上,如三相开关中任意一相触头接触不良;三相熔断器任意一相熔断;接触器 KM1 的主触头有一对接触不良;电动机定子绕组任意一相接线断开、接头氧化、有油污或压紧螺母未拧紧,都会造成缺相运行。可从以下几个方面进行分析检查:

① 检查总电源是否正常。

② 检查主电路 FU1 和 FU2 是否熔断,若发现熔断,更换熔断器的熔体。

③ 若未发现熔断器熔断,检查接触器 KM1 的主触头或接线是否良好。

④ 检查电动机定子绕组是否正常。通常采用万用表电阻挡检查相间直流电阻是否平衡来判断。

[特别提示]

遇到这种故障时,应立即切断电动机的电源,否则电动机要烧毁。

---

(2) 故障检查

采用电阻、电压综合测量法,检查流程如图 5.9 所示。

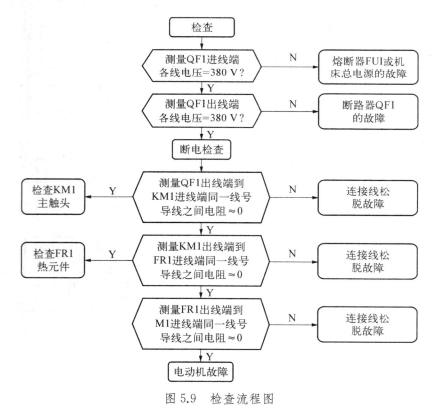

图 5.9　检查流程图

3) 按下启动按钮 SB2,主轴电动机 M1 能启动,但不能自锁

(1) 故障分析

从故障现象中可以判断出主轴电动机 M1、主电路电源、控制电路 110 V 电源是正常的,故障可能出现在以下几个方面：

　　① 先检查接触器 KM1 辅助常开触头（自锁触头）是否正常。

　　② 检查接触器 KM1 辅助常开触头接线是否有松动。

　　③ 检查控制电路的接线是否有错误。

　　（2）故障检查

　　采用电阻测量法，检查流程图由读者自己完成。

4）按下停止按钮 SB1，主轴电动机 M1 不能停止

　　（1）故障分析

　　从故障现象中可以判断出主轴电动机 M1、主电路电源、控制电路 110 V 电源是正常的，故障可能出现在以下几个方面：

　　① 首先检查接触器 KM1 主触头是否正常。如果主触头熔焊，只有切断电源开关，才能使电动机停止。这种故障只有更换接触器。

　　② 检查停止按钮 SB1 触头或其接线是否良好。

　　（2）故障检查

　　采用电阻测量法，检查流程图由读者自己完成。

5. 电气检修的安全知识

1）电气检修的基本要求

　　电气设备发生故障后，检修人员应能及时、熟练、准确、迅速、安全地查出故障，并加以排除，尽早恢复设备的正常运行。对电气设备检修的一般要求如下：

　　① 采取的维修步骤和方法必须正确，切实可行。

　　② 不得损坏完好的元器件。

　　③ 不得随意更换元器件及连接导线的型号规格。

　　④ 不得擅自改动线路。

　　⑤ 损坏的电气装置应尽量修复使用，但不得降低其固有的性能。

　　⑥ 电气设备的各种保护性能必须满足要求。

　　⑦ 绝缘合格，通电试车能满足电路的各种功能，控制环节的动作程序符合要求。

　　⑧ 修理后的电气装置必须满足其质量标准要求。电气装置的检修质量标准如下：

　　a. 外观整洁，无破损和碳化现象。

　　b. 所有的触头均应完整、光洁，接触良好。

　　c. 压力弹簧和反作用力弹簧应具有足够的弹力。

　　d. 操纵、复位机构都必须灵活可靠。

　　e. 各种衔铁运动灵活，无卡阻现象。

　　f. 灭弧罩完整、清洁，安装牢固。

　　g. 整定数值大小应符合电路使用要求。

　　h. 指示装置能正常发出信号。

2）检修人员应具备的条件

　　① 必须精神正常、身体健康，凡患有高血压、心脏疾病、气管喘息、神经系统疾病、色盲症、听力障碍及四肢功能有严重障碍者，不能从事电工工作。

　　② 必须取得行业资格证书。

③ 必须学会和掌握触电紧急救护及人工呼吸法等。

3) 安全操作知识

① 在进行电气设备安装与检修操作时,必须严格遵守各种安全操作规程和规定。

② 操作时,要切实做好防止突然通电时的各项安全措施,如锁上开关、并挂上"有人工作,不许合闸!"的警告牌等,不准约定时间通电。要严格遵守停电操作规程。

③ 在邻近带电部分操作时,要保证有可靠的安全距离。

④ 操作前应检查工具的绝缘手柄、绝缘鞋和手套等安全用具的绝缘性能是否良好,有问题的应立即更换,并应做定期检查。

⑤ 登高工具必须牢固可靠,未经登高训练的,不准进行登高作业。

⑥ 发现有人触电,要立即采取正确的抢救措施。

4) 设备运行安全知识

① 对于出现故障的电气设备、装置和线路,不能继续使用,必须及时进行检修。

② 必须严格遵照操作规程进行运行操作,合上电源时,应先合隔离开关,再合负荷开关;分断电源时,应先断开负荷开关,再断开隔离开关。

③ 在需要切断故障区域电源时,要尽量缩小停电区域范围。要尽量切断故障区域的分路开关,尽量避免越级切断电源。

④ 电气设备一般都不能受潮,要有防止雨、雪和水侵袭的措施;电气设备在运行时要发热,要有良好的通风条件,有的还要有防火措施;有裸露带电体的设备,特别是高压设备,要有防止小动物窜入造成短路事故的措施。

⑤ 所有电气设备的金属外壳,都必须有可靠的保护接地。

⑥ 凡有可能被雷击的电气设备,要安装防雷装置。

5) 安全用电知识

检修人员不仅要充分了解安全用电知识,还有责任阻止不安全用电的行为,宣传安全用电知识。

① 严禁用一线(相线)一地(大地)安装用电器具。

② 在一个插座上不可接过多或功率过大的用电器具。

③ 未掌握电气知识和技术的人员,不可安装和拆卸电气设备及线路。

④ 不可用金属丝绑扎电源线。

⑤ 不可用湿手接触带电的电器,如开关、灯座等,更不可用湿布擦电器。

⑥ 电动机和电器设备上不可放置衣物,不可在电动机上坐立,雨具不可挂在电动机或开关等电器的上方。

⑦ 堆放和搬运各种物资、安装其他设备,要与带电设备和电源线相距一定的安全距离。

⑧ 在搬运电钻、电焊机和电炉等可移动电器时,要先切断电源,不允许拖拉电源线来搬移电器。

⑨ 在潮湿环境中使用可移动电器,必须采用额定电压为 36 V 的低电压电器,若采用额定电压为 220 V 的电器,其电源必须采用隔离变压器;在金属容器如锅炉、管道内使用的移动电器,一定要用额定电压为 12 V 的低电压电器,并要加接临时开关,还要有专人在容器外监护;低电压移动电器应装特殊型号的插头,以防误插入电压较高的插座上。

⑩ 雷雨时,不要走近高电桩电杆、铁塔和避雷针的接地导线的周围,以防雷电入地时周围存在的跨步电压触电;切勿走近断落在地面上的高电压电线,万一高电压电线断落在身边或已

进入跨步电压区域时,要立即用单脚或双脚并拢迅速跳到 10 m 以外的地区,千万不可奔跑,以防跨步电压触电。

6）电气消防知识

在发生电器设备火警时或邻近电气设备附近发生火警时,检修人员应运用正确的灭火知识,指导和组织群众采用正确的方法灭火。

① 当电气设备或电气线路发生火警时,要尽快切断电源,防止火情蔓延和灭火时发生触电事故。

② 不可用水或泡沫灭火机灭火,尤其是有油类的火警,应采用黄沙、二氧化碳或四氯化碳气体灭火机灭火。

③ 灭火人员不可使身体及手持的灭火器材碰到有电的导线或电气设备。

7）触电急救知识

人触电后,往往会失去知觉或者形成假死,能否救治的关键,是在于使触电者迅速脱离电源和及时正确的救护方法。

① 使触电者迅速脱离电源。如急救者离开关或插座较近,应迅速拉下开关或拔出插头,以切断电源;如距离开关、插座较远,应使用绝缘工具使触电者脱离电源。千万不可直接用手或金属及潮湿物体作为急救工具。如果触电者脱离电源后有摔跌的可能,应同时做好防止摔伤的措施。

② 当触电者脱离电源后,应在现场就地检查和抢救。将触电者仰天平卧,松开衣服和腰带;检查瞳孔、呼吸和心跳,同时通知医务人员前来抢救,急救人员应根据触电者的具体情况迅速采取相应的急救措施。对没有失去知觉的,要使其保持安静,不要走动,观察其变化;对触电后精神失常的,必须防止发生突然狂奔的现象。对失去知觉的触电者,若呼吸不齐、微弱或呼吸停止而有心跳的,应采用"口对口人工呼吸法"进行抢救;对有呼吸而心脏跳动微弱、不规则或心脏停搏的触电者,应采用"胸外心脏挤压法"抢救;对呼吸和心跳均已停止的触电者,应同时采用"口对口人工呼吸法"和"胸外心脏挤压法"进行抢救。

抢救者要有耐心,必须持续不断地进行,直至触电者苏醒为止,即使在送往医院的途中也不能停止抢救。

6.电气故障排除训练

1）训练内容

CA6140 普通车床电气控制线路的故障分析与处理。

2）工作准备

工具：试电笔、电工刀、尖嘴钳、剥线钳、螺钉旋具、活扳手和烙铁等。

仪表：万用表、兆欧表、钳形电流表。

3）实训设备

CA6140 型普通车床电气控制模拟装置。

4）训练步骤

① 熟悉 CA6140 型普通车床电气控制模拟装置,了解装置的基本操作,明确各种电器的作用。掌握 CA6140 型普通车床电气控制原理。

② 查看装置背面各电器元件上的接线是否牢固,各熔断器是否安装良好,故障设置单元中的微型开关是否处于向上位置(向上为正常状态,向下为故障状态),并完成所负载和控制变压

器的接线。

③ 独立安装好接地线,设备下方垫好绝缘垫,将各开关置于分断位置。

④ 在老师的监督下,接上三相电源,合上 QF1,电源指示灯亮。

⑤ 按 SB3,快速移动电动机 M3 工作;按 QS2,冷却电动机 M2 工作,相应指示灯亮;按 SB2,主轴电动机 M1 正转,相应指示灯亮;按 SB1,主轴电动机 M1 停止。

⑥ 在掌握车床的基本操作之后,按图 5.10 所示,由老师在 CA6140 普通车床主电路或控制电路中任意设置 2～3 个电气故障点。由学生自己诊断电路,分析处理故障,并在电气故障图中标出故障点。

⑦ 设置故障点时,应注意做到隐蔽,一般不宜设置在单独支路或单一回路中。故障现象尽可能不要相互掩盖。尽量不设置容易造成人身或设备事故的故障点。

5) 工作要求

① 学生应根据故障现象,先按原理图中正确标出最小故障范围的线段,然后采用正确的检查和排故方法,并在定额时间内排除故障。

② 排除故障时,必须修复故障点,不得采用更换电器元件、借用触点及改动线路的方法。

③ 检修时,严禁扩大故障范围或产生新的故障,不得损坏电气元件。

6) 操作注意事项

① 设备操作应在教师指导下操作,做到安全第一。设备通电后,严禁在电器侧随意扳动电器件。进行故障排除训练时,尽量采用不带电检修。若带电检修,则必须有指导教师在现场监护。

② 必须安装好各电动机、支架接地线,在设备下方垫好绝缘橡胶垫,橡胶垫厚度不小于 8 mm。操作前要仔细查看各接线端,有无松动或脱落,以免通电后发生意外或损坏电器。

③ 在操作中若设备发出不正常声响,应立即断电,查明故障原因。故障噪声主要来自电动机缺相运行,接触器、继电器吸合不正常等。

④ 发现熔芯熔断,应找出故障后,方可更换同规格熔芯。

⑤ 设置故障点时,应注意做到隐蔽,一般不宜设置在单独支路或单一回路中。故障现象尽可能不要相互掩盖。尽量不设置容易造成人身或设备事故的故障点。

⑥ 在维修设备时不要随便互换线端处号码管。

⑦ 操作时用力不要过大,速度不宜过快;操作频率不宜过于频繁。

⑧ 实训结束后,应拔出电源插头,将各开关置于分断位。

⑨ 做好实训记录。

7) 设备维护

① 操作中,若设备发出较大噪声,要及时处理。如接触器发出较大嗡声,一般可将该电器拆下,修复后使用或更换新电器。

② 设备在经过一定次数的排故训练使用后,可能出现导线过短,一般可按原理图进行第二次连接,即可重复使用。

③ 更换电器配件或新电器时,应按原型号配置。

④ 电动机在使用一段时间后,需加少量润滑油,做好电动机保养工作。

8) 技能考核

① 可采用小组考核与个人考核相结合的方法,对学生分析与处理故障的能力进行检查,要求在规定的时间内完成故障的检查和排除。

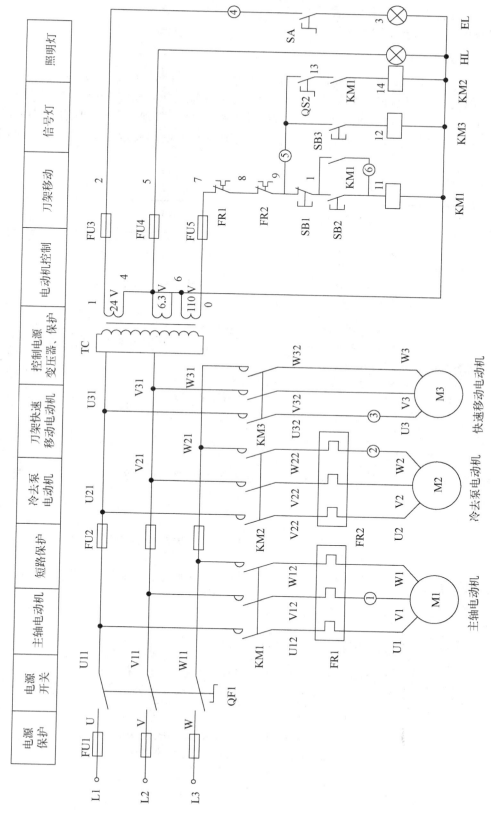

图 5.10 CA6140 普通车床的电气控制故障图

② 说明每个故障存在的部位、故障性质以及造成后果。

③ 考查规范操作、安全知识、团队协作以及卫生环境。

7. 车床的电气保养

在企业生产中,车床能否达到加工精度高、产品质量稳定、提高生产效率的目标,不仅取决于机床本身的精度和性能,很大程度上也与操作者在生产中能否正确地对车床进行维护保养和使用密切相关。只有坚持做好对车床的日常维护保养工作,才可以延长元器件的使用寿命,延长机械部件的磨损周期,防止意外恶性事故的发生,争取车床长时间稳定工作。车床电气的保养、大修标准见表5.1。

表5.1 车床电气的保养、大修参考标准

项 目	内 容
检修周期	1. 例保:一星期一次 2. 一保:一月一次 3. 二保:电动机封闭式三年一次,电动机开启式两年一次 4. 大修:与机床大修同时进行
车床电气设备维修例保	1. 检查电气设备各部分是否运行正常 2. 检查电气设备有没有不安全的因素,如开关箱内及电动机是否有水或油污进入 3. 检查导线及管线有无破裂现象 4. 检查导线及控制变压器、电阻等有无过热现象 5. 向操作工了解设备运行情况
车床线路的一保	1. 检查线路有无过热现象,电线的绝缘是否有老化现象及机械损伤;蛇皮管是否脱或损伤,并修复 2. 检查电线紧固情况,拧紧触点连接处,要求接触良好 3. 必要时更换个别损伤的电气元件和线路 4. 对电气箱等进行吹灰清扫工作
车床其他电器的一保	1. 检查电源线工作状况,并清扫灰尘和油污,要求动作灵敏可靠 2. 检查控制变压器和补偿磁放大器等线圈是否过热 3. 检查信号过流装置是否完好,要求熔断器、过流保护符合要求 4. 检查铜鼻子是否有过热和熔化现象 5. 必要时更换不能用的电气部件 6. 检查接地线接触是否良好 7. 测量线路及各电器的绝缘电阻
车床开关箱的一保	1. 检查配电箱的外壳及其密封性是否完好,是否有油污透入 2. 门锁及开关的联锁机构是否能用,并进行修理
车床电气二保	1. 进行一保的全部项目 2. 清除和更换损坏的配件,如电线管、金属软管及塑料管等 3. 重新整定热保护、过流保护及仪表装置,要求动作灵敏可靠 4. 空试线路,要求各开关动作灵敏可靠 5. 核对图纸,提出对大修的要求

续　表

项　目	内　容
车床电气大修内容	1. 完成二保一保的全部项目 2. 全部拆开配电箱(配电板)重装所有的配线 3. 解体旧的各电气开关,清扫各电气元件(包括保险、闸刀、接线端子等)的灰尘和油污,除去锈迹,并进行防腐处理,必要时更新 4. 重新排线安装电气,消除缺陷 5. 进行试车,要求各联锁装置、信号装置、仪表装置动作灵敏可靠,电动机电器无异常声响和过热现象,三相电流平衡 6. 油漆开关箱和其他附件 7. 核对图纸,要求图纸编号符合要求
车床电气完好标准	1. 各电器开关线路清洁整齐并有编号,无损伤,接触点接触良好 2. 电气开关箱门密封性能良好 3. 电气线路及电动机绝缘电阻符合要求 4. 具有电子及晶闸管线路的信号电压波形及参数应符合要求 5. 热保护、过流保护、熔断器、信号装置符合要求 6. 各电气设备动作齐全灵敏可靠,电动机、电器无异常声响,各部温升正常 7. 具有直流电动机的设备调整范围满足要求,碳刷火花正常 8. 零部件齐全符合要求 9. 图纸资料齐全

任务二　Z3050 型摇臂钻床电气故障检修

一、任务描述

本工作任务是掌握 Z3050 型摇臂钻床电路工作原理及故障的分析方法,采用正确的检修步骤,可以排除 Z3050 型摇臂钻床的电气故障。

二、学习目标

1. 了解 Z3050 型摇臂钻床电路工作原理。
2. 掌握 Z3050 型摇臂钻床典型故障的分析方法。
3. 采用正确的检修步骤,排除 Z3050 型摇臂钻床的电气故障。
4. 掌握 Z3050 型摇臂钻床电气设备保养的基础知识。

三、工作流程

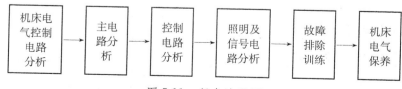

图 5.11　任务流程图

四、工作过程

1. Z3050 型摇臂钻床电气控制电路

如图 5.12 所示,为 Z3050 摇臂钻床的电气控制原理图。共有四台电动机,除冷却泵电动机采用开关直接启动外,其余三台异步电动机均采用接触器直接启动。

1) 主电路分析

M1 是主轴电动机,由交流接触器 KM1 控制,只要求单方向旋转,主轴的正反转由机械手柄操作。M1 装在主轴箱顶部,带动主轴及进给传动系统,热继电器 FR1 是过载保护元件,短路保护电器是总电源开关中的电磁脱扣装置。

M2 是摇臂升降电动机,装于主轴顶部,用接触器 KM2 和 KM3 控制其正反转。因为电动机短时间工作,故不设过载保护电器。

M3 是液压泵电动机,可以做正向转动和反向转动。正向转动和反向转动的启动与停止由接触器 KM4 和 KM5 控制。热继电器 FR2 是液压泵电动机的过载保护电器。该电动机的主要作用是供给夹紧装置压力油,实现摇臂和立柱的夹紧与松开。

M4 是冷却泵电动机,功率小,不设过载保护,用空气开关 QF2 控制启动与停止。

2) 控制电路分析

(1) 主轴电动机 M1 的控制

合上 QF1,按启动按钮 SB2,KM1 吸合并联锁,M1 启动运转,指示灯 HL3 亮。按 SB1,KM1 断电释放,M1 停转,HL3 熄灭。

(2) 摇臂升降电动机 M2 和液压泵电动机 M3 的控制

按摇臂下降(或上升)按钮 SB4(或 SB3),时间继电器 KT 和接触器 KM 吸合,KM 的常开触点闭合,因为 KT 是断电延时,故延时断开的常开触点闭合,使电磁铁 YA 和接触器 KM4 同时闭合,液压泵电动机 M3 旋转,供给压力油。压力油经通阀进入摇臂,松开油腔,推动活塞和菱形块,使摇臂松开。同时,活塞通过弹簧片使 ST3 闭合,并压位置开关 ST2,使 KM4 释放,而使 KM3(或 KM2)吸合,M3 停转,升降电动机 M2 运转,带动摇臂下降(或上升)。

当摇臂下降(或上升)到所需位置时,松开 SB4(或 SB3),KM3(或 KM2)、KM 和 KT 断电释放,M2 停转,摇臂停止升降。由于 KT 为断电延时,经过 1~3 s 延时后,17 号线至 18 号线 KT 触点闭合,KM5 得电吸合,M3 反转,液压泵反向供给压力油,使摇臂夹紧,同时通过机械装置使 ST3 断开,使 KM5 和 YA 都释放,液压泵停止旋转。图 5.12 中 ST1－1 和 ST1－2 为摇臂升降行程的限位控制。

(3) 立柱和主轴箱的松开或夹紧控制

按松开按钮 SB5(或夹紧按钮 SB6),接触器 KM4(或 KM5)吸合,液压泵电动机 M3 运转,供给压力油,使立柱和主轴箱分别松开(或夹紧)。

(4) 照明电路

由照明变压器 TC 降压后,经 SA 供电给照明灯 EL,在照明变压器副边设有熔断器 FU3 作短路保护。

2. Z3050 型摇臂钻床典型故障分析

1) 摇臂不能上升,但能下降

(1) 故障分析

从故障现象中可以判断出摇臂升降电动机 M2、主电路电源、控制电路 110 V 电源是正常的,

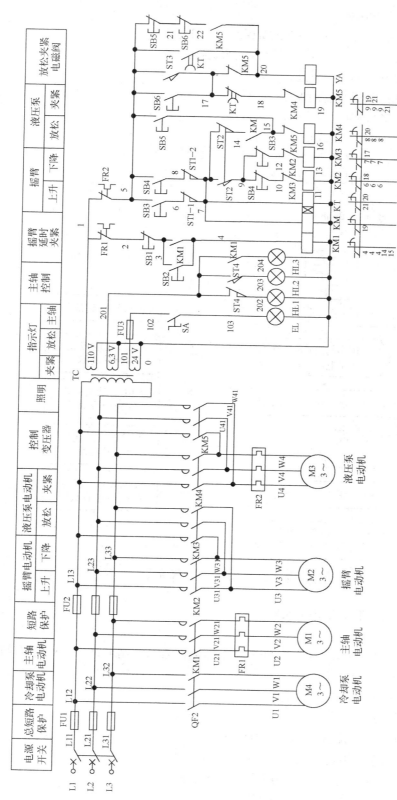

图 5.12　Z3050 摇臂钻床的电气控制原理图

故障可能出现在以下几个方面。

    ① 首先检查上升启动按钮 SB3 触头或其接线是否良好。

    ② 检查行程开关 ST1 - 1 触头或其连接线是否良好。

    ③ 检查行程开关 ST2 触头或其连接线是否良好。

    ④ 按钮 SB4 常闭触头或其连接线是否良好。

    ⑤ 检查接触器 KM3 的辅助触头或接线是否良好。

    ⑥ 接触器 KM2 的线圈或接线是否良好。

    ⑦ 主电路中接触器 KM2 的主触头或接线是否良好。

    ⑧ 液压、机械部分,特别是油路是否堵塞。

（2）故障检查

采用电阻测量法,检查流程如图 5.13 所示。

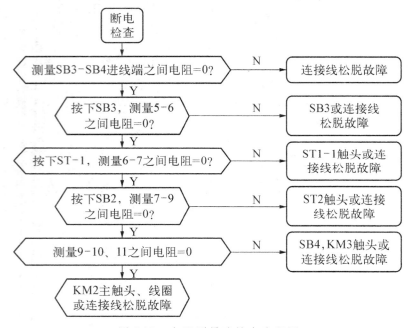

图 5.13　电阻测量法检查流程图

2）液压泵电动机只能放松,不能夹紧

（1）故障分析

从故障现象中可以判断出液压泵电动机 M3、主电路电源、控制电路 110 V 电源是正常的,故障可能出现在以下几个方面:

    ① 夹紧启动按钮 SB6 触头或接线是否良好。

    ② 时间继电器 KT 触头或接线是否良好。

    ③ 接触器 KM4 的辅助触头或接线是否良好。

    ④ 接触器 KM5 的线圈或接线是否良好。

    ⑤ 主电路中接触器 KM5 的主触头或接线是否良好。

    ⑥ 液压、机械部分,特别是油路是否堵塞。

[特别提示]

在检查此类故障中,应注意液压泵电动机 M3 的电源相序不能接错,否则夹紧装置该夹紧时反而松开。

（2）故障检查

采用电阻测量法,检查流程如图 5.14 所示。

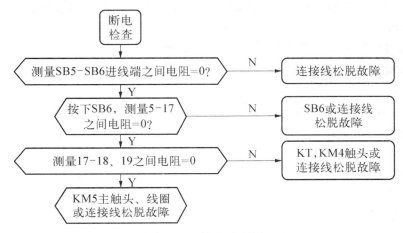

图 5.14　检查流程图

3）摇臂不能上升也不能下降

（1）故障分析

摇臂要进行上升或下降,必须应先将摇臂与立柱松开,方能实现上升和下降。所以,可从以下几个方面进行检查：

① 检查放松启动按钮 SB5 触头或接线是否良好。

② 检查接触器 KM5 的辅助触头或接线是否良好。

③ 检查接触器 KM4 的线圈或接线是否良好。

④ 检查时间继电器 KT 触头（5～20）或接线是否良好。

⑤ 检查电磁阀 YA 的线圈或接线是否良好。

⑥ 检查热继电器 FR2 的触头或接线是否良好。

⑦ 检查摇臂升降电动机 M2 的线圈或接线是否良好。

⑧ 检查主电路电源、控制电路 110 V 电源是否正常。

⑨ 检查液压、机械部分,特别是油路是否堵塞。

（2）故障检查

采用电阻测量法,此项检查流程图由读者自己完成。

4）主轴电动机 M1 不能启动

（1）故障分析

从故障现象中可以判断出问题可能存在于主轴电动机 M1、主电路电源、控制电路 110 V 电源以及与 KM1 相关的电路上,可从以下几个方面进行分析检查。

① 首先检查主电路和控制电路的熔断器 FU1、FU2 是否熔断,若发现熔断,更换熔断器的熔体。

② 若未发现熔断器熔断,检查热继电器 FR1 的触头或接线是否良好,或过热保护是否动作过。如果热继电器已动作,则应找出工作的原因。

③ 若热继电器未动作,检查停止按钮 SB1、启动按钮 SB2 的触头或接线是否良好。

④ 检查接触器 KM1 的线圈或接线是否良好。

⑤ 主电路中接触器 KM1 的主触头或接线是否良好。

⑥ 若控制电路、主电路都完好,电动机仍然不能启动,故障必然发生在电源及电动机上,如电动机断线、电源电压过低,都会造成主轴电动机 M1 不能启动,KM1 不能吸合。

（2）故障检查

采用电阻测量法,此项检查流程图由读者自己完成。

3. 电气故障排除训练

1）训练内容

Z3050 摇臂钻床电气控制线路的故障分析与处理。

2）工作准备

工具:试电笔、电工刀、尖嘴钳、剥线钳、螺钉旋具、活扳手和烙铁等。

仪表:万用表、兆欧表、钳形电流表。

3）实训设备

Z3050 摇臂钻床电气控制模拟装置。

4）训练步骤

① 熟悉 Z3050 摇臂钻床电气控制模拟装置,了解装置的基本操作,明确各种电器的作用。掌握 Z3050 摇臂钻床电气控制原理。

② 查看装置背面各电器元件上的接线是否牢固,各熔断器是否安装良好,故障设置单元中的微型开关是否处于向上位置（向上为正常状态,向下为故障状态）,并完成所负载和控制变压器的接线。

③ 独立安装好接地线,设备下方垫好绝缘垫,将各开关置分断位置。

④ 在老师的监督下,接上三相电源,合上 QF,电源指示灯亮。

⑤ 合上空气开关 QF2,冷却泵电动机 M4 工作;转动开关 SA,照明灯亮。

⑥ 按下按钮 SB2,KM1 吸合并联锁,M1 启动运转;按 SB1,KM1 断电时 M1 停转。

⑦ 按下按钮 SB3,液压泵电动机 M3 首先正转,放松摇臂,继而摇臂升降电动机 M2 正转,带动摇臂上升。当上升至要求的高度后,松开 SB3,M2 停转,同时 M3 反转,夹紧摇臂,完成摇臂上升控制过程。

⑧ 按下按钮 SB4,液压泵电动机 M3 首先正转,放松摇臂,继而摇臂升降电动机 M2 反转,带动摇臂下降。当下降至要求的高度后,松开 SB4,M2 停转,同时 M3 反转,加紧摇臂,完成摇臂下降控制过程。

⑨ 按下按钮 SB5,KM4 通电闭合,液压泵电动机 M3 首先正转,立柱和主轴箱放松;按下按钮 SB6,KM5 通电闭合,液压泵电动机 M3 启动反向运转,立柱和主轴箱加紧。

⑩ 在掌握 Z3050 摇臂钻床的基本操作之后,按图 5.15 所示,由老师在主电路或控制电路中任意设置 2～3 个电气故障点。由学生自己诊断电路,分析处理故障,并在电气故障图中标出故障点。

⑪ 设置故障点时,应注意做到隐蔽,一般不宜设置在单独支路或单一回路中。故障现象尽可能不要相互掩盖。尽量不设置容易造成人身或设备事故的故障点。

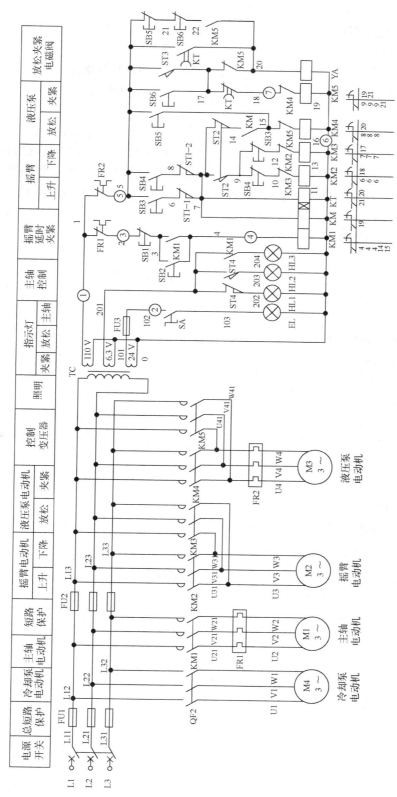

图 5.15　Z3050 摇臂钻床的电气控制原理图

5) 工作要求

① 学生应根据故障现象,先在原理图中正确标出最小故障范围的线段,然后采用正确的检查和排故方法,并在定额时间内排除故障。

② 排除故障时,必须修复故障点,不得采用更换电器元件、借用触点及改动线路的方法。

③ 检修时,严禁扩大故障范围或产生新的故障,不得损坏电器元件。

6) 操作注意事项

① 设备操作应在教师指导下操作,做到安全第一。设备通电后,严禁在电器侧随意扳动电器件。进行故障排除训练时,尽量采用不带电检修。若带电检修,则必须有指导教师在现场监护。

② 必须安装好各电动机、支架接地线,在设备下方垫好绝缘橡胶垫,橡胶垫厚度不小于8 mm。操作前要仔细查看各接线端,有无松动或脱落,以免通电后发生意外或损坏电器。

③ 在操作中若设备发出不正常声响,应立即断电,查明故障原因。故障噪声主要来自电动机缺相运行,接触器、继电器吸合不正常等。

④ 在维修设备时不要随便互换线端处号码管。

⑤ 操作时用力不要过大,速度不宜过快;操作频率不宜过于频繁。

⑥ 实训结束后,应拔出电源插头,将各开关置分断位。

7) 设备维护

① 操作中,若设备发出较大噪声,要及时处理,如接触器发出较大嗡声,一般可将该电器拆下,修复后使用或更换新电器。

② 设备在经过一定次数的排故训练使用后可能出现导线过短,一般可按原理图进行第二次连接,即可重复使用。

8) 技能考核

① 可采用小组考核与个人考核相结合的方法,对学生分析与处理故障的能力进行检查,要求在规定的时间内完成故障的检查和排除。

② 说明每个故障存在的部位、故障性质以及造成的后果。

③ 考查规范操作、安全知识、团队协作以及卫生环境。

4. 钻床电气设备保养

钻床电气保养、大修周期、内容、质量要求及完好标准见表5.2。

表5.2 钻床电气保养、大修周期、内容、质量要求及完好标准

项　　目	内　　容
检修周期	1. 例保:一星期一次 2. 一保:一月一次 3. 二保:三年一次 4. 大修:与机床大修(机械)同时进行
钻床电气的例保	1. 查看表面有没有不安全的因素 2. 查看电器各方面运行情况,并向操作工了解设备运行状况 3. 查看开关箱内及电动机是否有水或油污进入 4. 查看导线及管线有无破裂现象

续　表

项　　目	内　　容
钻床电气的一保	1. 检查线路有无过热现象和损伤之处 2. 擦去电器及导线上的油污和灰尘 3. 拧紧连接处的螺栓，要求接触良好 4. 必要时更换个别损伤的电气元件和线段
钻床其他电器的一保	1. 检查电源线、限位开关、按钮等电器工作状况，并清扫灰尘和油污，打光触点，要求动作灵敏可靠 2. 检查熔断器、热继电器、安全灯、变压器等是否完好，并进行清扫 3. 测量线路及各电器的绝缘电阻，检查接地线，要求接触良好 4. 检查开关箱门是否完好，必要时进行检查
钻床电气二保（二保后达到完好标准）	1. 进行一保的全部项目 2. 检查夹紧放松机构的电器，要求接触良好，动作灵敏 3. 检查总电源接触滑环接触良好，并清扫 4. 重新整定过流保护装置 S，要求动作灵敏可靠 5. 更换个别损伤的元件和老化损伤的电线段 6. 核对图纸，提出对大修的要求
钻床电气大修（大修后达到完好标准）	1. 进行二保和一保的全部项目 2. 拆开配电板进行清扫，更换不能用的电气元件及线段 3. 重装全部管线及电气元件，并进行排线 4. 重新整定过流保护元件 5. 进行试车，要求开关动作灵敏可靠，电动机发热声音正常，三相电流平衡 6. 核对图纸，油漆开关箱和其他附件
钻床电气完好标准	1. 各电器开关线路清洁整齐并有编号，无损伤，接触点接触良好 2. 电器线路及电动机绝缘电阻符合要求，床身接地良好 3. 热保护、过流保护、熔断器、信号装置符合要求 4. 各开关动作齐全灵敏可靠，电动机、电器无异常声响，各部温升正常，三相电流平衡 5. 图纸资料齐全

任务三　X62W 型万能铣床电气故障检修

一、任务描述

本工作任务是掌握 X62W 型摇臂钻床电路工作原理及故障的分析方法，采用正确的检修步骤，可以排除 X62W 型万能铣床的电气故障。

二、学习目标

1. 了解 X62W 型万能铣床电路工作原理。

2. 掌握 X62W 型万能铣床典型故障的分析方法。

3. 采用正确的检修步骤,排除 X62W 型万能铣床的电气故障。

4. 掌握 X62W 型万能铣床电气设备保养的基础知识。

三、工作流程

图 5.16　任务流程图

四、工作过程

1. X62W 型万能铣床电气控制电路

如图 5.17 所示,为 X62W 型万能铣床电气原理图。该原理图是由主电路、控制电路和照明电路三部分组成。

1) 主电路分析

主电路中有三台电动机。M1 是主轴电动机;M2 是进给电动机;M3 是冷却泵电动机。

① 主轴电动机 M1 通过换相开关 SA5 与接触器 KM1 配合,能进行正反转控制,而与接触器 KM2、制动电阻器 R 及速度继电器的配合,能实现串电阻瞬时冲动和正反转反接制动控制,并能通过机械进行变速。

② 进给电动机 M2 能进行正反转控制,通过接触器 KM3、KM4 与行程开关 SQ1～SQ4 配合,能实现进给变速时的瞬时冲动、六个方向的常速进给和快速进给控制。

③ 冷却泵电动机 M3 只能正转。

④ 熔断器 FU1 作机床总短路保护,也兼作 M1 的短路保护;FU2 作为 M2、M3 及控制变压器 TC 的短路保护;热继电器 FR1、FR2、FR3 分别作为 M1、M2、M3 的过载保护。

2) 控制电路

(1) 主轴电动机的控制

① SB1、SB3 与 SB2、SB4 是分别装在机床两边的停止(制动)和启动按钮,实现两地控制,方便操作。如图 5.18 所示是主轴电动机的控制电路。

② KM1 是主轴电动机启动接触器,KM2 是反接制动和主轴变速冲动接触器。

③ SQ6 是与主轴变速手柄联动的瞬时动作行程开关。

④ 主轴电动机需启动时,要先将 SA5 扳到主轴电动机所需要的旋转方向,然后再按启动按钮 SB3 或 SB4 来启动电动机 M1。

⑤ M1 启动后,速度继电器 KS 的一副常开触点闭合,为主轴电动机的制动做好准备。

⑥ 停车时,按停止按钮 SB1 或 SB2 切断 KM1 电路,接通 KM2 电路,改变 M1 的电源相序进行串电阻反接制动。当 M1 的转速低于 120 r/min 时,速度继电器 KS 的一副常开触点恢复断开,切断 KM2 电路,M1 停转,制动结束。

根据以上分析可写出主轴电动机启动转动(即按 SB3 或 SB4)时控制线路的通路:1－2－3－7－8－9－10－KM1 线圈－0 点;主轴停止与反接制动(即按 SB1 或 SB2)时的通路:1－2－3－

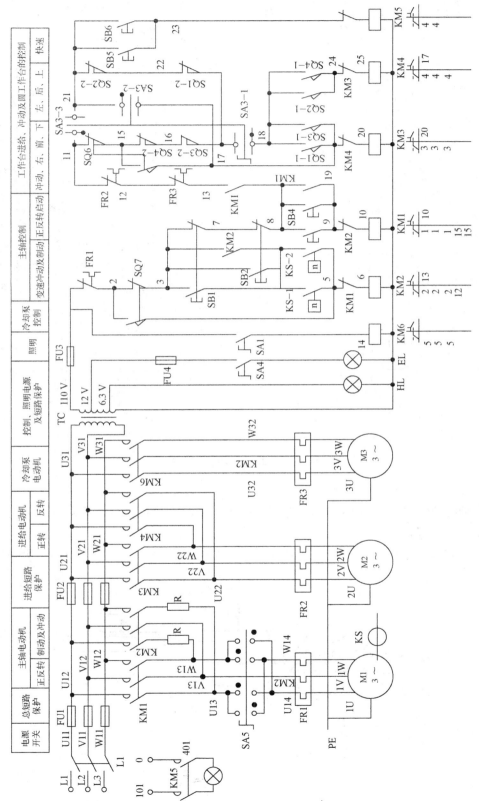

图 5.17　X62W 万能铣床的电气控制原理图

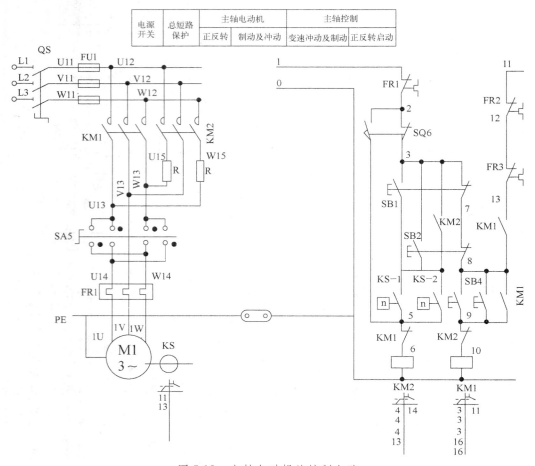

图 5.18　主轴电动机的控制电路

4 - 5 - 6 - KM2 线圈 - 0 点。

⑦ 主轴电动机变速时的瞬动(冲动)控制,是利用变速手柄与冲动行程开关 SQ6 通过机械上联动机构进行控制的。

图 5.19 是主轴变速冲动控制示意图,变速时,先下压变速手柄,然后拉到前面,当快要落到

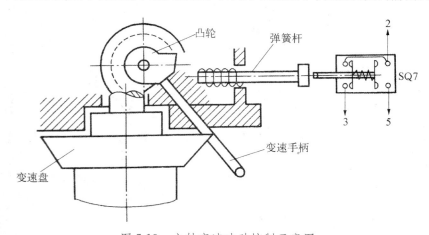

图 5.19　主轴变速冲动控制示意图

第二道槽时,转动变速盘,选择需要的转速。此时凸轮压下弹簧杆,使冲动行程 SQ6 的常闭触点先断开,切断 KM1 线圈的电路,电动机 M1 断电;同时 SQ6 的常开触点后接通,KM2 线圈得电动作,M1 被反接制动。当手柄拉到第二道槽时,SQ6 不受凸轮控制而复位,M1 停转。接着把手柄从第二道槽推回原始位置时,凸轮又瞬时压动行程开关 SQ6,使 M1 反向瞬时冲动一下,以利于变速后的齿轮啮合。

但要注意,不论是启动还是停止,都应以较快的速度把手柄推回原始位置,以免通电时间过长,引起 M1 转速过高而打坏齿轮。

（2）工作台进给电动机的控制

工作台的纵向、横向和垂直运动都由进给电动机 M2 驱动,接触器 KM3 和 KM4 控制 M2 的正反转,用以改变进给运动方向。它的控制电路采用了与纵向运动机械操作手柄联动的行程开关 SQ1、SQ2 和横向及垂直运动机械操作手柄联动的行程开关 SQ3、SQ4,组成复合联锁控制。即在选择三种运动形式的六个方向移动时,只能进行其中一个方向的移动,以确保操作安全,当这两个机械操作手柄都在中间位置时,各行程开关都处于未压的原始状态。

由原理图可知,M2 电动机在主轴电动机 M1 启动后才能进行工作。在机床接通电源后,将控制回转工作台的组合开关 SA3 扳到断开,使触点 SA3 - 1(17 - 18)和 SA3 - 3(12 - 21)闭合,而 SA3 - 2(19 - 21)断开,然后启动 M1,这时接触器 KM1 吸合,使 KM1(9 - 12)闭合,就可进行工作台的进给控制。

① 工作台纵向（左右）运动的控制

工作台的纵向运动是由进给电动机 M2 驱动,由纵向操纵手柄来控制。此手柄是复式的,一个安装在工作台底座的顶面中央部位,另一个安装在工作台底座的左下方。手柄有三个:向左、向右、零位。当手柄扳到向右或向左运动方向时,手柄的联动机构压下行程开关 SQ1 或 SQ2,使接触器 KM3 或 KM4 动作,控制进给电动机 M2 的正反转。工作台左右运动的行程,可通过调整安装在工作台两端的撞铁位置来实现。当工作台纵向运动到极限位置时,撞铁撞动纵向操纵手柄,使它回到零位,M2 停转,工作台停止运动,从而实现了纵向终端保护。

工作台向左运动:在 M1 启动后,将纵向操作手柄扳至向左位置,一方面机械接通纵向离合器,同时在电气上压下 SQ2,使 SQ2 - 2 断,SQ2 - 1 通,而其他控制进给运动的行程开关都处于原始位置,此时使 KM4 吸合,M2 反转,工作台向左进给运动。其控制电路的通路为: 12 - 15 - 16 - 17 - 18 - 24 - 25 - KM4 线圈 - 0 点。

工作台向右运动:当纵向操纵手柄扳至向右位置时,机械上仍然接通纵向进给离合器,但却压动了行程开关 SQ1,使 SQ1 - 2 断,SQ1 - 1 通,使 KM3 吸合,M2 正转,工作台向右进给运动,其通路为: 12 - 15 - 16 - 17 - 18 - 19 - 20 - KM3 线圈 - 0 点。

② 工作台垂直（上下）和横向（前后）运动的控制

工作台的垂直和横向运动,由垂直和横向进给手柄操纵。此手柄也是复式的,有两个完全相同的手柄分别装在工作台左侧的前、后方。手柄的联动机械一方面压下行程开关 SQ3 或 SQ4,同时能接通垂直或横向进给离合器。操纵手柄有五个位置（上、下、前、后、中间）,五个位置是联锁的,工作台的上下和前后的终端保护是利用装在床身导轨旁与工作台座上的撞铁,将操纵十字手柄撞到中间位置,使 M2 断电停转。

工作台向前（或者向下）运动的控制:将十字操纵手柄扳至向前（或者向下）位置时,机械上接通横向进给（或者垂直进给）离合器,同时压下 SQ3,使 SQ3 - 2 断,SQ3 - 1 通,使 KM3 吸合,M2 正转,工作台向前（或者向下）运动。其通路为: 12 - 21 - 22 - 17 - 18 - 19 - 20 - KM3 线圈 - 0 点。

工作台向后(或者向上)运动的控制:将十字操纵手柄扳至向后(或者向上)位置时,机械上接通横向进给(或者垂直进给)离合器,同时压下 SQ4,使 SQ4-2 断,SQ4-1 通,使 KM4 吸合,M2 反转,工作台向后(或者向上)运动。其通路为:12-21-22-17-18-24-25-KM4 线圈-0 点。

③ 进给电动机变速时的瞬动(冲动)控制变速时,为使齿轮易于啮合,进给变速与主轴变速一样,设有变速冲动环节。当需要进行进给变速时,应将转速盘的蘑菇形手轮向外拉出并转动转速盘,把所需进给量的标尺数字对准箭头,然后再把蘑菇形手轮用力向外拉到极限位置并随即推向原位。在操纵手轮的同时,其连杆机构二次瞬时压下行程开关 SQ5,使 KM3 瞬时吸合,M2 作正向瞬动。其通路为:12-21-22-17-16-15-19-20-KM3 线圈-0 点,由于进给变速瞬时冲动的通电回路要经过 SQ1~SQ4 四个行程开关的常闭触点,因此只有当进给运动的操作手柄都在中间(停止)位置时,才能实现进给变速冲动控制,以保证操作时的安全。同时,与主轴变速时冲动控制一样,电动机的通电时间不能太长,以防止转速过高,在变速时打坏齿轮。

④ 工作台的快速进给控制为提高劳动生产率,要求铣床在不作铣切加工时,工作台能快速移动。工作台快速进给也是由进给电动机 M2 来驱动,在纵向、横向和垂直三种运动形式六个方向上都可以实现快速进给控制。

主轴电动机启动后,将进给操纵手柄扳到所需位置,工作台按照选定的速度和方向作常速进给移动时,再按下快速进给按钮 SB5(或 SB6),使接触器 KM5 通电吸合,接通牵引电磁铁 YA,电磁铁通过杠杆使摩擦离合器合上,减少中间传动装置,使工作台按运动方向作快速进给运动。当松开快速进给按钮时,电磁铁 YA 断电,摩擦离合器断开,快速进给运动停止,工作台仍按原常速进给时的速度继续运动。

(3) 回转工作台运动的控制

铣床如需铣切螺旋槽、弧形槽等曲线时,可在工作台上安装回转工作台及其传动机械,回转工作台的回转运动也是由进给电动机 M2 传动机构驱动的。

回转工作台工作时,应先将进给操作手柄都扳到中间(停止)位置,然后将回转工作台组合开关 SA3 扳到回转工作台接通位置。此时 SA3-1 断,SA3-3 断,SA3-2 通。准备就绪后,按下主轴启动按钮 SB3 或 SB4,则接触器 KM1 与 KM3 相继吸合。主轴电动机 M1 与进给电动机 M2 相继启动并运转,而进给电动机仅以正转方向带回转工作台作定向回转运动。其通路为:12-15-16-17-22-21-19-20-KM3 线圈-0 点。

由上可知,回转工作台与工作台进给有互锁,即当回转工作台工作时,不允许工作台在纵向、横向、垂直方向上有任何运动。若误操作而扳动进给运动操纵手柄(即压下 SQ1~SQ4 中任一个),M2 停止转动。

2. X62W 型万能铣床典型故障分析

铣床电气控制线路与机械系统的配合十分密切,其电气线路的正常工作往往与机械系统的正常工作是分不开的,这就是铣床电气控制线路的特点。要判断是电气还是机械故障,必须熟悉机械与电气的相互配合。这就要求维修电工不仅要熟悉电气控制工作原理,而且还要熟悉相关机械系统的工作原理及机床操作方法。下面通过几个实例来叙述 X62W 铣床的常见故障及其排除方法。

1) 主轴停车时无制动

(1) 故障分析

从故障现象中可以判断出主轴电动机 M1、主电路电源、控制电路 110 V 电源是正常的,故障可能出现在以下几个方面。

① SB1 或 SB2 的触头或接线是否良好?

② 速度继电器 KS-1 或 KS-2 的触头或接线是否良好?

③ 接触器 KM1 的辅助触头或接线是否良好?

④ 接触器 KM2 的线圈或接线是否良好?

⑤ 主电路中接触器 KM2 的主触头或接线是否良好?

⑥ 机械部分是否堵塞?

　　主轴无制动时,按下停止按钮 SB1 或 SB2 后,首先检查反接制动接触器 KM2 是否吸合。若 KM2 不吸合,则故障原因一定在控制电路部分,检查时可先操作主轴变速冲动手柄,若有冲动,故障范围就缩小到速度继电器和按钮支路上。若 KM2 吸合,则故障原因就较复杂一些,其一是,是主电路的 KM2、R 制动支路中,至少有缺相的故障存在;其二是,速度继电器的常开触点过早断开,但在检查时,只要仔细观察故障现象,这两种故障原因是能够区别的,前者的故障现象是完全没有制动作用,而后者则是制动效果不明显。

　　以上分析可知,主轴停车时无制动的故障原因,较多是由于速度继电器 KS 发生故障引起的。如 KS 常开触点不能正常闭合,其原因有推动触点的胶木摆杆断裂;KS 轴伸端圆销扭弯、磨损或弹性连接元件损坏;螺丝销钉松动或打滑等。若 KS 常开触点过早断开,其原因有 KS 动触点的反力弹簧调节过紧;KS 的永久磁铁转子的磁性衰减等。

　　应该说明,机床电气的故障不是千篇一律的,所以在维修中,不可生搬硬套,而应该采用理论与实践相结合的灵活处理方法。

　　[特别提示]

　　反接制动电路中存在缺相的故障时,没有制动作用。

（2）故障检查

采用电阻测量法,检查流程如图 5.20 所示。

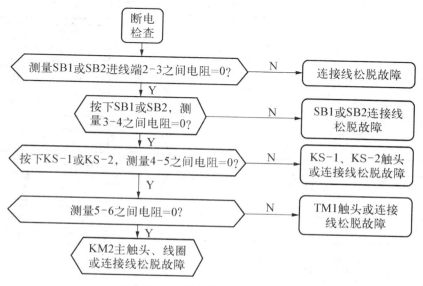

图 5.20　电阻测量法检查流程图

2）按下停止按钮主轴电动机不停

（1）故障分析

产生故障的原因有：接触器 KM1 主触点熔焊；反接制动时两相运行；SB3 或 SB4 在启动 M1 后绝缘被击穿。这三种故障的原因，在故障的现象上是能够加以区别的：如按下停止按钮后，KM1 不释放，则故障可断定是由熔焊引起；如按下停止按钮后，接触器的动作顺序正确，即 KM1 能释放，KM2 能吸合，同时伴有嗡嗡声或转速过低，则可断定是制动时主电路有缺相故障存在；若制动时接触器动作顺序正确，电动机也能进行反接制动，但放开停止按钮后，电动机又再次自启动，则可断定故障是由启动按钮绝缘击穿引起。

（2）故障检查

采用电阻测量法，此项检查流程图由读者自己完成。

3）主轴工作正常，工作台各方向不能进给

（1）故障分析

主轴工作正常，工作台各方向不能进给，说明故障出现在公共点上，即点 8～11 的线路上。

① 接触器 KM1 的辅助触头（8～13）或其接线是否良好？

② FR2、FR3 的触头或其接线是否良好？

③ SA3 的触头或其接线是否良好？

④ 接触器 KM3、KM4 的线圈、主触头及其接线是否良好？

⑤ 进给电动机 M2 是否良好？

（2）故障检查

采用电阻测量法，检查流程如图 5.21 所示。

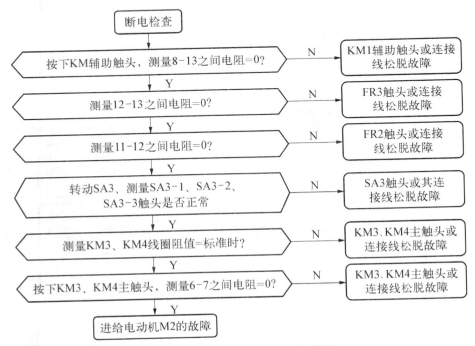

图 5.21　电阻测量法检查流程图

4）工作台不能作向上进给运动

（1）故障分析

由于铣床电气线路与机械系统的配合密切和工作台向上进给运动的控制是处于多回路线路之中，因此，不宜采用按部就班地逐步检查的方法。在检查时，可先依次进行快速进给、进给变速冲动或回转工作台向前进给，向左进给及向后进给的控制，来逐步缩小故障的范围（一般可从中间环节的控制开始），然后再逐个检查故障范围内的元器件、触点、导线及接点，来查出故障点。在实际检查时，还必须考虑到由于机械磨损或移位使操纵失灵等因素，若发现此类故障原因，应与机修钳工互相配合进行修理。

假设故障点在图区 25 上，行程开关 SQ4-1 由于安装螺钉松动而移动位置，造成操纵手柄虽然到位，但触点 SQ4-1(18-24)仍不能闭合，在检查时，若进行进给变速冲动控制正常后，也就说明向上进给回路中，线路 12-21-22-17 是完好的，再通过向左进给控制正常，又能排除线路 17-18 和 24-25-0 存在故障的可能性。这样将故障的范围缩小到 18-SQ4-1-24 的范围内。再经过仔细检查或测量，就能很快找出故障点。

（2）故障检查

采用电阻测量法，此项检查流程图由读者自己完成。

5）工作台不能作纵向进给运动

（1）故障分析

应先检查横向或垂直进给是否正常，如果正常，说明进给电动机 M2、主电路、接触器 KM3、KM4 及纵向进给相关的公共支路都正常，此时应重点检查图区 19 上的行程开关 SQ5(12-15)、SQ4-2 及 SQ3-2，即线号为 12-15-16-17 支路，因为只要三对常闭触点中有一对不能闭合或有一根线头脱落就会使纵向不能进给。然后再检查进给变速冲动是否正常，如果也正常，则故障的范围已缩小到在 SQ5(12-15)及 SQ1-1、SQ2-1 上，但一般 SQ1-1、SQ2-1 两副常开触点同时发生故障的可能性甚小，而 SQ5(12-15)由于进给变速时，常因用力过猛而容易损坏，所以可先检查 SQ5(12-15)触点，直至找到故障点并予以排除。

（2）故障检查

采用电阻测量法，此项检查流程图由读者自己完成。

3. 电气故障排除训练

1）训练内容

X62W 型万能铣床电气控制线路的故障分析与处理。

2）工作准备

工具：试电笔、电工刀、尖嘴钳、剥线钳、螺钉旋具、活扳手和烙铁等。

仪表：万用表、兆欧表、钳形电流表。

3）实训设备

X62W 型万能铣床电气控制模拟装置。

4）训练步骤

① 熟悉 X62W 型万能铣床电气控制模拟装置，了解装置的基本操作，明确各种电器的作用。掌握 X62W 型万能铣床电气控制原理。

② 查看装置背面各电器元件上的接线是否牢固，各熔断器是否安装良好，故障设置单元中的微型开关是否处于向上位置（向上为正常状态，向下为故障状态），并完成所负载和控制变压

器的接线。

③ 独立安装好接地线，设备下方垫好绝缘垫，将各开关置分断位置。

④ 在老师的监督下，接上三相电源。合上 QF，电源指示灯亮。

⑤ 合上 SA1，观察冷却泵电动机 M3 工作；转动开关 SA4，照明灯 E1 亮。

⑥ 将转动开关 SA5 置于"正转"或"反转"，按下按钮 SB3 或 SB4，KM1 吸合并联锁，M1 启动运转；按 SB1 或 SB2，KM1 断电释放，KM2 得电，观察 M1 停转。

⑦ 启动主轴电动机后，将转动开关 SA3 置于"工作台进给"，分别按下行程开关 SQ1～SQ4 观察进给电动机 M2 动作，是否实现纵向（左、右）移动、横向（前、后）移动、垂直（上、下）移动。

⑧ 再将转动开关 SA3 置于回转工作台进给，观察进给电动机 M2 动作情况。

⑨ 按下按钮 SB5 或 SB6，观察 KM5 是否动作。

⑩ 在掌握 X62 W 型万能铣床的基本操作之后，按图 5.22 所示，由老师在主电路或控制电路中任意设置 2～3 个电气故障点。由学生自己诊断电路，分析处理故障，并在电气故障图中标出故障点。

⑪ 设置故障点时，应注意做到隐蔽，一般不宜设置在单独支路或单一回路中。故障现象尽可能不要相互掩盖。尽量不设置容易造成人身或设备事故的故障点。

5）工作要求

① 学生应根据故障现象，先在原理图中正确标出最小故障范围的线段，然后采用正确的检查和排故方法，并在定额时间内排除故障。

② 排除故障时，必须修复故障点，不得采用更换电器元件、借用触点及改动线路的方法。

③ 检修时，严禁扩大故障范围或产生新的故障，不得损坏电器元件。

6）操作注意事项

① 设备操作应在教师指导下操作，做到安全第一。设备通电后，严禁在电器侧随意扳动电器件。进行故障排除训练时，尽量采用不带电检修。若带电检修，则必须有指导教师在现场监护。

② 必须安装好各电动机、支架接地线，在设备下方垫好绝缘橡胶垫，橡胶垫厚度不小于 8 mm。操作前要仔细查看各接线端，有无松动或脱落，以免通电后发生意外或损坏电器。

③ 在操作中若设备发出不正常声响，应立即断电，查明故障原因。故障噪声主要来自电机缺相运行，接触器、继电器吸合不正常等。

④ 在维修设备时不要随便互换线端处号码管。

⑤ 操作时用力不要过大，速度不宜过快；操作频率不宜过于频繁。

⑥ 实训结束后，应拔出电源插头，将各开关置分断位。

7）设备维护

① 操作中，若设备发出较大噪声，要及时处理，如接触器发出较大嗡声，一般可将该电器拆下，修复后使用或更换新电器。

② 设备在经过一定次数的排故训练使用后，可能出现导线过短，一般可按原理图进行第二次连接，即可重复使用。

8）技能考核

① 可采用小组考核与个人考核相结合的方法，对学生分析与处理故障的能力进行检查，要求在规定的时间内完成故障的检查和排除。

② 说明每个故障存在的部位、故障性质以及造成后果。

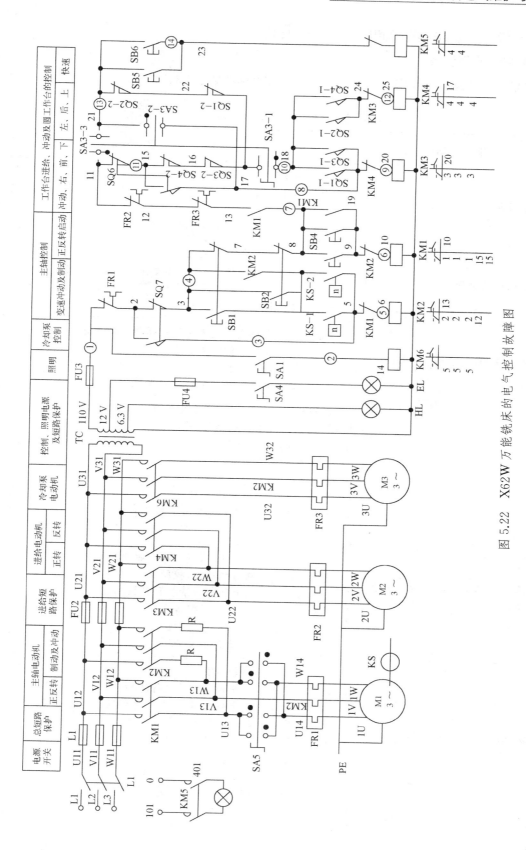

图 5.22　X62W 万能铣床的电气控制故障图

③ 考查规范操作、安全知识、团队协作以及卫生环境。

4. 铣床电气保养

铣床电气保养、大修周期、内容、质量要求及完好标准见表5.3。

表 5.3 铣床电气保养、大修周期、内容、质量要求及完好标准

项 目	内 容
检修周期	1. 例保：一星期一次 2. 一保：一月一次 3. 二保：三年一次 4. 大修：与机床大修(机械)同时进行
铣床电气的例保	1. 向操作工了解设备运行状况 2. 查看电气各方面运行情况，看有没有不安全的因素 3. 听听开关及电动机有无异常声响 4. 查看电动机和线段有无过热现象
铣床电气的一保	1. 检查电气及线路是否有老化及绝缘损伤的地方 2. 清扫电器及导线上的油污和灰尘 3. 拧紧各线段接触点的螺钉，要求接触良好 4. 必要时更换个别损伤的电气元件和线段
铣床其他电器的一保	1. 擦净限位开关内的油污、灰尘及伤痕，要求接触良好 2. 拧紧螺钉，检查手柄动作，要求灵敏可靠 3. 检查制动装置中的速度继电器、可变压器、电阻等是否完好，并清扫，要求主轴电动机制动准确，速度继电器动作灵敏可靠 4. 检查按钮、转换开关、冲动开关的工作应正常，接触良好 5. 检查快速电磁铁，要求工作准确 6. 检查电器动作保护装置是否灵敏可靠
铣床电气二保(二保后达到完好标准)	1. 进行一保的全部项目 2. 更换老化和损伤的电器、线段及不能使用的电气元件 3. 重新整定热继电器的数据，校验仪表 4. 对制动二极管或电阻进行清扫和数据测量 5. 测量接地是否良好，测量绝缘电阻 6. 试车中要求开关动作灵敏可靠 7. 核对图纸，提出对大修的要求
铣床电气大修(大修后达到完好标准)	1. 进行二保一保的全部项目 2. 拆开配电板各元件和管线并进行清扫 3. 拆开旧的各电气开关，清扫各电气元件的灰尘和油污 4. 更换损伤的电器和不能用的电气元件 5. 更换老化和损伤的线段，重新排线 6. 除去电器锈迹，并进行防腐处理 7. 重新整定热继电器过流等保护装置 8. 油漆开关箱，并对所有的附件进行防腐处理 9. 核对图纸

续　表

项　　目	内　　容
铣床电气完好标准	1. 各电器开关线路清洁整齐无损伤,各保护装置信号装置完好 2. 各接触点接触良好,床身接地良好,电动机、电器绝缘良好 3. 试验中各开关动作灵敏可靠,符合图纸要求 4. 开关和电动机声音正常无过热现象,交流电动机三相电流平衡 5. 零部件完整无损,符合要求 6. 图纸资料齐全

任务四　20/5 t 桥式起重机电气控制原理分析及故障检修

一、任务描述

本工作任务是对 20/5 t 桥式起重机电气控制原理进行分析,掌握桥式起重机的常见电气故障检修及电气控制装置的调试方法,排除桥式起重机的电气故障。

二、学习目标

1. 了解桥式起重机的主要结构和运动形式。
2. 熟悉桥式起重机电路工作原理。
3. 掌握凸轮控制器、主令控制器的结构及控制原理。
4. 掌握桥式起重机的电气调试方法。

三、工作流程

具体的学习任务及学习过程如图 5.23 所示:

图 5.23　任务流程图

四、工作过程

1. 桥式起重机的主要结构和运动形式

1) 20/5 t 桥式起重机的主要结构

桥式起重机是桥架在高架轨道上运行的一种桥架型起重机,又称天车。桥式起重机的桥架沿铺设在两侧高架上的轨道纵向运行,起重小车沿铺设在桥架上的轨道横向运行,构成一矩形的工作范围,就可以充分利用桥架下面的空间吊运物料,不受地面设备的阻碍。这种起重机广泛用在室内外仓库、厂房、码头和露天贮料场等处。图5.24为20/5 t桥式起重机的外形。

图5.24　20/5 t桥式起重机的外形

桥式起重机的结构主要由机械、电气和金属结构三大部分组成。

机械部分由主起升机构、副起升机构(15 t以上才有)、小车运行机构和大车运行机构组成。其中包括:电动机、联轴器、传动轴、制动器、减速器、卷筒和车轮等。

金属结构主要由桥架(主梁、端梁、栏杆、走台、小车轨道)、司机室和小车架组成。

电气部分由电气设备和电气线路组成,包括桥吊的动力装置和各机构的启动、调速、换向、制动及停止等的控制系统。

(1) 20/5 t桥式起重机主要结构及作用

图5.25为20/5 t桥式起重机的结构示意图。桥式起重机主要由桥架、大车运行机构、小车运行机构、起升机构和电气设备组成。

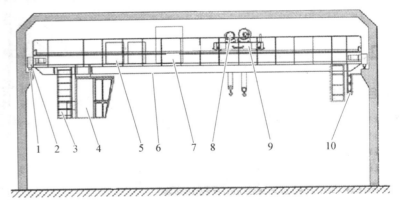

1—导轨　2—端梁　3—登梯　4—驾驶室　5—电阻箱　6—主梁　7—控制柜
8—起重电动机　9—起重小车　10—供电滑触线

图5.25　20/5 t桥式起重机的结构示意图

① 桥架

桥式起重机的桥架是由两根主梁、两根端梁、走台和防护栏杆等构件组成,是金属结构。它一方面承受着满载的起重小车的轮压作用,另一方面又通过支承桥架的运行车轮,将满载的起重机全部重量传给了厂房内固定跨间支柱上的轨道和建筑结构,桥架的结构形式不仅要求自重轻又要有足够的强度、刚性和稳定性。

② 车运行机构

大车运行机构的作用是驱动桥架上的车轮转动,使起重机沿着轨道作纵向水平运动。

③ 起重小车

起重小车是桥式起重机的一个重要组成部分,它包括小车架、起升机构和运行机构 3 个部分。其构造特点是,所有机构都是由一些独立组装的部件所组成,如电动机、减速器、制动器、卷筒、定滑轮组件以及小车车轮组等。小车架是支托和安装起升机构和小车运行机构等部件的机架,通常为焊接结构。

④ 轨道

轨道是用作承受起重机车轮的轮压并引导车轮的运行。所有起重机的轨道都是标准的或特殊的型钢或钢轨。它们既应符合车轮的要求,同时也应考虑到固定的方法。桥式起重机常用的轨道有起重机专用轨、铁路轨和方钢 3 种。

⑤ 驾驶室

桥式起重机的司机室分为敞开式、封闭式和保温式 3 种。司机室必须具有良好的视野。

⑥ 车轮

车轮又称走轮,是用来支承起重机自重和载荷并将其传递到轨道上,同时使起重机在轨道上行驶。车轮按轮缘形式可以分为双轮缘的、单轮缘的和无轮缘的 3 种。

(2) 运动形式

① 大车运动

桥架沿铺设在两侧高架上的轨道纵向运行,采用制动器、减速器和电动机组合成一体的三合一驱动方式,驱动方式为分别驱动,即两边的主动车轮各用一台电动机驱动。

② 车运动

起重小车沿铺设在桥架上的轨道横向运行。

③ 起升运动

起升运动由两台异步电动机驱动,电动机通过减速器带动卷筒转动,使钢丝绳绕上卷筒或从卷筒放下,以升降重物。通常在额定起重量超过 10 t 的普通桥式起重机上装有主、副两套起升机构,副钩的额定起重量一般为主钩的 15%～20%。

2) 20/5 t 桥式起重机的电气控制特点及要求

20/5 t 桥式起重机共用 5 台绕线式异步电动机拖动,它们分别是副钩起重电动机 M1、小车移动电动机 M2、大车移动电动机 M3 和 M4、主钩起重电动机 M5。它的控制特点如下:

① 桥式起重机为适应在重载下频繁启动、反转、制动、变速等操作,主、副钩起重电动机应选用三相线式异步电动机,绕线式电动机转子回路串入适当电阻可达到最大启动转矩,从而减小启动电流,调节电阻使电动机有一定的调速范围,且用凸轮控制器进行操作。

② 为适应桥式起重机大车移动,供电方式采用安全滑触线装置硬线供、馈电线路,三相电源是从沿着平行于大车导轨方向安装的厂房一侧主滑触线导管,通过受电器的电刷引入,在导管接线处设置三相电源指示灯。移动小车一般采用橡胶软电缆供、馈电线路,使用的软电缆常称拖缆。在桥架上安装钢缆,并与小车运动方向平行,钢缆从小车上支架孔内穿过,电缆通过吊环与承力尼龙绳一起吊装在钢缆上。

③ 主钩、副钩起重电动机要有合理的升降速度,空载、轻载速度快,减少升降时间,提高效率。重载要求速度慢,转速可降低为额定速度 50%～60%,启动和制动停止前采用低速,以避免过大的机械冲击,在 30% 的额定速度附近可分成几个挡位,方便操作。

④ 吊钩下放重物时,是位能性负载力矩,电动机就可运行在电动状态(轻载)、倒拉反转状态(重载)或再生发电制动状态。

⑤ 当桥式起重机运行停止时，分别由各相应运行机构中的电磁制动器进行制动，以免发生事故。

⑥ 20/5 t 桥式起重机必须有限位保护，限位开关包括小车前后极限限位开关，大车左右极限限位开关，主钩上升极限限位开关，副钩上升极限限位开关以及驾驶室门、舱盖出入口、桥式栏杆出入口的联锁保护限位开关等。

⑦ 起重机照明电源由 380 V 电源电压经隔离变压器取得 220 V 和 36 V，其中 220 V 用于桥下照明，36 V 用于桥箱控制室内照明和桥架上维修照明，也作为警铃电源及安全行灯电源。控制室(桥箱)内电风扇和电热取暖设备的电源也用 220 V 电源。

⑧ 有完备的零位、短路、接地和过载保护，为适应频繁启动、制动操作，过载保护采用过电流继电器进行保护。

2. 桥式起重机电动机的电气控制电路

由于起重机是高空设备，所以对于安全性能要求较高。为了能很好地适应调速以及在满载下频繁启动，起重机都采用三相绕线转子异步电动机，在转子回路串入电阻器可改善启动性能，以调节启动转矩、减小启动电流。电阻器的阻值大小可以控制，从而可以进行速度调节。而对电动机的控制则采用凸轮控制器。因为在断续工作制下，启动频繁，故电动机不使用热继电器，而采用带一定延时的过电流继电器。

1) 凸轮控制器

凸轮控制器是桥式起重机的主要电气控制设备，电动机的起停、调速、反向及正反转的联锁等功能都由凸轮控制器完成。

① 凸轮控制器的型号及其含义如左。

② 凸轮控制器的结构介绍如下。

如图 5.26 所示为凸轮控制器的结构示意图。目前应用较多的是 KT10、KT12 及 KT14 型，额定电流有 25 A 和 60 A 两种。

```
KT  10 - □  J / □
              线路特征代号
              交流
              额定工作电流
              设计序号
              凸轮控制器
```

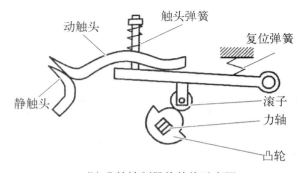

(a) KT系列的凸轮控制器　　　　(b) 凸轮控制器的结构示意图

图 5.26　凸轮控制器的结构示意图

③ 一般 5 t 桥式起重机所用的凸轮控制器，通常由三台 KT12 - 25J/1 凸轮控制器分别控制大车、小车及吊钩电动机。桥式起重机的电气控制原理图如图 5.27 和图 5.28 所示。

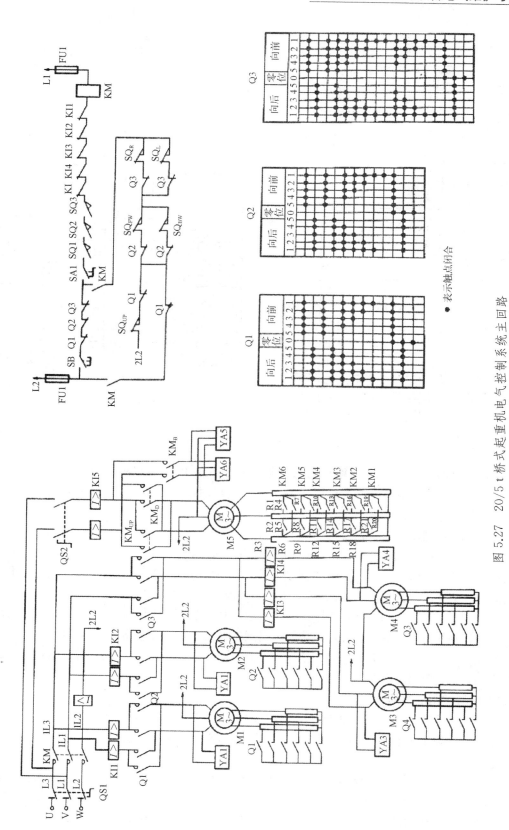

图 5.27　20/5 t 桥式起重机电气控制系统主回路

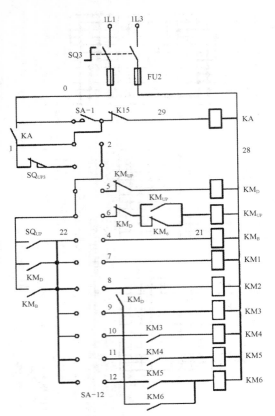

主令控制器通断表

SA		下降						零位	上升					
		强力			制动			0	→					
		5	4	3	2	1	C	0	1	2	3	4	5	6
○ 1 ○								+						
○ 2 ○		+	+											
○ 3 ○				+	+	+			+	+	+	+	+	+
○ 4 ○	KM_B	+	+	+	+	+			+	+	+	+	+	+
○ 5 ○	KM_D	+	+	+										
○ 6 ○	KM_UP			+	+	+			+	+	+	+	+	+
○ 7 ○	KM1			+	+	+				+	+	+	+	+
○ 8 ○	KM2	+	+	+	+	+					+	+	+	+
○ 9 ○	KM3	+	+									+	+	+
○ 10 ○	KM4	+											+	+
○ 11 ○	KM5	+												+
○ 12 ○	KM6													

+ 表示触点闭合

图 5.28　20/5 t 桥式起重机主令控制回路

凸轮控制器的 12 对触点对电动机工作电源供给部分、电阻器切换部分和安全保护部分分别进行控制。其中 4 对为电源控制用,5 对为切换电阻用,2 对起限位作用,还有 1 对为零位控制起安全保护作用。

④ 凸轮控制器的功能如下。

控制电动机的启动与停止;改变电动机的运动方向;控制电阻器来限制电动机的启动电流并获得较大的启动转矩;切换电阻器的电阻值调节电动机的转速;可以适应起重机所要求的频繁启动与变速要求;可以防止起重机运动机构超过极限位置;保证在零位启动。

⑤ 对于大车及吊钩的运动,凸轮控制器所起的作用相同,但吊钩下降没有极限位置保护。因此应该特别注意,在吊钩无限制地下降时,当钢丝绳放完后仍会继续下降,此时卷扬部分就会将钢丝绳反绕而使吊钩上升。这样即使达到上升极限位置,限制上升极限位置的限位开关也不会起作用,这时就会发生严重事故。

2) 电源控制电路的分析

① 凸轮控制器的电源由电源线 2L1、2L3 供电,由过电流继电器 KI 的输出端引入。控制的输出端分别接到小车电动机 M3,而定子绕组的 U3、V3、W3 则不通过控制器,而是直接由过电流继电器 KI 的输出端供给。

② 控制器共分 5 挡,在控制器电路图中,凡有黑色圆点"·"的表示触点接通,否则表示断开,控制器电源部分的 4 对触点交叉连接以改变电源相序。当控制器手柄向左扳动时,控制器的转轴带动凸轮转动,使其中控制电动机正转的触点 2L3 与 W3 接通、2L1 与 U3 接通,电动机

正转。如控制器手柄向右扳动,这时 2L3 与 U3 接通、2L1 与 W3 接通,电动机电源相序改变,电动机反转。

3) 电阻器控制电路分析

① 凸轮控制器切换电阻器用 5 对触点,它们的通断情况由控制器的不同挡位来控制。控制器手柄扳动时,其触点的通断状态在左右方向时完全一致。

② 在手柄处于第一挡时,所有 5 对触点都是断开状态,电动机转子串联所有的电阻,这时电动机启动,大电阻值限制了电动机的启动电流,并能获得较大的启动转矩,电动机处于最低速的运行状态。

③ 当控制器手柄扳到第二挡时,R5 至 R6 段电阻被短接,串入电动机转子绕组中的电阻值减小,速度上升。根据控制器的控制电路图可以看出,在此后的几挡位置,这一对触点始终是闭合的。

④ 如继续升速,则将控制器手柄扳到第三挡,这时电阻器另一相电阻 R4~R6 被短接,电动机的转速再次升高。这样顺序工作到第五挡时,电阻器完全被短接,电动机处于最高速运转。

4) 安全保护用触点控制电路分析

① 凸轮控制器的安全保护有极限位置(终端)限位保护和零位启动保护两个方面。

② 零位启动保护是由控制器的触点 1-2 来实现的。这对触点只有当控制器在零位时才闭合,其余挡位都是断开的。这对触点串入保护配电柜的启停控制电路,在零位时,才允许启动,并由接触器自锁。在其他各挡,这对触点虽然断开,但由于电源控制接触器的自锁而不会断电。如果起重机在正常运转情况下突然停电,或由于人为误操作将凸轮控制器的手柄脱离零位而处在任一方向的任一挡后,在电源恢复时,由于有了零位保护,就可避免起重机自行启动而造成事故。

③ 极限位置(终端)限位保护有两个开关,它们分别限制电动机正转(即控制器手柄向右,小车运动向后)及反转并串入对应的控制回路中,由控制器的两对触点 4-5 及 4-3 控制。在零位时,两对触点都闭合,手柄向右或向左均能正常启动电动机。但当手柄处向右,即小车向后运动达到极限位置而撞开向后的行程开关 SQ$_{BW}$,保护柜的总电源接触器失电掉闸,起重机停止运动。在控制器手柄回到零位后,启动主接触器,可以反方向扳动手柄,小车反向脱离极限位置。

5) 保护配电柜

① 起重机的保护配电柜起安全保护及配电作用。

② 5 t 普通桥式起重机所用的保护配电柜一般为 XQB1-150-3 型。

③ 柜中电器元件主要有:三相刀开关、供电用的主接触器和总电源过电流继电器及各传动电动机保护用的过电流继电器等。

刀开关 QS 控制总电源。

主接触器 KM 用来控制起重机的工作。当主接触器吸合后,起重机处于准备工作状态,操作凸轮控制器可使各有关机构运动。当主接触器释放后,各运动机构的电动机就全部失去电源而停止工作。

④ 控制回路工作原理如下。

启动按钮与所有凸轮控制器的零位保护触点串联,只有保证所有凸轮控制器都处于零位时,才可能启动接触器,实现零位保护功能。

自锁回路中串联起重机各运动机构的极限位置行程开关:SQ$_{UP}$(上升限位);SQ$_{fw}$、SQ$_{bw}$(小车前后);$SQ1$,SQ_R(大车左右)。当任一运行机构到达极限位置碰撞限位开关时,就会断开自锁回路,使主接触器释放,运行停止,起到极限位置保护作用。

在主接触器自锁回路中串接了安全保护开关 SA1(紧急停止)和 $SQ1\sim SQ3$(驾驶室门及顶盖等出入口保护)。SA1 是为危急情况之下作紧急停止运行之用。$SQ1\sim SQ3$ 是为了检修等而设计的,当打开驾驶室顶盖的门就断开安全开关的触点,使主接触器不能吸合,以保障在桥架上工作的人员安全。

在主接触器的控制回路中还串联 KI(过电流继电器)、KI1(各运动机构电动机保护用过电流继电器)等,它们都是各驱动电动机的过载保护元件。对过电流继电器,其整定值应为全部电动机额定电流总和的 1.5 倍,或电动机功率最大一台的额定电流的 2.5 倍再加上其他电动机额定电流的总和,而各电动机的过电流继电器,通常分别整定在所保护电动机额定电流的 2.25～2.5 倍。

6) 制动器

① 当桥式起重机运行停止时,分别由各相应运行机构中的制动器进行制动,以免发生事故。

② 桥式起重机常用的制动器由电磁铁与制动器组合而成。当电磁铁失电时,制动电磁铁的弹簧使制动闸刹住制动轮(装在电动机转轴上)而制动,当电磁铁通电时,松开制动闸使电动机自由运转。它的电源线直接接在所制动的电动机定子电源端子上。这种得电松开,失电制动的设计,起到很好的安全保障作用。

7) 电源馈线

① 桥式起重机的供电由滑触线来实现。由于吊钩与小车一起在桥架上行走运动,也需要用滑触线馈电。

② 供电方式有两种。

移动小车一般采用橡胶软电缆供、馈电线路,使用的软电缆常被称为拖缆。在桥架上安装钢缆,并与小车运动方向平行,钢缆从小车上支架孔内穿过,电缆通过吊环与承力尼龙绳一起吊装在钢缆上。电缆移动端与小车上支架固定连接以减少钢缆受力,钢缆上通常涂一层黏油进行润滑、防锈。

桥式起重机供电电源一般采用由安全供电滑触线装置构成的硬线供、馈电线路,这种安装方法安全、可靠、美观、节能、节电。

8) 照明及桥厢内电路

① 桥式起重机照明电源由 380 V 电源经变压器取得 220 V 和 36 V 电压,其中 220 V 用于桥架下的照明,36 V 用于桥厢控制室内照明和桥架上的维修照明,控制室内电风扇和电热取暖设备采用 220 V 电源。36 V 也可作为警铃电源及安全手提灯电源。

② 必须注意,该电路所取的 220 V、36 V 电源均不接地。

严禁利用起重机机壳作为电源回路。严禁利用起重机机体或轨道作为工作零线。

为了安全,除起重机要可靠接地外,还要保证起重机轨道必须接地或重复接地,接地电阻不得大于 4 Ω。

3. 桥式起重机常见电气故障的检修

1) 控制电路故障及排除方法

① 合上保护盘上的刀开关 QS 时,操作电路的熔断器 FU1 烧断。故障原因可能是操作电

路中与保护机构相连接的一相接地,应检查绝缘电阻,并消除接地现象。

② 按下启动按钮 SB1 后,主接触器 KM 不能接通。故障原因:可能是刀开关 QS 或紧急开关 SA1 未合上;也可能是线路无电压,或操纵电路的熔断器 FU1 烧断;也可能是凸轮控制器放在工作位置上,或驾驶室门及顶盖未关好(SQ1～SQ3 未闭合);再就是接触器 KM 线圈坏了。可针对以上原因进行检查,采取相应的措施进行处理。

③ 当主接触器 KM 接通后,引入线上的熔断器 FU1 立即熔断。这是由于这一相对地短路,应找出对地短路点予以排除。

④ 当凸轮控制器合上后,过电流继电器(KI、KI1、KI2、KI3)动作。这种现象可能是过电流继电器的整定值不合适,应重新调整过电流继电器的过电流保护值,使其为电动机额定电流的 225%～250%;也可能是电动机定子线路有对地短路现象,可用绝缘电阻表找出绝缘损坏的地方进行处理;还可能是机械部分卡死,应检查机械部分并消除故障。

⑤ 当凸轮控制器合上时电动机不转动。可能是电动机缺相,或线路上无电压;也可能是控制器接触触点与铜片未接触;还可能是电动机转子电路断线,或集电器发生故障。可做进一步的检查,确定故障原因,并采取相应措施进行排除。

⑥ 凸轮控制器合上后,电动机仅能朝一个方向转动。检查控制器中定子电路或终端开关电路中的接触触点与铜片之间的接触是否良好,若接触不好,可调整接触触点,使它与铜片接触良好;检查终端开关工作是否正常,如果工作不正常,应予以调整或更换;检查接线是否有错误,找出故障并消除。

⑦ 电动机不能给出额定功率,速度减慢。此时,应检查制动器是否完全松开,若没有松开,可调整制动机构;检查转子或电枢电路中的启动电阻是否完全短接,可检查控制器,并调整其接触触点;检查电源线路电压是否过低;检查机械结构是否卡住。

⑧ 当终端开关(SQ_{UP}、SQ_{fw}、SQ_{bw}、SQ1、SQ_r)动作时,相应的电动机不断电。这种现象可能是终端开关电路有短路现象,或接到控制器的线路次序错乱,可检查有关的线路并排除故障。

⑨ 起重机运行中接触器 KM 有短时间断电现象。其原因可能是接触器线圈电路中联锁触点的压力不足,或电路中有接触不良的地方,应进一步检查确定故障原因并排除。

⑩ 操作控制器切断后,接触器 KM 不释放。故障原因可能是操作电路中有对地短路现象,找出短路点并排除。

2) 交流制动电磁铁(YA1、YA2、YA3)的故障及排除方法

① 线圈过热故障。检查电磁铁的牵引力是否过载,可用调整弹簧压力或重锤位置的方法解决;检查在工作位置时电磁铁可动部分与静止部分之间是否有间隙,若有间隙则要进行调整,消除间隙;检查制动器的线圈电压是否与电源电压相符;线圈的特性是否与制动器的工作条件相符,如果不符,应更换合适的线圈。

② 产生较大的响声故障。可能是电磁铁过载,可调整弹簧压力或变更重锤的位置;也可能是磁导件的工作表面脏,应清除其表面的脏污;还可能是磁路表面弯曲,可调整机械部分,消除磁路弯曲现象。

③ 电磁铁不能克服弹簧的弹性及重锤的重量故障。其原因可能是电磁铁过载,可调整制动器的机械部分;或是所用线圈电压大于电源线路电压,可更换线圈或将星形联结改为三角形联结;还可能是电源电压过低而引起的。

3) 凸轮控制器的故障及排除方法

① 控制器在工作过程中产生卡住或冲动现象。产生原因一般为接触触点粘在铜片上,或

定位机构发生故障,可对接触触点的位置进行调整,或对固定销进行检查并修理。

② 接触触点与铜片之间打火故障。可能是接触触点与铜片之间接触不良,或者是控制器过载所造成的。可相应调整接触触点对铜片的压力(利用调整螺钉或弹簧来调整),或改变工作方法或更换控制器。

③ 控制器圆片和指杆被烧坏。检查圆片与指杆接触是否足够紧,否则可调节指杆压力;检查控制器容量是否够,如果容量偏小则应更换大容量的控制器。

④ 磁力控制器不全部工作故障。可能是不工作的接触器电路中的联锁触点发生故障,可按起重机电路参数检查联锁点并进行调整修理;也可能是操纵控制器的触点发生故障,可按电路图检查并调整操纵控制器的触点。

⑤ 启动时电动机不平衡,在凸轮控制器的最后位置上有速度降低的现象。可能是转子回路有断开处,应检查转子回路接线,检查电阻器有无损坏;也可能是凸轮控制器和电阻器之间的接线有错误,应按原理图检查接线,并更正错误接线;还可能是凸轮控制器转子部分有故障,应修理或调整凸轮控制器。

4.20/5 t桥式起重机电气控制装置的调试

1)通电调试前的检查

① 接线检查,检查各电气部件的连接是否漏接、错接或接头松脱。检查是否有碰线或短路现象。发现问题,及时处理,直至确认一切正常。

② 绝缘检查,用500 V绝缘电阻表测量线路的绝缘电阻,要求该阻值不低于0.5 MD,潮湿天气不低于0.25 MD。

③ 检查过电流继电器的电流值整定情况整定总过电流继电器K4的电流值为全部电动机额定电流之和的1.5倍;各个分过电流继电器电流值整定在各自所保护的电动机额定电流的2.25~2.5倍。

④ 电磁制动器的检查、调整在投入运行前必须检查并预调整各电动机的电磁制动器(电磁抱闸),检查、调整内容如下。

电磁制动器的检查包括检查电磁制动器主弹簧有无损坏;闸瓦是否完好,是否贴合在制动轮上;检查制动瓦两端制动带是否完整有效;检查制动轮表面质量是否良好;检查固定螺母是否松动;检查电磁制动线圈接头连接是否可靠。

电磁制动器的调整主要包括制动杠杆、制动瓦、制动轮和弹簧等,如图5.29所示。

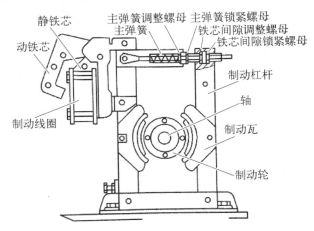

图 5.29　电磁制动器的结构

电磁力的调整就是调整两个铁芯(动铁芯与静铁芯)的间隙。首先松开制动杠杆上的锁紧螺母,旋动调整螺母,使得间隙在合理范围内,最后把旋紧螺母旋紧固定。制动力矩的调整就是调整主弹簧的压缩量。先松开主弹簧锁紧螺母,把主弹簧调整螺母旋进(减小主弹簧长度,增大制动力矩)或拧出(增加弹簧长度,减小制动力矩)。调整完毕,将锁紧螺母旋紧固定。

制动瓦与制动轮间距的调整,要求在制动时,制动瓦紧贴在制动轮圆面上无间隙;松闸时,制动瓦松开制动轮,间隙应均匀。调整时,检查制动瓦两端与制动轮中心高度是否一致,轴心是否重合,否则,通过调整垫片使其轴心位置充分接近。再检查制动时贴合面的情况,要求贴合均匀,无间隙。最后,单独给电磁制动器施加松开试车电源,使其松开,检查制动轮与制动瓦上、中、下三个位置的间隙,要求间隙均匀一致,左右两面间隙也应一致,制动器制动和松开灵活可靠。调整完毕,撤去试车电源,恢复电气连接。

2) 桥式起重机的调试

① 通电检查接通桥式起重机的电源总开关,这时,三相电源指示灯应指示正常,桥厢控制室照明灯亮,观察安全滑触线及其他各部分电气线路静态通电电压值正常,才可开车调试。

② 大车、小车、副钩控制电路的调试大车、小车、副钩的控制都是由凸轮控制器及保护柜来完成的。

a. 电动机定子回路的调试在断电情况下,顺时针方向扳动凸轮控制器操作手柄,同时用万用表 RX1Q 挡测量 2L3 - W 及 2L1 - U,在 5 挡速度内应始终保持导通;逆时针扳动手柄,在 5 挡速度内测量 2L3 - U 及 2L1 - W,也应始终处于接通状态。把手柄置中间"零"位,则 2L1、2L3 与 U、W 均应断开。

b. 电动机转子回路的测试在断电情况下扳动手柄,测量电阻器的短路情况。沿正方向旋转手柄变速,将 R1～R6 各点之间逐个短接,用万用表 RXin 挡测量。当转动 5 个挡位时,要求 R5、R4、R3、R2、R1 各点依次与 R6 点短接。反向转动手柄,短接情况相同。这样就能逐级调节电动机转速并输出转矩,如图 5.30 所示。

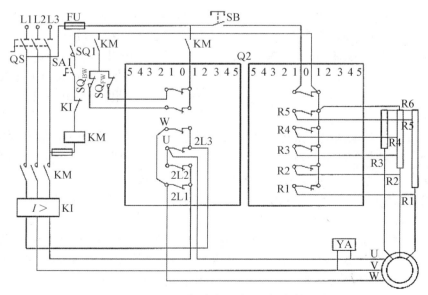

图 5.30　20/5 t 桥式起重机小车控制电路

c. 挡位启动校验首先在断电情况下将各保护开关置正常工作状态(全部为闭合)。把凸轮控制器置"零"位。短接 KM 线圈,用万用表测量 L1~L3。当按下启动按钮 SB 时应为导通状态。然后松开 SB,手动使 KM 压合,在零位时,测试 L1~L3 仍然导通,这样"零"位启动就有了保障。如果把凸轮控制器从"零"位扳开,用同样的方法测量,L1~L3 应不通,也就是起重机非零位不能启动。

d. 保护功能校验此项校验前面的步骤与零位启动校验相同,短接 KM 辅助触点和线圈接点,用万用表测量 L1~L3 应导通,这时手动断开 SA1、SQ1、SQ_{fw}、SQ_{bw} 任一个(正向旋转凸轮控制器时,假设小车向前运动,触压 SQ_{fw} 其动触点断开,反之 SQ_{bw} 点断开),L1~L3 应断开,这样就实现了保护功能。

e. 保护配电柜功能调试保护配电柜是用来馈电和进行安全保护的,其电路如图 5.31 所示。其功能为:通过调整过电流继电器实现对所有电动机的保护;紧急开关用来实现故障保护;调整限位开关可对起重机起限位保护作用;"零"位启动功能是保证断电后必须复位,以防止事故发生。

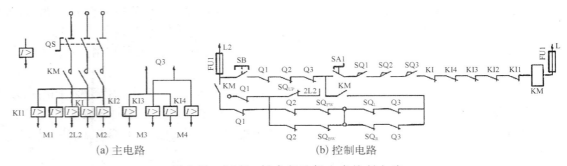

图 5.31　20/5 t 桥式起重机小车控制电路

上述测试、调整完毕后,先将校验时各短路点复位,然后通电试车,按上述操作过程和方法试车直至正常。

在进行大车调试时,先将两个大车运行电动机与变速箱之间的连接拆去,在确认转向相符后才能接上进行调试,以免两电动机转向不同造成事故。再仔细检查两电动机的调速电阻,保证两电动机输出同步,速度相同,否则会因速度不同导致起重机晃动或损坏电动机。

③ 主钩上升控制的"零"位调试在不接通电源的情况下调试主钩上升控制电路,检查、测试每个接触器触点连接及短接电阻器的情况。"零"位启动测试是把主令控制器手柄扳到"零"位,用万用表测量 1~29 是否导通。确认导通后,将手柄扳到其他挡位,1~29 不应导通。确认"零"位功能正常。

④ 主钩上升控制的通电调试在断开电源的情况下,将电动机与磁力控制盘的连接线断开并妥善处理好脱下的线头,防止碰线短路,确保安全。然后模拟操作控制电路,检查、测量对应接触器的动作情况及触点闭合情况,具体操作如下:

接通电源,合上 QS1、QS2 使主钩电路的电源接通,合上 QS3 使控制电源接通。首先测量各供电电源是否正常,如确认正常则开始调试。

将主令控制器置"零"位,SA-1 接通,用万用表 AC500 V 挡测 1~29 之间的电压。这时,KA 应动作吸合。确认 KA 动作正常后,将手柄 SA-1 从"零"位移开,确认 1~29 电压仍保持正常。然后,断开电源,重新启动,重复上述程序,正常后,说明"零"位保护功能正常。

把控制手柄扳到上升第一挡,确认 SA-3、SA-4、SA-5、SA-7 闭合良好。KM1 应动作,

YA5、YA6 也应动作。然后检测 R19 - R21 间的接通情况,确认 M1 动作可靠。

将主令控制器操作手柄置上升第二挡时,除了上升第一挡时各接触器触点闭合外,SA - 8 也闭合,用同样方法测量 R16 - R18 间的导通情况,确认 KM2 动作灵活并可靠地闭合。

将控制手柄置上升第三挡,确认 KM3 动作灵活。然后测试 R13 - R15 间应短接,由此确认 KM3 可靠地吸合。

同样将控制手柄置于上升第四挡,除了上述已闭合的触点的检测外,KM4 动作灵活,检测并确认此时 R10 - R12 的短接情况良好。

旋转主令控制器操作手柄,置于上升第五挡,用同样的方法检测并确认 KM5 动作灵活、可靠地吸合,确认 R7 - R9 被 KM5 可靠地短接。

将控制器手柄旋转到上升第六挡,这时除了确认以上闭合接触器外,还要确认 KM6 动作良好,并且使 R4 - R6 可靠地短接。至此,主钩上升控制器的第二步调试工作全部结束。

⑤ 主钩上升控制的第三步调试,将其电动机接入线路。具体操作方法如下:

首先断开电源,将断开的电动机与磁力控制盘的连接线重新连接好后,接通电源,开始以下调试。

"零"位启动,即将主令控制器操作手柄置"零"位,然后将主令控制器从"零"位移开,人为地断电再重新恢复电源(不能自复位),确认只有把主令控制器手柄置"零"位才能再次启动。调试符合要求,则说明零压保护功能正常。

将控制器手柄旋转到上升第一挡,KMUP、KMB 和 K1 相继吸合,电动机 M5 转子处于较高电阻状态下运转,主钩应低速上升。

顺次旋转控制手柄,扳到上升第二挡、第三挡、第四挡、第五挡、第六挡,并且在每一挡上停留一段时间,观察主钩上升速度的变化。确认每上升一挡,与转子连接电阻短接一段,其速度逐步上升直到最高速度。检查电动机及电气元件有无发热、声音异常等现象。

确认上述试车正常后,将手柄扳到上升第一挡,保持继续上升,直至使 SQ_{UP} 位开关动作。这时,SA - 3 断开,从而切断主令控制器电源,使 KMB 复位,YA 复位,电磁制动器制动运动轴,从而使上升运动停止。

为确保安全,在调试时,可首先将主钩上升极限位置限位开关下调到某一位置,确认限位开关保护功能正常后,再恢复到正常位置。

⑥ 主钩下降控制调试控制电路的调整同样也分三步进行。第一步同主钩上升控制电路调整的第一步;第二步是校验线路连接与确认各电器件动作;第三步是电动机主钩下降空载试车。

第二步调试操作:首先在电源断开情况下,将电动机连接线断开并妥善处理,防止碰线或短路。然后接通电源开关 SQ1、SQ2 以及 SQ3,接通试车电源。

根据电气控制图所示的电路及 SA 主令控制器通断表,将主令控制器操作手柄置于"零"位,然后置下降第一挡位"C"(下降准备挡),确认 KMUP、KM1 和 KM2 动作灵活、可靠。

操纵手柄将主令控制器置下降第二挡位即制动"1"挡,按上项进行调试,电磁制动器应动作,观察电磁制动器动作情况,确认 KMB 动作可靠。

将主令控制器置下降方向的第三挡位置即制动"2"挡,这时观察确认 KMUP、KMB 控制器动作可靠,方法同上。

置下降第四挡位即强力下降"3"挡,观察 KMD、KMB、KM1、KM2 各接触器的动作情况,确认相关各接触器可靠吸合,KMD 接通主钩电动机下降电源,而 KM1、KM2 短接了 R16 - R22、R17 - R22、R18 - R22 各段电阻。

将手柄置下降第五挡位即强力下降"4"挡,除了确认几个接触器动作正常外,还有 KM3 可靠吸合。测量并确认 R13－R15 间可靠短接,电阻为零,即 R13－R22、R14－R22、R15－R22 各段电阻已被短接。

把主令控制器置于最后第六挡位,即强力下降"5"挡,确认 KM4、KM5、KM6 可靠地动作,检查其短接电阻情况,确认其工作正常、短接可靠。

第三步主要调试要点和注意事项如下。

在下降方向,第一挡、第二挡、第三挡均为制动挡。电磁制动器 YA 在第一挡位"C"(准备挡)时没有松开,到第二挡、第三挡时才松开,所以在第一挡不允许停留时间过长,最长不得超过 3 s。

在下降方向的三个制动挡位时,对电动机供给正向电压,当空载或负载过轻时,不但不能下降,反而会被提升。而重载时,主钩运动被反接制动控制慢速下降。因此该操作过程不允许超过 3 s。

空载慢速下降,可以利用制动"2"挡配合强力下降"3"挡交替操纵实现控制。在"2"挡停留时间不宜过长。

⑦ 吊钩加载试车 空载调试完毕,确认各控制功能无误后,便可进行加载试车。加载要逐步进行,慢慢增加负载。加载过程中,注意:是否有异常声音、发热、打火、异味等不正常情况;同时检查电磁制动器的工作情况。加载至额定负载即告调试结束;调试时,非调试人员应离开现场,进入安全区;保证各极限位置行程开关的动作可靠性;确保电磁制动能有效地制动;由熟练的操作人员配合操作。

本学习情境小结

学习情境内容

学习情境一		工 作 任 务	教学载体
机电设备的电气保养与维护	任务一	熟练掌握机床电路故障检修的一般步骤、方法及技巧。 掌握 CA6140 型车床电路工作原理、故障的分析方法。 熟练掌握常用的机床电路故障检修方法。 采用正确的检修步骤,排除 CA6140 型车床的电气故障。 掌握 CA6140 型车床电气设备保养的基础知识	CA6140 型普通车床电气控制模拟装置
	任务二	了解 Z3050 型摇臂钻床电路工作原理。 掌握 Z3050 型摇臂钻床典型故障的分析方法。 采用正确的检修步骤,排除 Z3050 型摇臂钻床的电气故障。 掌握 Z3050 型摇臂钻床电气设备保养的基础知识	Z3050 摇臂钻床电气控制模拟装置
	任务三	了解 X62W 型万能铣床电路工作原理。 掌握 X62W 型万能铣床典型故障的分析方法。 采用正确的检修步骤,排除 X62W 型万能铣床的电气故障。 掌握 X62W 型万能铣床电气设备保养的基础知识	X62W 型万能铣床电气控制模拟装置

续　表

学习情境一		工 作 任 务	教学载体
机电设备的电气保养与维护	任务四	了解桥式起重机的主要结构和运动形式。 熟悉桥式起重机电路工作原理。 掌握凸轮控制器、主令控制器的结构及控制原理。 掌握桥式起重机的电气调试方法	无

　　教学方法考虑所在学校的教学设备条件、学生的学习能力、教师的专业和教学经验,针对本学习情境四个任务,积极推行"行动导向"教学,其目的在于促进学习者职业能力的发展,核心在于把行动过程与学习过程相统一,以项目教学法、案例教学法、实验法、角色扮演法、头脑风暴、任务设计法等教学方法,课堂注重师生交流,方式灵活多变,充分发挥学生的主体作用,活跃课堂气氛,引导学生提出问题,思考问题,提高对知识的领悟力,加强对关键内容的理解,促进学生自主思考提出问题,解答问题,激发学生潜能,集"教、学、做"与"反思、改进"为一体教学。

知识点矩阵图

学习情境 / 任务	知识点	检修一般步骤	检修一般方法	检修安全知识	主电路分析	控制电路分析	照明及信号电路分析	故障排除训练	电气保养	控制装置
任务 1	CA6140 型车床电气故障检修	☆	☆	☆	☆	☆	☆	☆	☆	
任务 2	Z3050 型摇臂钻床电气故障检修					☆	☆			
任务 3	X62W 型万能铣床电气故障检修				☆	☆				
任务 4	20/5 t 桥式起重机电气控制原理分析				☆	☆	☆	☆	☆	☆

参考文献

[1] 殷培峰,龙晓玲,傅继军.电气控制与机床电路检修技术.北京:化学工业出版社,2003.

[2] 张春青,于桂宾,刘艳军.机床电气控制系统维护.北京:电子工业出版社,2012.

[3] 王兵.常用机床电气检修.北京:劳动保障出版社,2006.

[4] 张桂金.电气控制线路故障分析与处理.西安:西安电子科技大学出版社,2009.

[5] 谢金柱,王万友.机电设备故障诊断与维修.北京:化学工业出版社,2010.

[6] 周宗明,吴东平.机电设备故障诊断与维修.北京:科学出版社,2009.

习　题

1. 机床电气故障通常分为哪几大类?

2. 机床电气故障检修的一般步骤是什么?

3. 简述电气故障检修的一般方法。

4. 机床电气故障检修技巧有哪些?

5. 常用的机床电路故障检修方法有哪些?

6. CA6140 型卧式车床主轴电动机的控制特点是什么?

7. 在 Z3050 型摇臂钻床电路中,断电延时型时间继电器 KT 的作用是什么?

8. X62W 型万能铣床的工作台有几个方向的进给? 各方向的进给控制是如何实现的? 采用了哪些保护措施?

9. 20/5 t 桥式起重机交流制动电磁铁(YA1、YA2、YA3)的故障及排除方法?

附录 A   STEP 7 – Micro/ WIN 32 编程软件的使用

一、建立 PC S7 – 200 CPU 的通信

1. 硬件连接及设置

采用 PC/PPI 电缆建立 PC 与 PLC 之间的通信是典型的单主机与 PC 的连接,不需要其他的硬件设备。如附图 1 所示,PC/PPI 电缆的两端分别为 RS – 232 和 RS – 485 接口。RS – 232 端连接到个人计算机 RS – 232 通信口 COM1 或 COM2 接口上,RS – 485 端接到 S7 – 200 CPU 通信口上。PC/PPI 电缆中间有通信模块,模块外部设有比特率设置开关。可以选择的通信速率为:1.2 k、2.4 k、9.6 k、19.2 k、38.4 k。系统的默认值为 9.6 kbit/s。PC/PPI 电缆比特率设置开关(DIP 开关)的位置应与软件系统设置的通信比特率相一致。DIP 开关如附图 1 所示。DIP 开关上有五个扳键,1、2、3 号键用于设置比特率。4 号和 5 号键用于设置通信方式,通信速率的默认值为 9 600 bit/s。

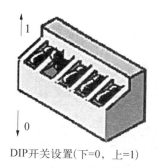

DIP开关设置(下=0, 上=1)

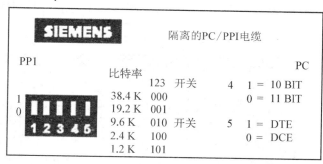

附图 1   PC/PPI 电缆 DIP 开关设置

2. 通信参数的设置

硬件设置好后,按下面的步骤设置通信参数。

① 在 STEP 7 – Micro/WIN 32 运行时单击浏览条的"通信"图标或选择菜单"PLC"→"类型"→"通信"命令,则会出现一个通信对话框。

② 对话框中双击 PC/PPI 电缆图标,将出现 PC/PG 接口的对话框。

③ 单击"属性(Properties)"按钮,将出现接口属性对话框。检查各参数的属性是否正确,初学者可以使用默认的通信参数,在 PC/PPI 性能设置的窗口中按"默认(Default)"按钮,可获得默认的参数。PLC 默认站地址为 2,装有 STEP 7 – Micro/WIN 32 软件的 PC 默认站地址为 I,通信速率为 9 600 bit/s。

3. 建立在线连接

在前几步顺利完成后,就可以建立 PC 与 S7 – 200 CPU 的在线联系,步骤如下。

① 在 STEP 7 – Micro/WIN 32 运行时单击浏览条的"通信"图标,或选择"PLC" →"类

型"→"通信"命令,出现一个通信建立结果对话框,显示是否连接了CPU主机。

② 双击对话框中的刷新图标,STEP 7 - Micro/WIN 32 编程软件将检查所有连接的 S7 - 200 站点。在对话框中显示已建立起连接的每个站点的 CPU 图标、CPU 型号和站地址。

③ 双击要进行通信的站。在通信建立对话框中,可以显示所选的通信参数。

4. 修改 PLC 的通信参数。

计算机与可编程控制器建立起在线连接后,即可以利用软件检查、设置和修改 PLC 的通信参数。步骤如下:

① 单击浏览条中的"系统块"图标,将出现系统块对话框。

② 单击"通信口"选项卡,检查或修改各参数,确认无误后单击确定。

③ 单击工具条的下载按钮,将修改后的参数下载到可编程控制器,设置的参数才会起作用。

5. 可编程控制器的信息的读取

选择菜单"PLC"→"信息"命令,将显示出可编程控制器 RUN/STOP 状态,扫描速率,CPU 的型号错误的情况和各模块的信息。

二、STEP 7 - Mirco/WIN 窗口组件

STEP 7 - Micro/WIN 32 安装完成后,双击桌面上的"STEP 7 Micro/WIN"图标或选择"程序"→"Simatic"→"STEP 7 Micro/WIN"命令,出现如附图 2 所示的主界面。

附图 2　STEP 7 - Micro/WIN 32 编程软件的主界面

主界面一般可以分为以下几个部分:菜单条、工具条、浏览条、指令树、用户窗口、输出窗口

和状态条。除菜单条外,用户可以根据需要通过查看菜单和窗口菜单决定其他窗口的取舍和样式的设置。

1. 主菜单

主菜单包括:文件、编辑、查看、PLC、调试、工具、窗口和帮助 8 个主菜单项。各主菜单项的功能如下。

1) 文件(File)

文件的操作有:新建(New)、打开(Open)、关闭(Close)、保存(Save)、另存(Save As)、导入(Import)、导出(Export)、上载(Upload)、下载(Download)、页面设置(Page Setup)、打印(Print)、预览、最近使用文件、退出。

导入。若从 STEP 7-Micro/WIN 32 编辑器之外导入程序,可使用"导入"命令导入 ASC2 文本文件(.AWL)。

导出。使用"导出"命令创建程序的 ASCII文本文件(.AWL),并导出至 STEP 7-Micro/WIN 32 外部的编辑器。

上载。在运行 STEP 7-Micro/WIN 32 的 PC 和 PLC 之间建立通信后,从 PLC 将程序上载至运行 STEP 7-Micro/WIN 32 的 PC。

下载。在运行 STEP 7-Micro/WIN 32 的 PC 和 PLC 之间建立通信后,将程序下载至该 PLC。下载之前,PLC 应位于"停止"模式。

2) 编辑(Edit)

编辑菜单提供程序的编辑工具:撤销(Undo)、剪切(Cut)、复制(Copy)、粘贴(Paste)、全选(Select All)、插入(Insert)、删除(Delete)、查找(Find)、替换(Replace)、转至(Go To)等项目。

剪切/复制/粘贴。可以在 STEP 7-Micro/WIN 32 项目中剪切下列条目:文本或数据栏、指令,单个网络,多个相邻的网络,POU 中的所有网络。状态图行、列或整个状态图、符号表行、列或整个符号表、数据块。不能同时选择多个不相邻的网络。不能从一个局部变量表成块剪切数据并粘贴至另一局部变量表中,因为每个表的只读 L 内存赋值必须唯一。

插入。在 LAD 编辑器中,可在光标上方或下方插入行(在程序或局部变量表中),在光标左侧插入列(在程序中)。插入垂直接头(在程序中),在光标上方插入网络,并为所有网络重新编号,在程序中插入新的中断程序或新的子程序。

查找/替换/转至。可以在程序编辑器窗口、局部变量表、符号表、状态图、交叉引用标签和数据块中使用"查找"、"替换"和"转至"命令。

3) 查看(View)

通过查看菜单可以选择不同的程序编辑器:LAD、STL、PBD。

① 通过查看菜单可以进行数据块(Data Block)、符号表(Symbol Table)、状态图表(Chart Status)、系统块(System Block)、交叉引用(Cross Reference)、通信(Communications)参数的设置。

② 通过查看菜单可以选择注解、网络注解(POU Comments)显示与否等。

③ 通过查看菜单的工具栏区可以选择浏览栏(Navigation Bar)、指令树(Instruction Tree)及输出视窗(Output Window)的显示与否。

4) PLC

通过查看菜单可以对程序块的属性进行设置。

PLC 菜单用于与 PLC 联机时的操作,如用软件改变 PLC 的运行方式(运行、停止),对用户程序进行编译,清除 PLC 程序、电源起动重置、查看 PLC 的信息、时钟、存储卡的操作、程序比较、PLC 类型选择等操作。其中对用户程序进行编译可以离线进行。

联机方式(在线方式):有编程软件的计算机与 PLC 连接,两者之间可以直接通信。

离线方式:有编程软件的计算机与 PLC 断开连接。此时可进行编程、编译。

联机方式和离线方式的主要区别是:联机方式可直接针对连接 PLC 进行操作,如上载、下载用户程序等。离线方式不直接与 PLC 联系,所有的程序和参数都暂时存放在磁盘上,等联机后再下载到 PLC 中。

PLC 有两种操作模式:STOP(停止)和 RUN(运行)模式。在 STOP(停止)模式中可以建立、编辑程序。在 RUN(运行)模式中可以建立、编辑、监控程序操作和数据,进行动态调试。若使用 STEP 7 - Micro/WIN 32 软件控制 RUN/STOP(运行/停止)模式,在 STEP 7 - Micro/WIN 32 和 PLC 之间必须建立通信。另外,PLC 硬件模式开关必须设为 TERM(终端)或 RUN(运行)。

编译(Compile):用来检查用户程序语法错误,用户程序编辑完成后通过编译在显示器下方的输出窗口显示编译结果,明确指出错误的网络段。

全部编译(Compile All):编译全部项目元件(程序块、数据块和系统块)。

信息(Information):可以查看 PLC 信息,例如 PLC 型号和版本号码、操作模式、扫描速率、I/O 模块配置以及 CPU 和 I/O 模块错误等。

电源起动重置(Power - Up Reset):从 PLC 清除严重错误并返回 RUN(运行)模式。如果操作 PLC 存在严重错误,SF(系统错误)指示灯亮,程序停止执行。必须将 PLC 模式重设为 STOP,然后再设置为 RUN,才能清除错误。或使用" PLC"→"电源起动重置"命令。

5) 调试(Debug)

调试菜单用于联机时的动态调试,有单次扫描(First Scan)、多次扫描(Multiple Scans),程序状态(Program Status)、0 发暂停(Triggred pause)、用程序状态模拟运行条件(读取、强制、取消强制和全部取消强制)等功能。调试时可以指定 PLC 对程序执行有限次数扫描(从 1 次扫描到 65 535 次扫描)。通过选择 PLC 运行的扫描次数,可以在程序改变过程变量时对其进行监控。第一次扫描时,SM0.1 的值为 1(打开)。

(1) 单次扫描

可编程控制器从 STOP 方式进入 RUN 方式。执行一次扫描后,回到 STOP 方式,可以观察到首次扫描后的状态。PLC 必须位于 STOP(停止)模式。

(2) 多次扫描

调试时可以指定 PLC 对程序执行有限次数扫描(从 1 次扫描到 65 535 次扫描)。通过选择 PLC 运行的扫描次数,可以在程序过程变量改变时对其进行监控。PLC 必须位于 STOP(停止)模式。

6) 工具

① 工具菜单提供复杂指令向导(PID、HSC、NETR/NETW 指令),使复杂指令编程时的工作简化。

② 工具菜单提供文本显示器 TD200 设置向导。

③ 工具菜单的定制子菜单可以更改 STEP 7 - Micro/WIN 32 工具条的外观或内容,以及在"工具"菜单中增加常用工具。

④ 工具菜单的选项子菜单可以设置 3 种编辑器的风格,如字体、指令盒的大小样式等。

7）窗口

窗口菜单可以设置窗口的排放形式,如层叠、水平、垂直。

8）帮助

帮助菜单可以提供 S7 - 200 的指令系统及编程软件的所有信息。

2. 工具条

1）标准工具条

如附图 3 所示。各快捷按钮从左到右分别为:新建项目、打开现有项目、保存当前项目、打印、打印预览、剪切选项并复制至剪贴板、将选项复制至剪贴板、在光标位置粘贴剪贴板内容、撤销最后一个条目、编译程序块或数据块(任意一个现用窗口)、全部编译(程序块、数据块和系统块)、将项目从 PLC 上载至 STEP 7 - Micro/WIN 32、从 STEP 7 - Micro/WIN 32 下载至 PLC、符号表名称列按照 A - Z 排序、符号表名称列按照 Z - A 排序、选项(配置程序编辑器窗口)。

附图 3　标准工具条

2）调试工具条

如附图 4 所示。各快捷按钮从左到右分别为: 将 PLC 设为运行模式、将 PLC 设为停止模式、在程序状态打开/关闭之间切换、在触发暂停打开/停止之间切换(只用于语句表)、在图状态打开/关闭之间切换、状态图表单次读取、状态图表全部写入、强制 PLC 数据、取消强制 PLC 数据、状态图表全部取消强制、状态图表全部读取强制数值。

附图 4　调试工具条

3）公用工具条

如附图 5 所示。公用工具条各快捷按钮从左到右分别为:

附图 5　公用工具条

插入网络:单击该按钮,在 LAD 或 FBD 程序中插入一个空网络。

删除网络:单击该按钮,删除 LAD 或 FBD 程序中的整个网络。

POU 注解:单击该按钮在 POU 注解打开(可视)或关闭(隐藏)之间切换。每个 POU 注解可允许使用的最大字符数为 4 096。可视时,始终位于 POU 顶端,在第一个网络之前显示。如附图 6 所示。

网络注解:单击该按钮,在光标所在的网络标号下方出现的灰色方框中输入网络注解。再单击该按钮,网络注解关闭。如附图 7 所示。

查看/隐藏每个网络的符号信息表:单击该按钮。用所有的新、旧和修改的符号名更新项

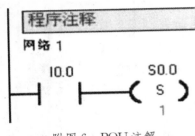

附图6　POU注解

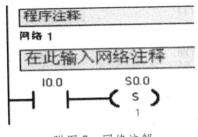

附图7　网络注解

目,而且在符号信息表打开和关闭之间切换,如附图8所示。

书签:设置或移除书签,单击该按钮,在当前光标指定的程序网络设置或移除书签。在程序中设置书签,书签便于在较长程序指定的网络之间来回移动。如附图9所示。

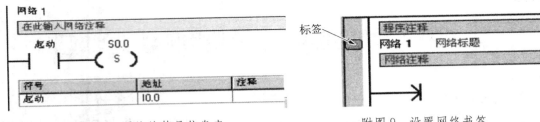

附图8　网络的符号信息表

附图9　设置网络书签

下一个书签:将程序向下移至下一个带书签的网络。

前一个书签:将程序向上移至前一个带书签的网络。

清除全部书签:单击该按钮,移除程序中的所有当前书签。

在项目中应用所有的符号:单击该按钮,用所有新、旧和修改的符号名更新项目。并在符号信息表打开和关闭之间切换。

建立表格未定义符号:单击该按钮,从程序编辑器将不带指定地址的符号名传输至指定地址的新符号表标记。

常量说明符:在SIMATIC类型说明符打开/关闭之间切换,单击"常量描述符"按钮,使常量描述符可视或隐藏。许多指令参数可直接输入常量,当输入常量参数时,程序编辑器根据每条指令的要求指定或更改常量描述符。

附图10　LAD指令工具条

4) LAD指令工具条

如附图10所示。各快捷按钮从左到右分别为:插入向下直线。插入向上直线,插入左行,插入右行,插入接点,插入线圈,插入指令盒。

3. 浏览条(Navigation Bar)

浏览条为编程提供按钮控制。可以实现窗口的快速切换,包括程序块(Program Block)、符号表(Symbol Table)、状态图表(Status Chart)、数据块(Data Block)、系统块(System Block)、交叉引用(Cross Reference)和通信(Communication)。

浏览条中的所有操作都可用"指令树(Instuction Tree)"视窗完成,或通过菜单"查看(View)"→"组件"命令来完成。

4. 指令树(Instuction Tree)

指令树以树型结构提供编程时用到的所有快捷操作命令和 PLC 指令,可分为项目分支和指令分支。

1) 项目分支用于组织程序项目。

① 右击"程序块"文件夹,插入新子程序和中断程序。

② 打开"程序块"文件夹,并右击 POU 图标,可以打开 POU、编辑 POU 属性、用密码保护 POU 或为子程序和中断程序重新命名。

③ 右击"状态图"或"符号表"文件夹,插入新图或表。

打开"状态图"或"符号表"文件夹,在指令树中右击图或表图标,或双击适当的 POU 标记,执行打开、重新命名或删除操作。

2) 指令分支用于输入程序,打开指令文件夹并选择指令。

① 拖放或双击指令,可在程序中插入指令。

② 右击指令,并从弹出快捷菜单中选择"帮助"命令,获得有关该指令的信息。

③ 将常用指令可拖放至"偏好项目"文件夹。

④ 若项目指定了 PLC 类型,则指令树中红色标记 x 是表示对该 PLC 无效的指令。

5. 用户窗口

可同时或分别打开附图 2 所示中的 6 个用户窗口,分别为:交叉引用、数据块、状态图表、符号表、程序编辑器和局部变址表。

1) 交叉引用(Cross Reference)

在程序编译成功后,可用下面的方法之一打开"交叉引用"窗口。

① 选择菜单→"查看"→"组件"→"交叉引用"(Cross Reference)命令。

② 单击浏览条中的"交叉引用"按钮。

如附图 11 所示,交叉引用表,列出在程序中使用的各操作数所在的 POU、网络或行位置。以及每次使用各操作数的语句表指令。通过交叉引用表还可以查看哪些内存区域已经被使用,作为位还是作为字节使用。在运行方式下编辑程序时,可以查看程序当前正在使用的跳变信号的地址。交叉引用表不下载到可编程控制器。在程序编译成功后才能打开交叉引用表。在交叉引用表中双击某操作数,可以显示出包含该操作数的那一部分程序。

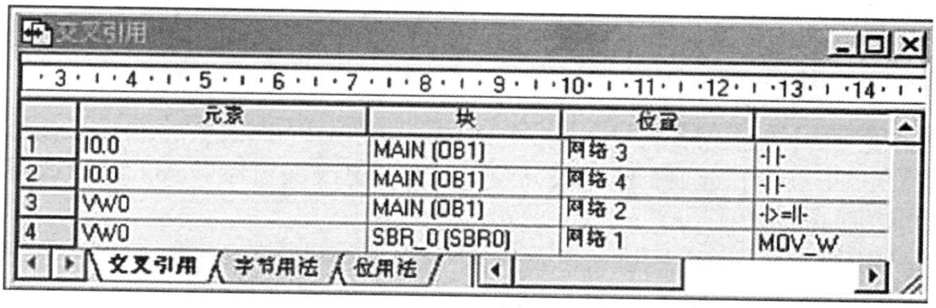

	元素	块	位置	
1	I0.0	MAIN (OB1)	网络 3	-| |-
2	I0.0	MAIN (OB1)	网络 4	-| |-
3	VW0	MAIN (OB1)	网络 2	->=|-
4	VW0	SBR_0(SBR0)	网络 1	MOV_W

交叉引用 ∧ 字节用法 ∧ 位用法

附图 11 交叉引用表

2) 数据块

"数据块"窗口可以设置和修改变量存储器的初始值,并加注必要的注释说明。用下面的方法之一打开"数据块"窗口。

① 单击浏览条上的"数据块" 按钮。

② 用菜单"查看"→"组件"→"数据块"命令。

③ 单击指令树中的"数据块" 图标。

3) 状态图表(Status Chart)

将程序下载至 PLC 后,可以建立一个或多个状态图表,在联机调试时,打开状态图表,监视各变量的值和状态。状态图表并不下载到可编程控制器。只是监视用户程序运行的一种工具。

用下面的方法之一可打开状态图表。

① 单击浏览条上的"状态图表" 按钮。

② 选择菜单"查看"→"组件"→"状态图"命令。

③ 打开指令树中的"状态图"文件夹,然后双击"状态图"图标。

若在项目中有一个以上状态图,使用位于窗口底部的"状态图" 标签在状态图之间移动。可在状态图表的地址列输入须监视的程序变量地址。在 PLC 运行时,打开状态图表窗口,在程序扫描执行时,连续、自动地更新状态图表的数值。

4) 符号表(Symbol Table)

符号表是程序员用符号编址的一种工具表。在编程时不采用元件的直接地址作为操作数,而用有实际含义的自定义符号名作为编程元件的操作数,这样可使程序更容易理解。符号表则建立了自定义符号名与直接地址编号之间的关系。程序被编译后下载到可编程控制器时,所有的符号地址被转换成绝对地址,符号表中的信息不下载到可编程控制器。

用下面的方法之一可打开符号表。

① 单击浏览条中的"符号表" 按钮。

② 选择菜单"查看"→"组件"→"符号表"命令。

③ 打开指令树中的"符号表"或"全局变量"文件夹,然后双击一个表格 图标。

5) 程序编辑器

选择菜单"文件"→"新建"→"文件"→"打开"或"文件"→"导入"命令,打开一个项目。然后用下面方法之一打开"程序编辑器"窗口,建立或修改程序:

① 单击浏览条中的"程序块"按钮,打开主程序(OB1)。可以单击子程序或中断程序标签,打开另一个 POU。

② 在指令树的程序块中双击主程序(OB1)图标、子程序图标或中断程序图标。用下面方法之一可改变程序编辑器选项:

a. 选择菜单"查看"→LAD、FBD、STL 命令,更改编辑器类型。

b. 选择菜单"工具"→"选项"→"一般"标签命令,可更改编辑器(LAD,FBD 或 STL)和编程模式(SIMATIC 或 IEC 1131 - 3)。

c. 选择菜单"工具"→"选项"→"程序编辑器"标签命令,设置编辑器选项。

d. 使用选项 快捷按钮设置"程序编辑器"选项。

6) 局部变量表

程序中的每个 POU 都有自己的局部变量表。局部变量存储器(L)有 64 个字节。局部变量表用来定义局部变量,局部变量只在建立该局部变量的 POU 中才有效。在带参数的子程序调用中,参数的传递就是通过局部变量表传递的。在用户窗口将水平分裂条下拉即可显示或隐藏局部变量表。

6. 输出窗口

用来显示 STEP 7 - Micro/WIN 32 程序编译的结果。如编译结果有无错误、错误编码和位置等。选择菜单"查看"→"框架"→"输出窗口"命令可在窗口打开或关闭输出窗口。

7. 状态条

状态条提供有关在 STEP 7 - Micro/WIN 32 中操作的信息。

三、编程准备

1. 指令集和编辑器的选择

写程序之前,用户必须先选择使用的指令集和程序编辑器。S7 - 200 系列 PLC 支持的指令集有 SIMATIC 和 IEC 1131 - 3 两种。SIMATIC 指令集是专为 S7 - 200 PLC 设计的,专用性强,程序执行时间短,本教材主要使用 SIMATIC 指令集进行编程,其切换方式为:选择菜单"工具"→"选项"→"一般"标签→"编程模式"→"SIMATIC"命令。

在 STEP 7 - Micro/WIN 中可以使用 LAD、STL、FBD 三种编辑器。选择编辑器的方法如下:选择菜单"查看"→"LAD 或 STI"命令,或者菜单"工具"→"选项"→"一般"标签→"默认编辑器"→"LAD 或 STI"命令。

2. 根据 PLC 类型进行参数检查

在 PLC 和运行 STEP 7 - Micro/WIN 的 PC 连线后,应根据实际使用的 PLC 类型进行范围检查。必须保证 STEP 7 - Micro/WIN 中 PLC 类型选择与实际 PLC 类型相符。它的方法如下。

① 选择菜单"PLC"→"类型"→"读取 PLC"命令。

② 在指令树→"项目"名称→"类型"→"读取 PLC"命令。

"PLC 类型"对话框如附图 12 所示。

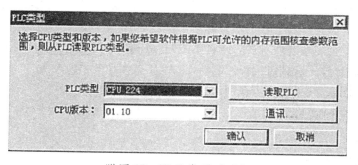

附图 12　PLC 类型对话框

四、STEP 7 - Mirco/WIN 32 主要编程功能

1. 编程元素及项目组件

S7 - 200 有三种程序组织单元(POU)。分别是主程序、子程序和中断程序。默认情况下,主程序总是第一个显示在程序编辑器窗口中,后面是子程序或中断程序标签。

STEP 7 - Micro/WIN 32 是以项目的形式进行软件的组织,一个项目(Project)包括的基本组件有程序块、数据块、系统块、符号表、状态图表、交叉引用表。程序块、数据块、系统块须下载到 PLC,而符号表、状态图表、交叉引用表不下载到 PLC。

① 程序块由可执行代码和注释组成。可执行代码由一个主程序和可选子程序或中断程序组成。程序代码被编译并下载到 PLC,程序注释被忽略。在"指令树"中右击"程序块"图标可以插入子程序和中断程序。

② 数据块由数据(包括初始内存值和常数值)和注释两部分组成。数据被编译后,下载到可编程控制器,注释被忽略。数据块窗口的操作前面已介绍过。

③ 系统块用来设置系统的参数,包括通信口配置信息、保存范围、模拟和数字输入过滤器、背景时间、密码表、脉冲截取位和输出表等选项。"系统块"对话框如附图 13 所示。

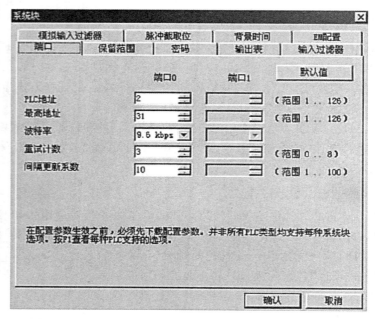

附图 13 "系统块"对话框

单击"浏览栏"上的"系统块"按钮,或者单击"指令树"内的"系统块"图标,可查看并编辑系统块。系统块的信息须下载到可编程控制器,为 PLC 提供新的系统配置。

符号表、状态图表、交叉引用表在前面已经介绍过,这里不再介绍。

2. 梯形图程序的输入

1) 建立项目

(1) 打开已有的项目文件

常用的方法如下。

① 选择菜单"文件"→"打开"命令,在"打开文件"对话框中,选择项目的路径及名称,单击"确定"按钮,打开现有项目。

② 在"文件"菜单底部列出最近工作过的项目名称,选择文件名,直接选择打开。

③ 利用 Windows 资源管理器,选择扩展名为.mwp 的文件打开。

(2) 创建新项目

常用的方法如下。

① 单击"新建"快捷按钮。

② 选择菜单"文件"→"新建"命令。选择项目的路径及直接选择打开。

③ 单击浏览条中的程序块图标,新建一个项目。

2) 输入程序

打开项目后就可以进行编程,本书主要介绍梯形图的相关的操作。

(1) 输入指令

梯形图的元素主要有接点、线圈和指令盒,梯形图的每个网络必须从接点开始,以线圈或没有 ENO 输出的指令盒结束。线圈不允许串联使用。要输入梯形图指令首先要进入梯形图编辑器。

① 选择"查看"→"阶梯(L)"选项。接着在梯形图编辑器中输入指令。输入指令可以通过指令树、工具条按钮、快捷键等方法。

② 在指令树中选择需要的指令,拖放到需要位置。

③ 将光标放在需要的位置,在指令树中双击需要的指令。

④ 将光标放到需要的位置,单击工具栏指令按钮,打开一个通用指令窗口,选择需要的指令。

⑤ 使用功能键:F4=接点,F6=线圈,F9=指令盒,打开一个通用指令窗口,选择需要的指令。

当编程元件图形出现在指定位置后,再单击编程元件符号的"???",输入操作数。红色字样显示语法出错,当把不合法的地址或符号改变为合法值时,红色消失。若数值下面出现红色的波浪线,表示输入的操作数超出范围或与指令的类型不匹配。

(2) 上下线的操作

将光标移到要合并的触点处,单击上行线或下行线按钮。

(3) 输入程序注释

LAD 编辑器中共有 4 个注释级别:项目组件(POU)注释、网络标题、网络注释和项目组件属性。

项目组件(POU)注释:前面已经讲述。

网络标题:将光标放在网络标题行。输入一个便于识别该逻辑网络的标题。网络标题中可允许使用的最大字符数为 127。

网络注释:将光标移到网络标号下方的灰色方框中,可以输入网络注释。网络注释可对网络的内容进行简单的说明,以便于程序的理解和阅读。网络注释中可允许使用的最大字符数为 4 096。单击"切换网络注释" 按钮或者选择菜单"查看"→"网络注释"命令,可在网络注释"打开"(可视)和"关闭"(隐藏)之间切换。

项目组件属性:用下面的方法存取"属性"标签。

① 右击"指令树"中的 POU"属性"按钮。

② 右击程序编辑器窗口中的任何一个 POU 标签,从弹出快捷菜单选择"属性"命令。

"属性"对话框如附图 14 所示。"属性"对话框中有两个标签:一般和保护。选择"一般"选项卡可为子程序、中断程序和主程序块(OB1)重新编号和重新命名,并为项目指定一个作者。选择"保护"选项卡则可以选择一个密码保护 POU,以便其他用户无法看到该 POU,并在下载时加密。若用密码保护 POU,则选择"用密码保护该 POU"复选框。输入一个四个字符的密码并核实该密码,如附图 15 所示。

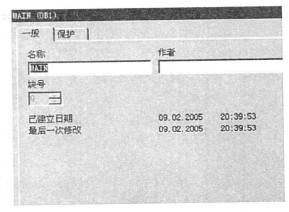

附图14 "属性"对话框"一般"选项卡　　　　附图15 "属性"对话框"保护"选项卡

（4）程序的编辑

程序的编辑主要分为以下两部分。

① 剪切、复制、粘贴或删除多个网络。通过 SHIFT 键+单击。可以选择多个相邻的网络，进行剪切、复制、粘贴或删除等操作。注意：不能选择部分网络。只能选择整个网络。

② 编辑单元格、指令、地址和网络。用光标选中需要进行编辑的单元，右击，弹出快捷菜单，可以进行插入或删除行、列、垂直线或水平线的操作。删除垂直线时把方框放在垂直线左边单元上，按"DEL"键删除。进行插入编辑时，先将方框移至欲插入的位置，然后选"列"。

（5）程序的编译

程序经过编译后，方可下载到 PLC。编译结束后，输出窗口显示结果。编译方法如下。

① 单击"编译"☑按钮团或选择菜单"PLC"→"编译"（Compile）命令，编译当前被激活的窗口中的程序块或数据块。

② 单击"全部编译"☑按钮或选择菜单"PLC"→"全部编译"（Compile All）命令，编译全部项目元件（程序块、数据块和系统块），与哪一个窗口是活动窗口无关。

3. 数据块编辑

数据块用来对变量存储区 V 赋初值，可用字节、字或双字赋值。注解（前面带双斜线）是可选项目。如附图16所示。编写的数据块，被编译后，下载到可编程控制器，注释被忽略。

			符号	地址	注释
1			起动	I0.0	起动按钮SB2
2			停止	I0.1	停止按钮SB1
3			M1	Q0.0	电动机
4					
5					

附图16 数据块

4. 符号表操作

1）在符号表中符号赋值的方法

① 建立符号表：单击浏览条中的"符号表"按钮。符号表如附图17所示。

② 在"符号"列输入符号名（如起动），最大符号长度为23个字符。注意：在给符号指定地址之前，该符号下有绿色波浪下划线。在给符号指定地址后，绿色波浪下划线自动消失。如果

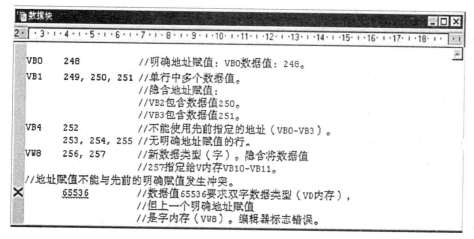

附图 17   符号表

选择同时显示项目操作数的符号和地址,较长的符号名在 LAD、FBD 和 STL,程序编辑器窗口中被一个波浪号(~)截断。可将鼠标放在被截断的名称上,在工具提示中查看全名。

③ 在"地址"列中输入地址(如 I0.0)。

④ 输入注解(此为可选项:最多允许 79 个字符)。

⑤ 符号表建立后,选择菜单"查看"→"符号寻址"命令,直接地址将转换成符号表中对应的符号名。并且可通过菜单"工具"→"选项"→"程序编辑器"标签→"符号编址"选项,来选择操作数显示的形式。如选择"显示符号和地址"则对应的梯形图如附图 18 所示。

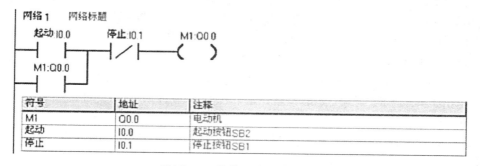

附图 18   带符号表的梯形图

⑥ 选择菜单"查看"→"符号信息表"命令,可选择符号表的显示与否。在 STEP 7 – Micro/ WIN 32 中,可以建立多个符号表(SIMATIC 编程模式)或多个全局变量表(IEC 1131 – 3 编程模式)。但不允许将相同的字符串多次用作全局符号赋值,在单个符号表和几个表内均不得如此。

2) 在符号表中插入行

使用下列方法之一在符号表中插入行:

① 选择菜单"编辑"→"插入"→"行"命令:将在符号表光标的当前位置上方插入新行。

② 右击符号表中的一个单元格:选择弹出菜单中的"插入"→"行"命令。将在光标的当前位置上方插入新行。

③ 若在符号表底部插入新行:将光标放在最后一行的任意一个单元格中,按"下箭头"键。

3) 建立多个符号表

默认情况下,符号表窗口显示一个符号名称(USR1)的标签。可用下列方法建立多个符号表。

① 从"指令树"右击"符号表"文件夹,在弹出快捷菜单中选择"插入符号表"。

② 打开符号表窗口,使用"编辑"菜单,或右击,在弹出快捷菜单中选择"插入"→"表格"命令。

插入新符号表后,新的符号表标签会出现在符号表窗口的底部,在打开符号表时,要选择正确的标签。双击或右击标签,可为标签重新命名。

5. 下载、上载

1) 下载

如果已经成功地在运行 STEP 7 - Micro/WIN 32 的 PC 和 PLC 之间建立了通讯。就可以将编译好的程序下载至该 PLC。如果 PLC 中已经有内容将被覆盖。下载步骤如下。

① 下载之前,PLC 必须位于"停止"工作方式。检查 PLC 上的工作方式指示灯,如果 PLC 没有在"停止"工作方式,单击工具条中的"停止"按钮,将 PLC 至于停止方式。

② 单击工具条中的"下载"按钮。或选择菜单"文件"→"下载"命令。弹出"下载"对话框。

③ 根据默认值,在初次发出下载命令时,"程序代码块"、"数据块"和"CPU 配置"(系统块)复选框都被选中。如果不需要下载某个块,可以不选中相应复选框。

④ 单击"确定"按钮,开始下载程序。如果下载成功,将出现一个确认框会显示以下信息:下载成功。

⑤ 如果 STEP 7 - Micro/WIN 32 中的 CPU 类型与实际的 PLC 不匹配,会显示以下警告信息:"为项目所选的 PLC 类型与远程 PLC 类型不匹配。继续下载吗?"

⑥ 此时应纠正 PLC 类型选项,选择"否",终止下载程序。

⑦ 选择菜单"PLC"→"类型"命令,弹出"PLC 类型"对话框。单击"读取 PLC"按钮。由 STEP 7 - Micro/WIN 32 自动读取正确的数值。单击"确定"按钮,确认 PLC 类型。

⑧ 单击工具条中的"下载"按钮,重新开始下载程序,或选择菜单"文件"→"下载"命令开始下载程序。

下载成功后,单击工具条中的"运行"按钮,或选择"PLC"→"运行"命令,PLC 进入 RUN(运行)工作方式。

2) 上载

用下面的方法从 PLC 将项目元件上载到 STEP 7 - Micro/WIN 32 程序编辑器。

① 单击"上载"按钮。

② 选择菜单"文件"→"上载"命令。

③ 按快捷键组合 Ctrl+U。

执行的步骤与下载基本相同,选择需要上载的块(程序块、数据块或系统块)。单击"上载"按钮,上载的程序将从 PLC 复制到当前打开的项目中,随后即可保存上载的程序。

附录 B S7 – 200 的 SIMATIC 指令集简表

布 尔 指 令		
LD	N	装载(开始的常开触点)
LDI	N	立即装载
LDN	N	取反后装载(电路开始的常闭触点)
LDNI	N	取反后立即装载
A	N	与(串联的常开触点)
AI	N	立即与
AN	N	取反后与(串联的常闭触点)
ANI	N	取反后立即与
O	N	或(并联的常开触点)
OI	N	立即或
ON	N	取反后或(并联的常闭触点)
ONI	N	取反后立即或
LDBx	N1,N2	装载字节比较结果 N1(x: $<,<=,=,>=,>,<>$=)N2
ABx	N1,N2	与字节比较结果 N1(x: $<,<=,=,>=,>,<>$=)N2
OBx	N1,N2	或字节比较结果 N1(x: $<,<=,=,>=,>,<>$=)N2
LDWx	N1,N2	装载字比较结果 N1(x: $<,<=,=,>=,>,<>$=)N2
AWx	N1,N2	与字节比较结果 N1(x: $<,<=,=,>=,>,<>$=)N2
OWx	N1,N2	或字比较结果 N1(x: $<,<=,=,>=,>,<>$=)N2
LDDx	N1,N2	装载双字比较结果 N1(x: $<,<=,=,>=,>,<>$=)N2
ADx	N1,N2	与双字比较结果 N1(x: $<,<=,=,>=,>,<>$=)N2
ODx	N1,N2	N1,N2 或双字比较结果 N1(x: $<,<=,=,>=,>,$ $<>$=)N2
LDRx	N1,N2	装载实数比较结果 N1(x: $<,<=,=,>=,>,<>$=)N2
ARx	N1,N2	与实数比较结果 N1(x: $<,<=,=,>=,>,<>$=)N2
ORx	N1,N2	或实数比较结果 N1(x: $<,<=,=,>=,>,<>$=)N2

布　尔　指　令		
NOT		栈顶值取反
EU		上升沿检测
ED		下降沿检测
=	N	赋值(线圈)
=I	N	立即赋值
S	S_BIT,N	置位一个区域
R	S_BIT,N	复位一个区域
SI	S_BIT,N	立即置位一个区域
RI	S_BIT,N	立即复位一个区域
MOVB	IN,OUT	字节传送
MOVW	IN,OUT	字传送
MOVD	IN,OUT	双字传送
MOVR	IN,OUT	实数传送
BIR	IN,OUT	立即读取物理输入字节
BIW	IN,OUT	立即写物理输出字节
BMB	IN,OUT,N	字节块传送
BMW	IN,OUT,N	字块传送
BMD	IN,OUT,N	双字块传送
SWAP	IN	交换字节
SHRB	DATA ,S_BIT,N	移位寄存器
SRB	OUT,N	字节右移N位
SRW	OUT,N	字右移N位
SRD	OUT,N	双字右移N位
SLB	OUT,N	字节左移N位
SLW	OUT,N	字左移N位
SLD	OUT,N	双字左移N位
RRB	OUT,N	字节右移N位
RRW	OUT,N	字右移N位
RRD	OUT,N	双字右移N位

续　表

布　尔　指　令		
FILL	IN,OUT,N	用指定的元素填充存储器空间
逻辑操作		
ALD		电路块串联
OLD		电路块并联
LPS		入栈
LRD		读栈
LPP		出栈
LDS		装载堆栈
AENO 对 ENO 进行与操作		
ANDB	IN1,OUT	字节逻辑与
ANDW	IN1,OUT	字逻辑与
ANDD	IN1,OUT	双字逻辑与
ORB	IN1,OUT	字节逻辑或
ORW	IN1,OUT	字逻辑或
ORD	IN1,OUT	双字逻辑或
XORB	IN1,OUT	字节逻辑异或
XORW	IN1,OUT	字逻辑异或
XORD	IN1,OUT	双字逻辑异或
INVB	OUT	字节取反(1 的补码)
INVW	OUT	字取反
INVD	OUT	双字取反
表、查找和转换指令		
ATT	TABLE,DATA	把数据加到表中
LIFO	TABLE,DATA	从表中取数据,后入先出
FIFO	TABLE,DATA	从表中取数据,先入先出
FND= FND<> FND< FND>	TBL,PATRN,INDX TBL,PATRN,INDX TBL,PATRN,INDX TBL,PATRN,INDX	在表中查找符合比较条件的数据

续 表

布 尔 指 令		
BCDI	OUT	BCD 码转换成整数
IBCD	OUT	整数转换成 BCD 码
BTI	IN,OUT	字节转换成整数
IBT	IN,OUT	整数转换成字节
ITD	IN,OUT	整数转换成双整数
TDI	IN,OUT	双整数转换成整数
DTR	IN,OUT	双整数转换成实数
TRUNC	IN,OUT	实数四舍五入为双整数
ROUND	IN,OUT	实数截位取整为双整数
ATH	IN,OUT,LEN	ASCII 码→16 进制数
HTA	IN,OUT,LEN	
ITA	IN,OUT,FMT	16 进制数→ASCII 码
DTA	IN,OUT,FMT	
RTA	IN,OUT,FMT	整数→ASCII 码
		双整数→ASCII 码
		实数→ASCII 码
DECO	IN,OUT	译码
ENCO	IN,OUT	编码
SEG	IN,OUT7	段译码
中断指令		
CRETI		从中断程序有条件返回
ENI		允许中断
DISI		禁止中断
ATCH	INT,EVENT	给事件分配中断程序
DTCH	EVENT	解除中断事件
通信指令		
XMT	TABLE,PORT	自由端口发送
RCV	TABLE,PORT	自由端口接收
NETR	TABLE,PORT	获取端口地址
NETW	TABLE,PORT	设置端口地址

续　表

布　尔　指　令		
GPA　　　ADDR,PORT		获取端口地址
SPA　　　ADDR,PORT		设置端口地址
高速计数器指令		
HDEF　　HSC,MODE		定义高速计数器模式
HSC　　　N		激活高速计数器
PLS　　　X		脉冲输出
数学、加 1 减 1 指令		
＋I　　　IN1,OUT		整数,双整数或实数法
＋D　　　IN1,OUT		
＋R　　　IN1,OUT		
IN1＋OUT＝OUT		
－I　　　IN1,OUT		整数,双整数或实数法
－D　　　IN1,OUT		
－R　　　IN1,OUT		
OUT－IN1＝OUT		
MUL　IN1,OUT		整数乘整数得双整数
MUL　　IN1,OUT		
/R　　　IN1,OUT		
/I　　　IN1,OUT		
＊D　　　IN1,OUT		
实数、整数或双整数乘法		
IN1×OUT＝OUT		
MUL　　IN1,OUT		
/R　　　IN1,OUT		
/I　　　IN1,OUT		整数除整数得双整数实数、整数或双整数除法
/D　　　IN1,OUT		
OUT/IN1＝OUT		

续　表

布　尔　指　令		
SQRT	IN,OUT	平方根
LN	IN,OUT	自然对数
LXP	IN,OUT	自然指数
SIN	IN,OUT	正弦
COS	IN,OUT	余弦
TAN	IN,OUT	正切
INCB	OUT	字节加 1
INCW	OUT	字加 1
INCD	OUT	双字加 1
DECB	OUT	字节减 1
DECW	OUT	字减 1
DECD	OUT	双字减 1
PID	Table,Loop	PID 回路
定时器和计数器指令		
TON	Txxx,PT	通电延时定时器
TOF	Txxx,PT	断电延时定时器
TONR	Txxx,PT	保持型通延时定时器
CTU	Txxx,PV	加计数器
CTD	Txxx,PV	减计数器
CTUD	Txxx,PV	加/减计数器
实时时钟指令		
TODR	T	读实时时钟
TODW	T	写实时时钟
程序控制指令		
END		程序的条件结束
STOP		
WDR		切换到 STOP 模式
JMP	N	
LBL	N	

续　表

布　尔　指　令		
		看门狗复位(300 ms)
		跳到指定的标号
		定义一个跳转的标号
CALL	N(N1,…)	调用子程序,可以有 16 个可选参数
CRET		从子程序条件返回
FOR	INDX,INIT,FINAL	NEXTFor/Next 循环
LSCR	N	顺控继电器段的启动
SCRT	N	顺控继电器段的转换
SCRE		顺控断电器段的结束
通信指令		
NETR	TBL,PORT	网络读
NETW	TBL,PORT	网络写
XMT	TBL,PORT	发送
RCV	TBL,PORT	接收
GPA	ADDR,PORT	读取口地址
SPA	ADDR,PORT	设置口地址
TBL 的定义		
VB10DAEO		错误码
VB11		远程站点地址
VB12		
VB13		指向远程站点的数据区指针(I,Q,M,V)
VB14		
VB15		
VB16		数据长度(1～16 B)
VB17		数据字节 0
VB18		数据字节 1
VB32		数据字节 15

附录 C 使用 USS 协议库控制 Micro Master 变频器

西门子公司的变频器都有一个串行通信接口,采用 RS-485 半双工通信方式,以 USS 通信协议作为现场监控和调试协议,其设计标准适用于工业环境的应用对象,最多可以与 32 台电动机驱动器(如 M M420/440 通用变频器。6SE70 工程型变频器,6RA24/70 全数字直流调速装置等)连接,而且根据各电动机驱动器的地址或者采用广播信息都可以找到需要通信的电动机驱动器。链路中需要有一个主控制器(主站),而各个电动机驱动器则是从属的控制对象(从站)。变频器接收来自主机的控制信息,检查命令中的起始标志。以及核对站地址与自己的站地址是否相符,如相符就响应该命令,给主机作出应答,不相符,就忽略该命令,并结束这次通信。

一、USS 通信硬件连接

(1) 条件许可的情况下,USS 主站尽量选用直流型的 CPU(针对 S7-200 系列)。当使用交流型的 CPU 22X 和单相变频器进行 USS 通信时 CPU 22X 和变频器电源必须接成同相位。

(2) 一般情况下 USS 通信电缆采用双绞线即可,如果干扰比较大,可采用屏蔽双绞线。

(3) 在采用屏蔽双绞线作为通信电缆时,要确保通信电缆连接的所有设备共用一个公共电路参考点,或是相互隔离以防止不应有的电流产生。屏蔽层必须接到外壳上或 9 针连接器的 1 脚上。建议将变频器上的接线端 2(OV)接到外壳地上。

(4) 尽量采用较高的通信速率。

(5) 终端电阻的作用是用来防止信号反射的,并不用来抗干扰。在通信距离很近。通信速率较低或点对点的通信情况下,可不用终端电阻。多点通信情况下,一般也只需在 USS 主站上加终端电阻就可以取得较好的通信效果。

(6) 建议使用 CPU 226(或 CPU 224+EM277)来调试 USS 通信程序。

(7) 不要带电插拔 USS 通信电缆,尤其是正在通信过程中,这样极易损坏传动装置和 PLC 的通信端口。如果使用大功率传动装置,即使传动装置掉电后。也要等几分钟,让电容放电后,再去插拔通信电缆。

(8) 对于变频器而言,与 USS 通信有关的参数有两个下标,下标 0 对应于 COM 链路的 RS-485 串行接口,而下标 1 对应于 BOP 链路的 RS-232 串行接口。

二、S7-200 PLC 使用 USS 协议和变频器通信的方式

第一种是利用基本指令实现 USS 通信的编程。USS 协议是以字符信息为基本单元的协议,而 CPU 22X 的自由端口通信功能正好也是以 ASCII 码的形式来发送接收信息的。利用 PLC 的 RS-485 串行通信口,由用户程序完成 USS 协议功能,可实现与 SIEMENS 传动装置简单而可靠的通信连接。

第二种是使用 USS 协议专用指令实现 USS 通信的编程。STEP 7-Micro/WIN 的指令库包括预先组态好的子程序和中断程序,这些子程序和中断程序都是专门通过 USS 协议与变频

器通信而设计的。通过 USS 专用指令,可以控制物理变频器,并读/写变频器参数。用户可以在 STEP 7 - Micro/WIN 指令树的库文件夹中找到这些指令。当选择一个 USS 指令时,系统会自动增加一个或多个相关的子程序。这些专用指令是西门子专为控制其通用变频器(MM3XX、MM4XX 等)而设计的。下面重点讲述第二种方法。

三、使用 USS 协议专用指令的要求

STEP 7 - Micro/WIN 指令库提供 17 个子程序和 8 条指令支持 S7 - 200 的 USS 通信这些 USS 指令使用 S7 - 200 中的下列资源。

(1) 使用 USS_NIT 指令为 Port0 选择 USS 或 PPI 协议,也可以使用 USS_INIT_P1(SP5 升级用户安装的附加命令库)将端口 1 分配给 USS 通信,在选择使用 USS 协议与变频器等通信后,Port0/1 用作其他目的,包括与 STEP 7 - Micro/WIN 通信。

(2) 在使用 USS 协议开发应用程序的过程中,建议使用 CPU 224XP,CPU 226,CPU 226XM。这样除了 Port0/1 用于 USS 指令通信外。STEP 7 - Micro/WIN 还可以利用第 2 个通信口监视程序。

(3) USS 指令影响所有与 Port0/1 通信相关的 SM 区。

(4) USS 指令使用户程序对存储空间的需求最多可增加 3 150 B。根据所使用的 USS 指令不同,使控制程序对存储空间的需求增加 2 150~3 150 B。

(5) USS 指令的变量需要 400 B 的 V 存储区。该区域的起始地址由户指定并保留给 USS 变量。

(6) 有一些 USS 指令还要求 16 B 的通信缓存区。作为指令的一个参数,要为该缓存区提供一个 V 存储区的起始地址。建议为每一条 USS 指令指定一个单独的缓冲区。

(7) 在执行计算时 USS 指令使用累加器 ACO 至 AC3。其他指令仍然可以在程序中使用这些累加器,只是累加器中的数值会被 USS 指令改变。

(8) USS 指令不能用在中断程序中。

四、与变频器通信的时间要求

S7 - 200 的循环扫描和驱动器的通信是异步的。S7 - 200 完成与一个驱动器的通信传送通常需要若干个循环扫描。S7 - 200 的通信时间与当前连接的驱动器数量、通信速率和扫描时间有关。有一些驱动器在使用参数访问指令时要求更长的时延。参数访问对时间的需求量取决于驱动器的类型和要访问的参数。

在使用 USS 指令将 Port0 指定为 USS 协议后,S7 - 200 会以附表 1 所列的时间间隔轮询所

附表 1　通信时间

通信速率(b/s)	对激活的驱动器进行轮询的时间间隔(无参数访问指令激活)(ms)	通信速率(b/s)	对激活的驱动器进行轮询的时间间隔(无参数访问指令激活)(ms)
1 200	240(最大)×驱动器的数量	19 200	35(最大)×驱动器的数量
2 400	130(最大)×驱动器的数量	38 400	30(最大)×驱动器的数量
4 800	75(最大)×驱动器的数量	57 600	25(最大)×驱动器的数量
9 600	50(最大)×驱动器的数量	115 200	25(最大)×驱动器的数量

有激活的驱动器,必须为每个周期设置超时(time-out)参数以完成该任务。

五、使用 USS 协议专用指令

在 S7 - 200 程序中使用 USS 协议专用指令时应遵循以下步骤。

(1) 在程序中插入 USS_INIT 指令并且该指令只在一个扫描周期内执行一次,可以用USS_INIT 指令启动或改变 USS 通信参数。当插入 USS_INIT 指令时,若干个隐藏的子程序和中断服务程序会自动加入到程序中。

(2) 在程序中。每个激活的驱动只使用一个 USS_CTRL 指令。可以按需求使用 USS_RPM_X 或 USS_WPM_X 指令。但在同一时刻,这些指令中只能有一条是激活的。

(3) 为这些库指令分配 V 存储区。在指令树中选择程序块图标并右击(显示菜单),选择库存储区选项,显示库存储区分配对话框,通过对话框即可完成 V 存储区的分配。

(4) 组态的驱动参数应与程序中所用的通信速率和站地址相匹配。

(5) 连接 S7 - 200 和驱动之间的通信电缆。

① USS_INIT 指令

USSINIT 指令如附图 1 所示,用来使能、初始化或禁止与 Micro Master 变频器的通信。USS_INIT 指令必须无错误地执行,才能够执行其他的 USS 指令。该指令执行完后 Done 位立即置位,然后才可继续执行下一条指令。

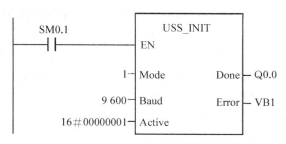

附图 1　USS_INIT 指令

当 EN 输入接通时,每一扫描周期都执行该指令。在每一次通信状态改变时只需执行一次 USS_INIT 指令。为防止多次执行同一 USS_INIT 指令,应使用脉冲边沿检测指令触发 EN 输入接通。要改变初始化参数,需再执行一次 USS_INIT 指令。

通过 Mode 输入值可选择不同的通信协议:输入值为 1 指定 Port0 为 USS 协议并使能该协议,输入值为 0 指定 Port0 为 PPI 并且禁止 USS。

Baud:设置通信速率为 200 bit/s、2 400 bit/s、4 800 bit/s、9 600 bit/s、19 200 bit/s、38 400 bit/s、57 600 bit/s 或 115 200 bit/s。

Active:指示哪个变频器激活,共 32 位,每一位对应一台变频器。如附图 2 所示 Active 参数的格式,对激活的变频器输入的描述和格式。所有标为 Active(激活)的变频器都会在后台被自动地轮询,控制变频器搜索状态,防止变频器的串行链接超时。

D31	D30	D29		…		D2	D1	D0

D0—Drive0 激活位:0—未激活,1—激活;　D1—Drive1 激活位:0—未激活,1—激活

附图 2　Active 参数的格式

Error 输出字节中包含该指令的执行结果。USS 协议指令引起的错误代码见附表 2。

附表 2　USS 指令的执行错误代码

错误代码	描　　述	错误代码	描　　述
0	没有错误	12	变频器响应的长度字符不被 USS 指令所支持
1	变频器没响应		
2	来自变频器的响应中检测到检验和错误	13	错误的变频器响应
		14	提供的 DB_Ptr 地址不正确
3	来自变频器的响应中检测到奇偶校验错误	15	提供的参数号码不正确
		16	所选协议无效
4	由来自用户程序的干扰引起的错误	17	USS 激活;不允许改变
		18	指定的波特率非法
5	尝试非法命令	19	没有通信:该变频器未激活
6	提供非法变频器地址	20	变频器响应的参数或数值不正确或包含错误代码
7	通信端口未设为 USS 协议		
8	通信端口正忙于处理某条指令	21	请求一个字类型的数值却返回一个双字类型值
9	变频器速度输入超限		
10	变频器响应的长度不正确	22	请求一个双字类型的数值却返回一个字类型值
11	变频器响应的第一个字符不正确		

② USS_CTRL 指令

USS_CTRL 指令如附图 3 所示。用于控制激活的 Micro Master 变频器。USSS_CTRL 指令将所选的命令存放在一个通信缓冲区中,然后发送到所寻址的变频器中(由 Drive 参数指定)。该变频器应已在 USS_INIT 指令中山参数 Active 选择。对于每一个变频器只能使用一个 USS_CTRL 指令。

EN 位必须接通以使能 USS_CTRL 指令,并且该指令要始终保持使能。

RUN(RUN/STOP)设置变频器接通(1)或断开(0),RUN 位接通时,Micro Master 变频器接收命令,以指定的速度和方向运行。为使变频器运行,必须满足以下条件:该变频器必须在 USS_INIT 中激活,OFF2 和 OFF3 必须设为 0;Fault 和 Inhibit 位必须为 0。当 RUN 断开时,命令 Micro Master 变频器斜坡减速直至电动机停止或快速停止。

OFF2 位用来控制 Micro Master 变频器斜坡减速直至停止,OFF3 位用来控制 Micro Master 变频器快速停止。

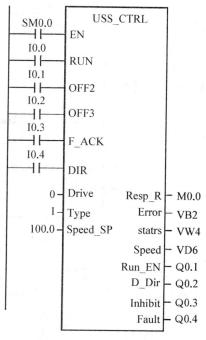

附图 3　USS_CTRL 指令

F_ACK(故障应答)位用于应答变频器的故障。当 F_ACK 从 0 变 1 时,变频器清除该故障 (Fault)。

DIR(方向)位用于设定/指示变频器应向哪个方向运动,0 和 1 分别表示逆时针和顺时针方向。

Drive(变频器地址)是 Micro Master 变频器的地址,S_CTRL,命令发送到该地址。有效地址为 0~31。

Type(变频器类型)位是所选择的变频器类型。对于 3 系列的(或更早的)Micro Master 变频器,类型为 0;对于 4 系列的 Micro Master 变频器,类型为 1。

Speed_SP(速度设定值)位用于设定变频器的速度,用满刻度的百分比表示。Speed_SP 的负值使变频器反向旋转。范围是−200.0%~200.0%。

Rsp_R(响应收到)位用于应答来自变频器的响应,轮流询问所有激活的变频器以获得最新的变频器的状态信息。S7-200 每次接收到来自变频器的响应时,Resp_R 位在一个循环周期内接通并且刷新以下各值。

Error 位是错误字节,包含最近一次向变频器发出的通信请求的执行结果。

Status 位是变频器返回的原始值。

Speed 位是变频器实际速度,用满刻度的百分比表示,范围是−200.0%~200.0%。

Run_EN(RUN 使能)位指示变频器是处于运行(1)还是停止(0)状态。

D_Dir 位指示变频器转动方向,0 和 1 分别表示逆时针和顺时针方向。

Inhibit 位指示变频器上禁止位的状态(0—未禁止,1—禁止),要清除禁止位。而且 RUN、OFF2 和 OFF3 输入必须断开。

Fault 位指示故障位的状态(0—无故障,1—有故障),同时变频器上显示故障代码。要清除 Fault,必须排除故障并接通 F_ACK。

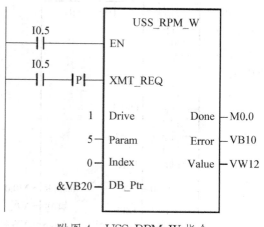

附图 4   USS_RPM_W 指令

③ USS_RPM_X 指令

USS_RPM_X 指令是 USS 协议的读指令,USS_RPM-X 共有 3 种形式。

USS_RPM W 指令如附图 4 所示,读取一个无符号字类型的参数。

USS_RPM_D 指令读取一个无符号双字类型的参数。

USS_RPM_R 指令读取一个浮点数类型的参数。

当 Micro Master 变频器对接收的命令进行应答或报错时,USS_RPM_X 指令的处理结束,在这一等待应答的过程中,PLC 的逻辑扫描继续执行。

要使能 USS_RPMR_x,EN 位必须接通并且保持为 1 直至 Done 位置 1。例如,当 XMT_REQ 输入接通时,每一循环扫描向 Micro Master。变频器传送一个 USS_RPM_x 请求。因此,应使用脉冲边沿检测指令作为 XMT_REQ 的输入,这样,每当 EN 输入有效时,只发送一个请求。

Drive 是向其发送 USS_RPM_x 命令的 Micro Master 变频器的地址。

Param 是参数号码,Index 是要读的参数的索引值。

Value 是返回的参数值。

DB_Ptr 输入应是一个 16B 缓存区的地址。该缓存区用于存储向 Micro Master 变频器发送命令的执行结果。

当 USS_RPM_x 指令结束,Done 输出接通,字节 Error 输出包含该指令的执行结,Value 输出返回的参数值。只有 Done 位输出接通时 Error 和 Value 输出才有效。

④ USS_WPM_x 指令

USS_WPM_x 指令是 USS 协议的写指令,USS 协议有 3 种写入指令。

USS_WPM_W 指令如附图 5 所示,写入一个无符号字类型的参数。

USS_WPM_D 指令写入一个无符号双字类型的参数。

USS_WPM_R 指令写入一个浮点数类型的参数。

当 MicroMaster 变频器对接收的命令进行应答或报错时,USS_WPM_x 指令的处理结束,在这一等待应答的过程中,PLC 的逻辑扫描继续执行。

要使能对一个请求的传送,EN 位必须接通并且

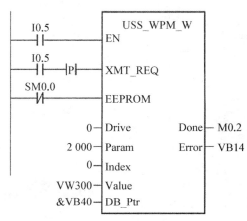

附图 5 USS_WPM_W 指令

保持为 1 直至 Done 位置 1。例如,当 XMT_REQ 输入接通时,每一循环扫描向 MicroMaster 变频器传递一个 USS_WPM_x 请求。因此,应使用脉冲边沿检测指令作为 XMT_REQ 的输入。这样,每当 EN 输入有效时,只发送一个请求。

Value 是要写到变频器上的 RAM 中的参数值,也可写到变频器上的 EEPROM。

参数 Drive、Param、Index、DB Ptr、Done、Error 的功能与 USS_RPM_x 相同。

当 EEPROM 输入接通后,指令对变频器的 RAM 和 EEPROM 进行写操行。当此输入断开后,指令只对变频器的 RAM 进行写操作。由于 MicroMaster3 变频器并不支持此功能.所以必须确保输入为断开,以便能对一个 MicroMaster3 变频器使用此指令。同时只能有一个读(USS_RPM_x)或写(USS_WPM_x)指令激活。

当使用 USS_WPM_x 指令刷新存储在变频器的 EEPROM 中的参数设置时,必须确保不超过对 EEPROM 写周期的最大次数的限定(大约 50 000 次)。

写周期超限将引起存储数据的崩溃和数据丢失。读周期的次数没有限定,如果需要频繁地向变频器写参数,首先要将变频器中的 EEPROM 存储控制参数设为零。

图书在版编目（CIP）数据

机电设备的电气控制与维护 / 许燕主编. —上海：
华东师范大学出版社，2017
ISBN 978 - 7 - 5675 - 6881 - 5

Ⅰ.①机… Ⅱ.①许… Ⅲ.①机电设备—电气控制—
高等职业教育—教材②机电设备—维修—高等职业教育—
教材 Ⅳ.①TM921.5②TM07

中国版本图书馆 CIP 数据核字(2017)第 219575 号

机电设备的电气控制与维护

主　　编　许　燕
项目编辑　李　琴
特约审读　赵　政
封面设计　黄　旭
版式设计　庄玉侠

出版发行　华东师范大学出版社
社　　址　上海市中山北路 3663 号
邮　　编　200062
网　　址　www.ecnupress.com.cn
电　　话　021 - 60821666
行政传真　021 - 62572105
客服电话　021 - 62865537
门市(邮购)电话　021 - 62869887
地　　址　上海市中山北路 3663 号
网　　店　http://hdsdcbs.tmall.com

印 刷 者　常熟市文化印刷有限公司
开　　本　787×1092　　16 开
印　　张　21.25
字　　数　543 千字
版　　次　2018 年 7 月第 1 版
印　　次　2018 年 7 月第 1 次
书　　号　ISBN 978 - 7 - 5675 - 6881 - 5/G·10603
定　　价　45.80 元

出 版 人　王　焰

(如发现本版图书有印订质量问题，请寄回本社客服中心调换或电话 021 - 62865537 联系)